3D
FURNITURE
RENDERING

一体化课程改革系列教材——家具设计与制造

产品效果图表达

- 从典型工作任务转化为学习领域的案例
- 注重专业能力、方法能力、社会能力的综合职业能力训练
- 从明确任务到评定反馈一系列的完整任务过程
- 教师与学生互动实施的教学过程

陈伟强　陈飞健　葛　堃　编著

西南交通大学出版社
·成都·

图书在版编目（ＣＩＰ）数据

产品效果图表达 / 陈伟强，陈飞健，葛堃编著.—成都：西南交通大学出版社，2017.8
一体化课程教学改革系列教材. 家具设计与制造
ISBN 978-7-5643-5597-5

Ⅰ. ①产… Ⅱ. ①陈… ②陈… ③葛… Ⅲ. ①家具－设计－高等职业教育－教材 Ⅳ. ①TS664.01

中国版本图书馆 CIP 数据核字（2017）第 170561 号

产品效果图表达

陈伟强　　陈飞健　　葛　堃　**编著**	责任编辑／张　波
	封面设计／林振浩

西南交通大学出版社出版发行
（四川省成都市二环路北一段 111 号西南交通大学创新大厦 21 楼　610031）
发行部电话：028-87600564
网址：http://www.xnjdcbs.com
印刷：广东虎彩云印刷有限公司

成品尺寸　210 mm×285 mm
印张　21.5　字数　648 千
版次　2017 年 8 月第 1 版
印次　2017 年 8 月第 1 次

书号　ISBN 978-7-5643-5597-5
定价　69.00 元

课件咨询电话：028-87600533
图书如有印装质量问题　本社负责退换
版权所有　盗版必究　举报电话：028-87600562

深圳第二高级技工学校
工学一体化课程配套改革系列丛书编委会

主 任：王海龙

副主任：张 文　余野军　罗德超

编 委：郭仲伦　马 跃　王朝武　周 烨
　　　　郭 伟　陈 群　尚 丽　陈飞健
　　　　闵国光　郑庆元　梁 健　张雅婷

"知识探索"　　率先突破章节难点
"附件"　　　　对重点和难点更容易突破
"评价体系"　　在相互评价中学习，提高自主思考性
"学习拓展"　　巩固知识体系的同时，再深入运用知识点

前 言
PEFACE

产品效果图表达是家具设计与制造专业的一体化核心课程。效果图制作是进行产品和空间设计的高级视觉表达的重要手段，可以从中追求真实的美感，并运用技术的手段和艺术的修养提升表达效果，反映设计师的设计意向。本书以项目载体和一体化教学作为学习的两大核心方式，实现理论学习与实践学习、知识与技能、过程与方法、情感态度与价值观学习的统一。

本书共设五个学习任务，十八个学习活动，共计二十二个活动案例。五个学习任务由职业感知与安全教育开始；进而对板式家具设计、软体家具设计、实木家具设计等内容进行深化；最后以室内场景进行综合训练表达。

本书的内容编制与造型设计紧密结合，难度循序渐进，易于学习掌握。另外本书设定知识探索的内容，能分解知识难点，并让读者在主动学习的同时积极思考。

本系列图书的编著由深圳第二高级技工学校总策划，并在张文副校长的主持下，深入企业并结合岗位要求编写，过程中得到了郭仲伦教授以及张雅婷老师在一体化教学模式方向的大力指导，何启如老师也对本书的编写给予了帮助，在此一并表示衷心的感谢！

限于著者的水平，书中的错误与不足之处断然存在，恳望广大读者、专家、业界朋友不吝指正，以便在再版时予以改进和提高。

编 者
2017.08.01

课程介绍

学习任务一　职业感知与安全教育

学习任务二　板式家具建模与效果图表达

学习任务三　软体家具建模与效果图表达

学习任务四　实木家具建模与效果图表达

学习任务五　家居空间建模与效果图表达

0 PART
产品效果图表达
3D FURNITURE RENDERING

　　一体化教学，是一个以就业为导向，以职业为本，符合职业教育目标要求的教学体系。通过一体化教学，可以达到以下几个转变：教学从"知识的传递"向"知识的处理和转换"转变；教师从"单一型"向"行为引导型"转变；学生由"被动接受的模仿型"向"主动实践、手脑并用的创新型"转变；教学组织形式由"固定教室、集体授课"向"室内外专业教室、实习车间"转变；教学手段由"口授、黑板"向"多媒体、网络化、现代化教育技术"转变，从而以"一体化"的教学模式体现职业教育的实践性、开放性、实用性。

产品效果图表达

课程介绍　　2

任务一：职业感知与安全教育

任务一
职业感知与安全教育

学习活动1：职业感知
学习活动2：工具准备及安全教育
学习活动3：职业感知与安全教育展示评价

■ 技能目标

1. 能描述产品效果图绘图员的职业特征；
2. 能描述产品效果图在家具设计中的作用；
3. 能识别产品效果图表达的工具种类及安全使用方法，并建立自觉遵守实训室设备安全操作的意识；
4. 能准确叙述产品效果图表达的工作流程与规范。

■ 知识目标

1. 掌握产品效果图表达和手绘表达的优缺点；
2. 掌握绘制产品效果图表达所需要的相关软件及其用途。

■ 职业素质目标

1. 尊重他人劳动，不窃取他人成果；
2. 养成团结协作精神；
3. 养成良好的工作责任心；
4. 养成对事物具有研究态度。

案例图片

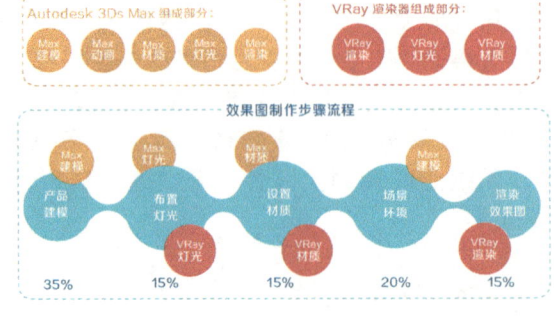
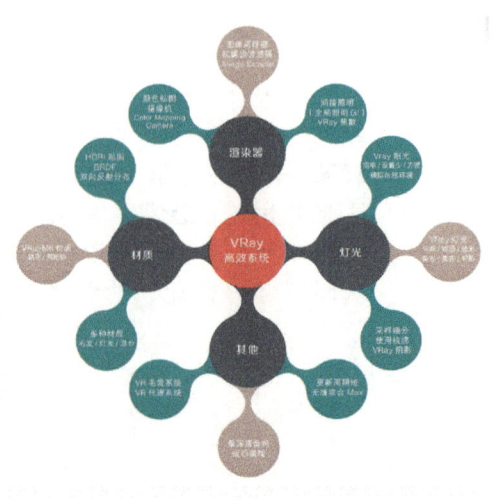

产品效果图表达
课程介绍　3
任务二：板式家具表达

2 任务二

板式家具建模与效果图表达

学习活动 1：绘制凳类家具
学习活动 2：绘制桌类家具
学习活动 3：绘制椅类家具
学习活动 4：绘制柜类家具
学习活动 5：过程化考核及展示评价

■ 技能目标

1. 能安装和操作 3ds Max 软件和 VRay 渲染器；
2. 能分析家具造型，从整体入手绘制建模；
3. 能使用 VRay 渲染器，结合 3ds Max 进行辅助表现；
4. 能渲染效果图，并保存成常用格式。

■ 知识目标

1. 对 3ds Max 软件有了初步的认识，开始使用快捷键；
2. 掌握使用 3ds Max 内置图形和几何体建模；
3. 掌握使用 3ds Max 对物体进行单点布光；
4. 掌握使用 VRay 制作地面、木材、塑料、不锈钢等材质；
5. 掌握使用 VRay 进行测试渲染。

■ 职业素质目标

1. 遵守三维建模的标准规范，养成严谨科学的工作态度；
2. 尊重他人劳动，不窃取他人成果；
3. 养成总结训练过程和训练成果的习惯，为下次训练总结经验；
4. 养成团结协作精神。

案例图片

❶

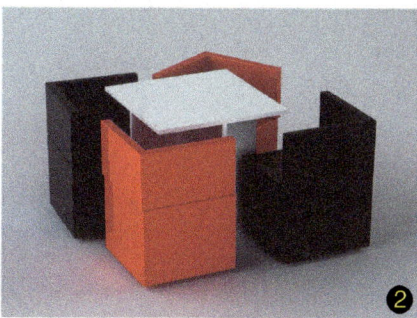
❷

❸

❹

❺

❻

产品效果图表达

课程介绍　　4

任务三：软体家具表达

任务三
软体家具建模与效果图表达

学习活动 1：绘制沙发类家具
学习活动 2：绘制床类家具
学习活动 3：过程化考核及展示评价

■ 技能目标

1. 能使用 3ds Max 软件快捷键操作；
2. 能使用修改器辅助建模；
3. 能设置单体和场景材质；
4. 能设置 VRay，渲染较高质量的效果图。

■ 知识目标

1. 熟练使用 3ds Max 快捷键操作；
2. 掌握使用 3ds Max 修改器建模；
3. 掌握综合使用 3ds Max 标准灯光和 VRay 灯光进行三点布光；
4. 掌握使用 VRay 制作布料、银箔、皮、丝绸等材质；
5. 掌握 VRay 进行出图渲染。

■ 职业素质目标

1. 遵守三维建模的标准规范，养成严谨科学的工作态度；
2. 能独立完成产品个体表现，并学习他人作品优秀之处；
3. 养成总结训练过程和训练成果的习惯，为下次训练总结经验；
4. 养成团结协作精神，积极帮助有需要的同学。

案例图片

❶

❷

❸

❹

❺

❻

任务四
实木家具建模与效果图表达

学习活动1：绘制柜架类家具
学习活动2：绘制桌台类家具
学习活动3：绘制几类家具
学习活动4：过程化考核及展示评价

■ 技能目标

1. 能熟练使用 3ds Max 软件快捷键操作；
2. 能使用编辑多边形和石墨工具建模；
3. 能使用三点布光方式设置场景灯光；
4. 能设置多维子材质和组合环境场景；
5. 能设置 VRay，灵活调用渲染器不同的参数；
6. 能使用 Photoshop 对效果图后期润色处理。

■ 知识目标

1. 熟练使用 3ds Max 编辑多边形的快捷键操作；
2. 掌握使用 3ds Max 编辑多边形建模；
3. 掌握使用综合灯光，布置三点布光和特定环境灯光；
4. 掌握使用 VRay 制作多维子、陶瓷、地砖、镜面、金箔、玻璃等材质；
5. 掌握使用 VRay 渲染器进行出图渲染和各项参数设置。

■ 职业素质目标

1. 遵守三维建模的标准规范，养成严谨科学的工作态度；
2. 能独立完成产品场景和搭配表现，并学习他人作品优秀之处；
3. 养成总结训练过程和训练成果的习惯，为下次训练总结经验；
4. 养成团结协作精神，帮助有需要的同事，并主动向上下层组织汇报工作状况。

案 例 图 片

❶

❷

❸

❹

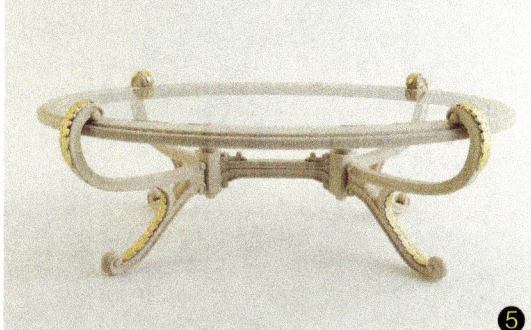
❺

产品效果图表达

课程介绍　　6
任务五：家居场景表达

任务五
家居空间建模与效果图表达

学习活动1：现代简约风格家具建模与效果图表达
学习活动2：西班牙风格家具建模与效果图表达
学习活动3：过程化考核及展示评价

■ 技能目标

1. 能熟练使用3ds Max软件快捷键操作；
2. 能使用编辑多边形建造室内构件；
3. 能使用室内灯光布光多种组合方式；
4. 能综合搭配运用多种材质；
5. 能设置VRay，灵活调用渲染器不同的参数；
6. 能使用Photoshop对效果图进行后期润色处理。

■ 知识目标

1. 熟练使用3ds Max各项操作命令；
2. 掌握使用3ds Max编辑多边形建造室内构件；
3. 掌握使用暗藏灯、泛光灯、筒灯和射灯的表现；
4. 掌握使用VRay制作多维子、布艺、木纹、镜面材质等多种材质；
5. 掌握使用VRay渲染器进行出图渲染和各项参数设置。

■ 职业素质目标

1. 遵守室内的标准规范，养成严谨科学的工作态度；
2. 能独立完成场景和搭配表现，并学习他人作品优秀之处；
3. 养成总结训练过程和训练成果的习惯，为下次训练总结经验；
4. 养成团结协作精神，帮助有需要的同事，并主动向上下层组织汇报工作状况。

案例图片

❶

❷

❸

❹

❺

如何使用本书
HOW TO USE

② 知识探索

1. 请使用长方体和可编辑多边形命令，由外至内进行建模深化：插入（面级别下）、挤出（面级别下）、倒角（面级别下）等完成柜门门板（300 mm × 400 mm × 18 mm）的建模。

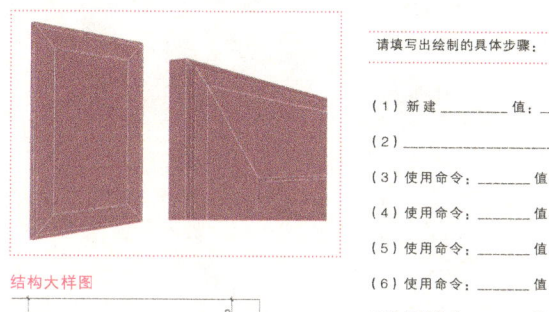

请填写出绘制的具体步骤：

（1）新建_____值：
（2）_____
（3）使用命令：_____值：
（4）使用命令：_____值：
（5）使用命令：_____值：
（6）使用命令：_____值：
（7）使用命令：_____值：

附件一：柜门门板绘制思路

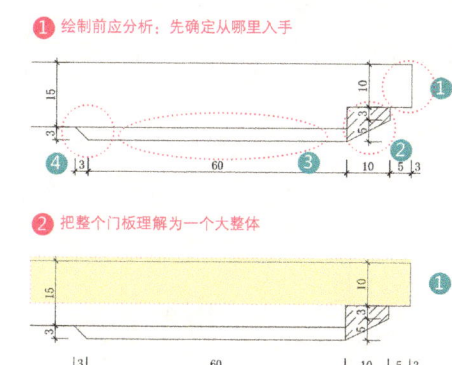

❶ 绘制前应分析：先确定从哪里入手

❷ 把整个门板理解为一个大整体

1 特有"知识探索"体系，能分解章节难点，提前学习

2 编写"附件"体系，对重点和难点更容易突破

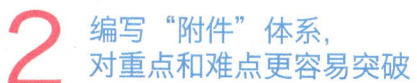

学习活动反馈表

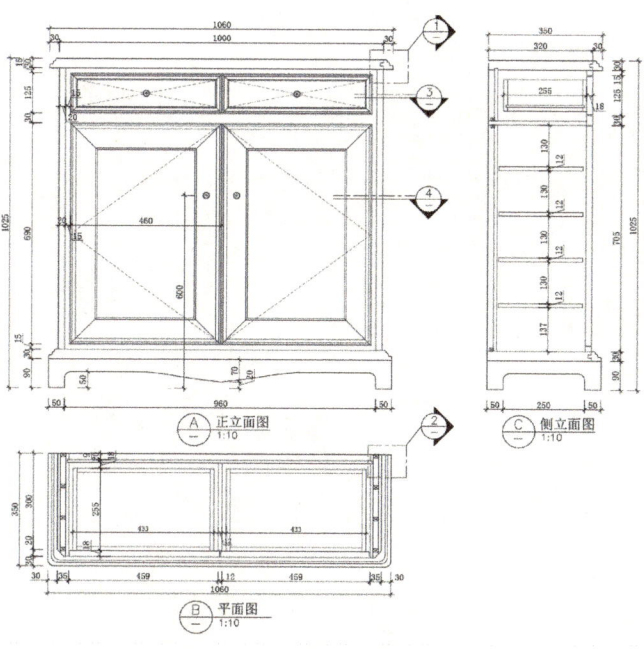

3 模型有"深化大样图"，专业的CAD深化大样图，让绘制有尺寸依据，学习更彻底

4 课后"评价体系"，在相互评价中学习，提高自主思考性

目 录
CONTENTS

01 任务一
职业感知与安全教育

职业感知与安全教育任务概述 · · · · · · · · · · · · · · · · 2
学习活动1：职业感知 · 8
学习活动2：工具认知及安全教育 · · · · · · · · · · · · · 12
学习活动3：职业感知与安全教育展示评价 · · · · · 18

02 任务二
板式家具建模与效果图表达

板式家居建模与效果图表达概述 · · · · · · · · · · · · · · 22
学习活动1：绘制凳类家具 · · · · · · · · · · · · · · · · · · · 31
学习活动2：绘制桌类家具 · · · · · · · · · · · · · · · · · · · 60
学习活动3：绘制椅类家具 · · · · · · · · · · · · · · · · · · · 73
学习活动4：绘制柜类家具 · · · · · · · · · · · · · · · · · · · 99
学习活动5：过程化考核及展示评价 · · · · · · · · · · · 105

03 任务三
软体家具建模与效果图表达

软体家具建模与效果图表达概述 · · · · · · · · · · · · · · 112
学习活动1：绘制沙发类家具 · · · · · · · · · · · · · · · · · 118
学习活动2：绘制床类家具 · · · · · · · · · · · · · · · · · · · 178
学习活动3：过程化考核及展示评价 · · · · · · · · · · · 206

04 任务四
实木家具建模与效果图表达

实木家具建模与效果图表达概述 · · · · · · · · · · · · · · 214
学习活动1：绘制柜架类家具 · · · · · · · · · · · · · · · · · 235
学习活动2：绘制桌台类家具 · · · · · · · · · · · · · · · · · 262
学习活动3：绘制几类家具 · · · · · · · · · · · · · · · · · · · 281
学习活动4：过程化考核及展示评价 · · · · · · · · · · · 288

05 任务五
家居空间建模与效果图表达

家居空间建模与效果图表达概述 · · · · · · · · · · · · · · 296
学习活动1：现代简约风格家居建模与效果图表达 · · 299
学习活动2：现代西班牙家居建模与效果图表达 · · · 311
学习活动3：过程化考核及展示评价 · · · · · · · · · · · 321

职业感知与安全教育

学习活动 1：职业感知
学习活动 2：工具认知及安全教育
学习活动 3：职业感知与安全教育展示评价

1

PART
产品效果图表达
RENDERING OF PRODUCT EXPRESS

效果图一词，本身从字面上来理解是通过图片等传媒来表达作品所需要的，以及预期达到的效果。现如今是通过计算机三维仿真软件技术，来模拟真实环境的高仿真虚拟图片，在建筑、工业等细分行业来看，效果图的主要功能是将平面的图纸三维化、仿真化，通过高仿真图形的制作，来检查设计方案的细微瑕疵或进行项目方案修改的推敲。

产品效果图表达

任务一 2
任务总述

目标描述

 笔记栏

技能目标

完成本训练任务后，你应该能：

关键技能

1. 能描述产品效果图绘图员的职业特征；
2. 能描述产品效果图在家具设计中的作用；
3. 能识别产品效果图表达的工具种类及安全使用方法，并建立自觉遵守；实训室设备安全操作的意识；
4. 能准确叙述产品效果图表达的工作流程与规范。

基本技能

1. 能分析什么场合使用效果图；
2. 能描述绘制效果图需要什么条件。

知识目标

完成本训练任务后，你应该能：

1. 掌握产品效果图表达和手绘表达的优缺点；
2. 掌握绘制产品效果图表达所需要的相关软件及其用途。

职业素质目标

完成本训练任务后，你应该能：

1. 尊重他人劳动，不窃取他人成果；
2. 养成团结协作精神；
3. 养成良好的工作责任心；
4. 养成对事物具有研究态度。

任务描述

某家具设计公司招收一批毕业生,担任设计师助理一职。需要对这批新员工进行岗前培训,公司负责人带领新员工到岗前实训,现场进行认知。根据岗前培训计划,培训学员明确效果图制图员职业特征的同时,需能够正确识别产品效果图表达的使用软件和安全使用方法,正确地认知产品效果图表达的工作流程与规范,能正确地描述 6S 工作管理的内容,做好岗前准备。

 笔记栏

知识准备

1. 请从客户需求角度出发,描述效果图表达与手绘表达的区别。
   (参考附件)

效果图表达与手绘表达的区别							
客户的需求	具体项目						设计师要求
效果图表达	能否达到客户要求						设计师入门/进阶必备
	具体体现						
手绘图表达	能否达到客户要求						设计师入门/进阶必备
	具体体现						

产品效果图表达

任务一　　　4
任务总述

2. 制作产品效果图需要什么软件？（参考附件、结合网络查找资料）

课程	使用软件	软件类型	主要作用	参考使用比例	可替代软件
效果图表达	AutoCAD				
	Autodesk 3ds Max				
	VRay				
	Adobe Photoshop				
	Adobe illustrator				
补充：					

4 课时

1. 职业感知；
2. 软件认知及安全教育；
3. 总结与评价。

附件一：软件效果图与手绘表达的区别

客户需求分析

手绘表现与计算机软件表现其根本目的都是让客户理解设计意图。软件效果图表达基于计算机模拟环境运算，需要通过复杂的运算和长时间的运行，其优势是效果真实、细节丰富、富有感染力而且符合大众；手绘快速表现则根据设计师的经验和空间思维进行分析，综合手绘工具进行表达，所需时间较短，但对从业人员来说需要一定的艺术修养，手绘效果图的优势是艺术感染力较强，容易打动客户。从消费心理来看，其需求是在**最短的时间内看到他们想要的效果以及细节内容，并便于修改**。然而，无论是电脑软件或者是手绘速写都是设计人员与客户沟通的语言工具，因而没有好坏之分，作为设计人员，应该熟练使用自己的设计工具。

手绘设计与电脑设计异同

手绘表达与软件表达的目的是相同的，同为进行某种视觉方式的传达，只是两者所采用的手段不同。从思维的角度来看，两者同为设计师展示的创造性思维，没有高低优劣之分。

手绘设计，通常是作者设计思想初衷的体现，能和作者的创意同步。手绘可以生动、形象地记录下作者的创作激情，作品生动、亲切，有一种回归自然的情感因素。操作时作者需全神贯注，十分细心，不能出错。手绘表现由于其工具的特性，因此不便修改。

软件的特点是比例尺寸精准，效果真实、绚丽；操作便捷、易于修改，也可复制。但每次的修改都需要重新渲染和处理，因此效率较低，而商业上大量套用模板使得设计画面比较呆板、缺少设计感。

商业交接

从目前与客户对接看，软件制作出来的效果图市场更大，更快捷些，而且最大的好处就是便于修改，与客户之间的沟通和文件传送都可以电子文档形式进行，甚至可以做成三维展示的，这些都是手绘所不能达到的。

手绘需要作者的立体构图能力，并要求具备一定的艺术修养和绘画功底，具有一定的门槛。有时在客户简短的沟通中就可以快速出具初稿，也就是示意图，也是现场更改方案的一种手段，与软件设计的表达方式不矛盾。

附件二：制作产品效果图需要什么软件

AutoCAD
（主要用于精确、快速绘制产品二维线稿）

利用计算机及其图形设备帮助设计人员进行设计工作。简称CAD。在工程和产品设计中，计算机可以帮助设计人员担负计算、信息存储和制图等各项工作。

首先它是一个可视化的绘图软件，许多命令和操作可以通过菜单选项和工具按钮等多种方式实现。而且AutoCAD具有丰富的绘图和绘图辅助功能，为用户绘图带来很大方便。

其次它不仅在二维绘图处理更加成熟，三维功能也更加完善，可方便地进行建模和渲染。

Autodesk 3ds Max
（主要用于三维产品建模和渲染）

3D Studio Max，常简称为3ds Max，是Discreet公司开发的（后被Autodesk公司合并）基于PC系统的三维动画渲染和制作软件。在Discreet 3ds Max 7发行后，正式更名为Autodesk 3ds Max。3ds Max具备一下特征：

1. 性价比高
它对硬件系统的要求很低，一般普通的配置已经可以满足学习的需要了。

2. 上手容易
3ds Max的制作流程十分简洁高效，可以使你很快上手，所以先不要被它的大堆命令吓倒，只要你的操作思路清晰上手是非常容易的。

3. 功能强大
安装插件（plugins）可提供3ds Max所没有的功能；强大的角色(Character)动画制作能力；可堆叠的建模步骤，使制作模型有非常大的弹性。

4. 使用者多，便于交流
在国内拥有最多的使用者，便于交流，教程也很多，随着互联网的普及，关于3ds Max的论坛在国内也相当火爆，如果有问题可以到网上大家一起讨论。

Chaos Software VRay
（主要结合3ds Max软件作为灯光、材质和渲染的插件使用）

VRay特点是渲染速度快（比FinalRender的渲染速度平均快20%），目前很多制作公司使用它来制作建筑动画和效果图，就是看中了他速度快的优点。目前市场上有很多针对3ds Max的第三方渲染器插件，VRay就是其中比较出色的一款。主要用于渲染一些特殊的效果，如次表面散射、光迹追踪、焦散、全局照明等。VRay是一种结合了光线跟踪和光能传递的渲染器，其真实的光线计算创建专业的照明效果。可用于建筑设计、灯光设计、展示设计等多个领域。

Adobe Photoshop
（主要用于处理渲染效果图：调色、合并图层、锐化模糊、去除杂色以及排版等工作）

Photoshop是Adobe公司旗下最为出名的图像处理软件之一，集图像扫描、编辑修改、图像制作、广告创意、图像输入与输出于一体的图形图像处理软件，深受广大平面设计人员和电脑美术爱好者的喜爱。

从功能上看，Photoshop可分为图像编辑、图像合成、校色调色及特效制作部分。

Photoshop提供的绘图工具让外来图像与创意很好地融合，可让图像的合成天衣无缝。校色调色是Photoshop中深具威力的功能之一，可方便快捷地对图像的颜色进行明暗、色编的调整和校正。

特效制作在Photoshop中主要由滤镜、通道及工具综合应用完成。

Adobe After Effect
（主要为效果图后期处理提供照片级制作效果）

After Effects是Adobe公司推出的一款图形视频处理软件，适用于从事设计和视频特技的机构，包括电视台、动画制作公司、个人后期制作工作室以及多媒体工作室。而在新兴的用户群，如网页设计师和图形设计师中，也开始有越来越多的人在使用After Effects。属于层类型后期软件。

Adobe Illustrator
（主要用于后期排版，矢量图形合并、特效制作等）

是一种应用于出版、多媒体和在线图像的工业标准矢量插画的软件，广泛应用于印刷出版、专业插画、多媒体图像处理和互联网页面的制作等。

该软件已经占据了全球矢量编辑软件中的大部分份额，软件的最大特征在于钢笔工具的使用，使得操作简单功能强大的矢量绘图成为可能。它还集成文字处理、上色等功能，不仅在插图制作，在印刷制品设计制作方面也广泛使用,事实上已经成为桌面出版(DTP)业界的默认标准。

与兄弟软件——位图图形处理软件Photoshop有类似的界面，并能共享一些插件和功能，实现无缝连接。

 参考答案

效果图表达与手绘表达的区别

客户的需求	具体项目	时间短	效果真实、或具有艺术性	有多种方案选择或方案容易修改	比例、尺寸准确	方便传输	价格实惠	设计师要求
效果图表达	能否达到客户要求	×	√	√	√	√	√	设计师入门必备
	具体体现	步骤多	效果真实、色彩绚丽	修改后只需重新渲染，较方便	参数化建模，比例尺寸准确	成品为电子稿	门槛不高，需求较多	
手绘图表达	能否达到客户要求	√	√	×	×	√	×	设计师进阶必备
	具体体现	快速绘制	效果艺术性强	重新绘制线稿并着色修改	难度大，专业修养高	可以扫描电子稿	需要一定的艺术修养	

效果图表达使用软件

课程	使用软件	软件类型	主要作用	参考使用比例	可替代软件
效果图表达	AutoCAD	二维、三维软件	精确、快速绘制产品二维线稿	5%~10%	无
	Autodesk 3ds Max	三维软件	三维产品建模和渲染	50%~60%	Rhino、Maya
	VRay	渲染插件	结合 3ds Max 软件作为灯光、材质和渲染的插件	20%~30%	Brazil、Finalrender
	Adobe Photoshop	平面软件	处理渲染效果图：调色、合并图层、锐化模糊、去除杂色以及排版等工作	10%~20%	Paint.NET
	Adobe Illustrator	平面软件	后期排版、矢量图形合并、特效制作等	5%~10%	CorelDRAW
补充：					

活动 1
职 业 感 知

✎ 笔记栏

学习目标

1. 能描述产品效果图绘图员的职业特征。
2. 能描述产品效果图在家具设计中的作用。

参考学习课时：1 课时

学习任务描述

　　某家具设计公司招收一批毕业生，需要对这批新员工进行岗前培训，公司负责人带领新员工到公司设计办公室，现场进行认知。根据岗前培训计划，培训学员明确效果图绘图员职业特征，做好岗前准备。

引导问题

1. 请描述您想象中的效果图绘图员应该具有什么品质？

2. 软件绘制产品效果图的优点和缺点？

学习过程

一、通过了解设计师的特点和具备的职业特征，小组讨论问题

1. 通过小组讨论，总结产品效果图绘图员的主要工作有哪些，然后在教师点评的基础上对答案进行补充完善，将讨论结果记录下来。（参考附件）

2. 请畅想在未来智能一体化时代，软件绘制产品效果图的表达将会有怎么的变化。（使用人群、软件集成、智能一体化）

3. 产品效果图表达在家具设计流程中的作用？（参考附件）

笔记栏

# 附件一：效果图的绘制流程

1. 市场或客服部下单（效果图任务单）→ 签收任务单并填写进度；

2. 绘制模型 → 主管确认签字 → 发小样给甲方；

3. 根据甲方意见调整 → 发小样给甲方 → 甲方确认模型；

4. 贴材质渲染小样 → 主管确认签字 → 发小样给甲方；

5. 根据甲方意见调整 → 渲染小样和局部重要材质图片 → 交甲方确认 → 渲染大图通道 → 交主管确认做后期；

6. 交付甲方 → 局部调整 → 发送甲方 → 通知市场部已完成 → 市场部咨询甲方反馈意见并填写完成效果图任务单；

7. 交部门主管存档 → 月底提交任务单和绘图备份文件核算提成。

附件二：家具开发设计流程

一、设计准备阶段

1. 设计调查
（1）对消费者的调查研究；
（2）对技术进步的调查研究（家具工厂生产工艺的观摩与调研）；
（3）对市场环境的调查研究；
（4）市场专题调查研究（家具博览会、家具设计展的观摩与调研）；
（5）有关产品的调查研究。

2. 调研资料的整理与分析
对所调研的资料要进行整理和分析，以便指导设计。

3. 产品决策
在完成上述工作的基础上，形成新产品开发策划书。

二、家具产品设计策划

1. 原创性设计
是一种针对人的潜在需求，针对新材料、新工艺、新技术的创造性产品开发设计。

2. 改良性产品开发设计
首先要分析产品的"不良"之处，即存在的缺点。通常是有针对性地对部件进行效果分析。

三、家具产品初步设计

初步设计是在对草图进行筛选的基础上画出方案图和色彩效果图。

家具设计的关键点有以下三方面：
（1）使用功能；
（2）制造与工艺；
（3）文化内涵与审美创造。

四、深化设计与细节研究

在初步设计提练出来的草图基础上，把家具的基本造型进一步用更完整的三视图和立体透视图的绘制出来，初步完成家具造型设计。

家具结构与细节的设计研究应注意如下内容：
（1）尽可能绘出家具的各部分结构分解图；
（2）人体工学的尺度推敲分析；
（3）关键部位的节点构造图；
（4）材质、肌理、色彩的不同组合效果分析；
（5）具体尺寸的进一步确认；
（6）产品的系列化组合（单体、成套）。

五、设计完成阶段

完成设计阶段即完成全部设计文件的阶段，对于现代家具企业，家具设计的文件包括有以下主要内容：
（1）施工图；
（2）比例模型制作与实体评价；
（3）零部件明细表；
（4）外加工件与五金配件明细表；
（5）材料计算与成本汇总；
（6）包装设计及零部件包装清单；
（7）产品设计说明书；
（8）产品装配说明书。

活动 2 工具认知及安全教育

 笔记栏

学习目标

1. 能叙述产品效果图表达使用软件的种类及安全使用的基本常识，建立自觉遵守实训室设备安全操作的意识。
2. 能准确叙述产品效果图表达的工作流程与规范。

参考学习课时：2课时

学习任务描述

某家具设计公司招收一批毕业生，担任公司设计师助理一职，需要对这批新员工进行岗前培训，公司负责人带领新员工到设计公司办公室进行现场认知。根据岗前培训计划，培训员工需明确效果图绘制员的工具种类及安全使用方法，正确地认知产品效果图表达的工作流程与规范，能正确地描述6S工作管理内容，做好岗前准备。

学习过程

一、观看录像，小组讨论并总结产品效果图表达的工作流程

观看产品效果图表达的有关录像，根据录像内容讨论产品效果图表达的工作流程，并记录在下表中。

二、了解产品效果图表达的工具种类及安全使用方法

查看附件，根据附件内容讨论进行产品效果图表达要使用到的工具种类，以及这些工具软件使用时应遵循的安全规范，并熟记。

工作任务单

单位部门：	设计部		下达人：		接收人：		时间：	年 月 日	
任务来源			人事部		参考任务周期		1课时		
任务执行人					任务协作人				
项目名称					岗前培训				
任务目标					产品效果图绘制的工作流程				
到达现场时间					工作完成时间				

工作内容	步骤	做了什么？	步骤	做了什么？
	第1步		第9步	
	第2步		第10步	
	第3步		第11步	
	第4步		第12步	
	第5步		第13步	
	第6步		第14步	
	第7步		第15步	
	第8步		更多	

已经解决问题的描述：

成功、成果、失误与问题：

绩效等级	优□ 良□ 中□ 差□	奖惩制度	
任务执行人签字	年 月 日	组长人签字盖章	年 月 日

产品效果图表达

任务一　　14

学习活动 2：工具认知及安全教育

工作任务单

单位部门：	设计部		下达人：		接收人：		时间：	年　月　日
任务来源			人事部		参考任务周期		1 课时	
任务执行人					任务协作人			
项目名称					岗前培训			
任务目标					工具认知及安全教育			
到达现场时间					工作完成时间			
工作内容		产品效果图表达工具				工具及软件使用注意事项		
		计算机						
	安装软件	AutoCAD						
		Autodesk 3ds Max						
		VRay						
		Adobe Photoshop						
		Adobe Illustrator						
		文件夹						
		机房电脑桌、椅						

已经解决问题的描述：

成功、成果、失误与问题：

绩效等级	优□　良□　中□　差□	奖惩制度	
任务执行人签字　　　　　　年　月　日		组长人签字盖章　　　　　　年　月　日	

三、思考并回答，提高效果图表达能力的方法有哪些？

四、使用互联网或查阅书籍资料完成以下内容

1. "6S"现场管理的定义是什么？

2. "6S"现场管理实施的意义是什么？

3. "6S"现场管理的内容有哪些？

 附件一：产品效果图工具软件安全使用规范

1. 注意避免接触计算机电源，以免造成触电。
2. 电脑启动时，硬盘处于高速运转中，不要移动主机，以免造成死机数据丢失。
3. 离开超过 30 分钟应关闭电脑，每天下课后检查主机电源是否关好。
4. 保持电脑卫生清洁工作，保持主机、显示器、键盘、鼠标等的干净。
5. 不准擅自改动计算机的连接线，不准打开计算机主机箱，不准擅自移动计算机、线路及附属设备。
6. 严禁使用电脑进行看电影、玩游戏等行为。
7. 一定要及时备份数据（备份是指数据存储在两个不同的地方）。
8. 电脑没有反应时，使用 CTRL+ALT+DEL 组合键结束未响应的进程。
9. 当屏幕出现卡屏，即鼠标不能动时，可按几下 NumLocK 键，测试一下键盘上的绿灯是否闪烁！如闪烁说明系统假死，稍等片刻系统可正常运行。
10. 当电脑启动时，出现 Press F1 to continue, Press F2 to enter SETUP 字样时，只需按 F1 键就可以进入系统，这种情况一般为主板自带电池没电了，对电脑正常使用没有影响。

1. 学生端是连接教师机和学生机的软件，不可自行退出，更不能卸载。
2. 禁止卸载机房已经安装的软件，如不能使用，请提前登记维修。

1. AutoCAD 也可以建三维模型、设定材质和渲染，但我们平常只使用它的二维草图功能。
2. 3ds Max 属于大型软件，需要占用较多的那内存，渲染时会调用 100% 的 CPU 运行。因此，使用 3ds Max 时，不要运行其他程序；更不要在渲染图像时，使用计算机运行其他软件。
3. 3ds Max 和 AutoCAD 是 Autodesk 公司出品的设计软件，因此两个软件交互性较强。
4. VRay 是 3ds Max 的插件。主要负责灯光、材质和渲染部分。在安装 VRay 时，应对应 3ds Max 的版本选择 VRay 版本。
5. 要使用 VRay 材质和渲染器，需要在渲染设置面板，指定渲染器为 VRay 渲染器。

1. Photoshop 是图像处理软件。渲染效果图后，作为调整颜色、图层合并和特效处理。
2. Illutrator 是矢量图形处理软件。主要为出品小册子和制作海报使用。
3. Photoshop 和 Illutrator 是 Adobe 公司出品的设计软件，因此两个软件很多格式都能共用。

1. 下发的工作页和资料要保存完整，统一装订在一体化教材上，切勿丢失。
2. 完成工作页上资料准备和相应习题。

1. 电脑桌要保持干净整洁，电脑台上面和附近地面的垃圾要带走。
2. 收好键盘和鼠标，电脑椅要摆放在电脑桌下方。

附件二：效果图如何快速上手

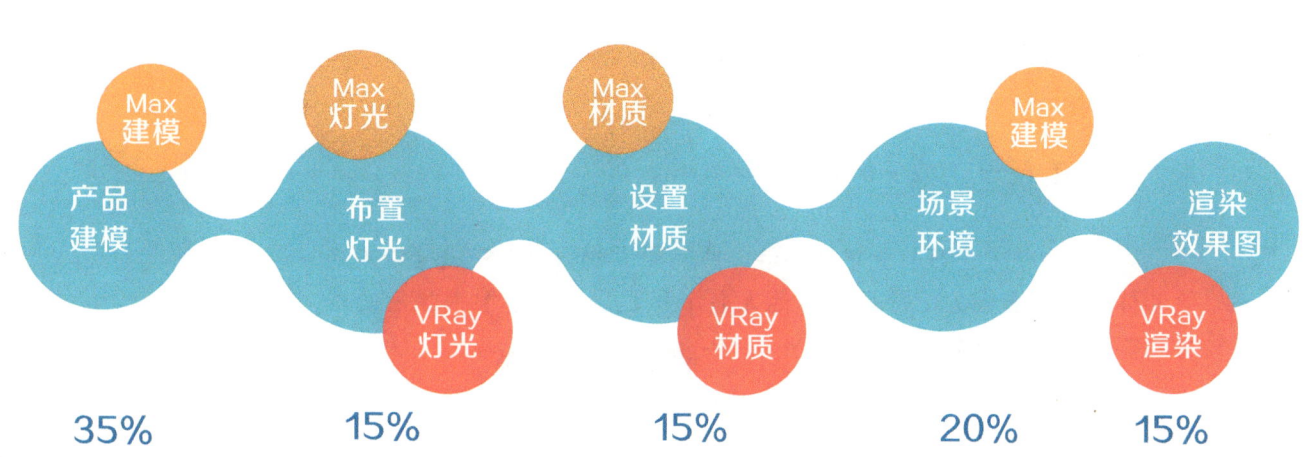

3ds Max 软件本身主要有三大部分知识：建模、动画和渲染，每一部分内容都十分庞大。学习 3ds Max 没有什么捷径可寻，但一些学习方法值得参考：

（1）多做笔记，回顾内容；（2）使用快捷键操作；（3）利用键盘结合鼠标操作；
（4）精通 5 大模块：建模、布灯、材质、环境、渲染；（5）善于思考分析，勤于钻研。

参考答案

	步骤	做了什么？	步骤	做了什么？
工作内容	第 1 步	打开 3ds Max	第 9 步	创建并修改摄影机
	第 2 步	建沙发框架	第 10 步	创建并修改目标灯光
	第 3 步	建沙发坐垫和靠背	第 11 步	创建辅助光源
	第 4 步	打开成组沙发	第 12 步	创建灯带
	第 5 步	设置沙发皮革材质	第 13 步	设置最终渲染参数
	第 6 步	赋予沙发材质	第 14 步	渲染最终效果图
	第 7 步	添加 uvw 贴图	第 15 步	
	第 8 步	设置木纹材质并赋予	更多	

活动3 职业感知与安全教育展示评价

学习目标

1. 小组对职业的感知与安全教育进行展示和汇报。
2. 完成对工作的总结和综合评价。

参考学习课时：1课时

学习过程

1 职业感知与安全教育展示与汇报

以小组为单位进行职业感知展示，并简要说明职业感知过程中的经验和体会。观看他人汇报后，将他人展示和汇报过程中值得学习的地方和需要改进的地方记录下来。

汇报人（组别）	汇报优点	如何改进

❷ 综合评价

项目	考核内容	评级比例	个人评价	组内评价	教师评价	评分标准
职业素养	学习态度主动	25%				A. 积极参与教学活动，全勤 B. 缺勤达本任务的总学时 10% C. 缺勤达本任务的总学时 20% D. 缺勤达本任务的总学时 30%
职业素养	团队合作意识强	25%				A. 与同学协作融洽、团队合作意识强 B. 与同学保持沟通、团队合作意识较强 C. 与同学能沟通、团队合作意识一般 D. 与同学沟通困难、协作工作能力较差
职业感知	职业感知	25%				A. 学习活动评价成绩为 90~100 分 B. 学习活动评价成绩为 75~89 分 C. 学习活动评价成绩为 60~74 分 D. 学习活动评价成绩为 0~59 分
职业感知	工具认知与安全教育	25%				A. 学习活动评价成绩为 90~100 分 B. 学习活动评价成绩为 75~89 分 C. 学习活动评价成绩为 60~74 分 D. 学习活动评价成绩为 0~59 分
创新能力	学习过程中提出具有创新性、可行性的建议	+5%				此项为加分项
个人奖惩：				团队奖惩：		
综合评价等级				指导教师		

❸ 综合评价等级计算说明

综合评价等级是根据自我评价、小组评价、教师评价及加分奖励按比例所得，对应评价分值和组成比例如下表：

项目	等级	对应评价分值	综合评价组成部分及比例
综合评价等级	A	A ≥ 90	自我评价总分　20% 小组评价评价总分　30% 教师评价总分　50% 加分奖励　0~5 分
综合评价等级	B	B ≥ 75 且 B < 90	
综合评价等级	C	C ≥ 60 且 C < 75	
综合评价等级	D	D < 60	

加分奖励为 0~5 分，由指导教师评定。

板式家具建模与效果图表达

学习活动 1：绘制凳类家具
学习活动 2：绘制桌类家具
学习活动 3：绘制椅类家具
学习活动 4：绘制柜类家具
学习活动 5：过程化考核及展示评价

2 PART
产品效果图表达
RENDERING OF PRODUCT EXPRESS

　　板式家具是指以人造板为主要基材、以板件为基本结构的拆装组合式家具。常见的人造板材有胶合板、细木工板、刨花板、中纤板等。胶合板常用于制作需要弯曲变形的家具；细木工板性能有时会受板芯材质影响；刨花板材质疏松，仅用于低档家具。性价比最高、最常用的是中密度纤维板。板式家具常见的饰面材料有薄木、木纹纸、PVC胶板、聚脂漆面等。

 目标描述

 笔记栏

技能目标

完成本训练任务后,你应该能:

1. 能安装和操作 3ds Max 软件和 VRay 渲染器;
2. 能分析家具造型,从整体入手绘制建模;
3. 能使用 VRay 渲染器,结合 3ds Max 进行辅助表现;
4. 能渲染效果图,并保存成常用格式。

知识目标

完成本训练任务后,你应该能:

1. 对 3ds Max 软件有了初步的认识,并开始使用快捷键操作;
2. 掌握使用 3ds Max 内置图形和几何体建模;
3. 掌握使用 3ds Max 对物体进行单点布光;
4. 掌握使用 VRay 制作地面、木材、塑料、不锈钢等材质;
5. 掌握 VRay 进行测试渲染。

职业素质目标

完成本训练任务后,你应该能:

1. 遵守三维建模的标准规范,养成严谨科学的工作态度;
2. 尊重他人劳动,不窃取他人成果;
3. 养成总结训练过程和训练成果的习惯,为下次训练总结经验;
4. 养成团结协作精神。

任务描述

设计公司收到来自某家具公司准备生产的设计任务单，要求在三个星期内绘制一套板式家具的效果图，以便观察家具外观效果。内容包括凳子、组合餐桌椅、双人桌、镂空椅、折叠面板椅子和床头柜。设计师需要根据甲方提供的 CAD 图纸按实际规格在 3ds Max 软件进行绘制，并赋予相应材质，最后渲染效果图。要求任务完成后提交效果图成品以及 3ds Max 源文件。

知识准备

1. 如何安装 3ds Max 软件？请填写出步骤。（参考附件）

2. 操作 3ds Max 软件有哪些技巧？请列举。（参考附件）

 笔记栏

3.VRay 是针对 3ds Max 软件什么部分而设计的？ VRay 的优势有哪些？（参考附件）

笔记栏

48 课时

学习活动 1：绘制凳类家具

学习活动 2：制作桌类家具

学习活动 3：制作椅类家具

学习活动 4：制作柜类家具

学习活动 5：过程化考核及展示评价

附件一：3ds Max 的安装

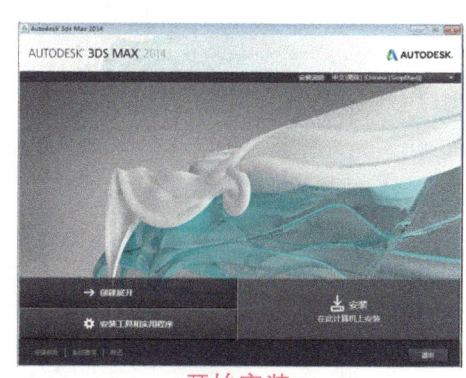

下载的 3ds Max 2014 安装文件双击解压　　更改安装文件存放目录　　　　　　　　　　　开始安装

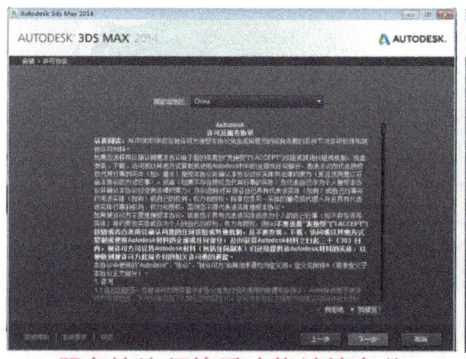
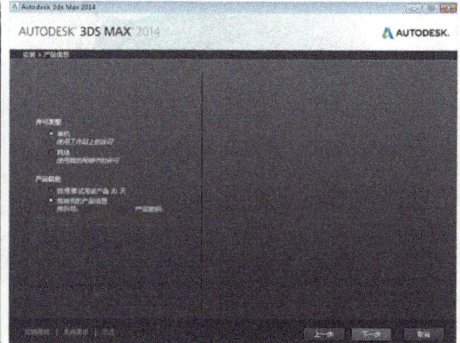

服务协议须接受才能继续安装　　　输入序列号以及产品密钥　　　更改安装目录然后开始安装

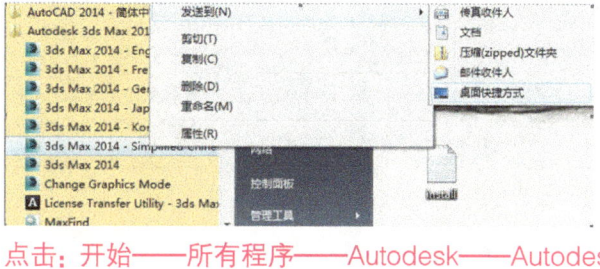

完成安装

点击：开始——所有程序——Autodesk——Autodesk 3ds Max2014——"3ds Max 2014 – Simplified Chinese"

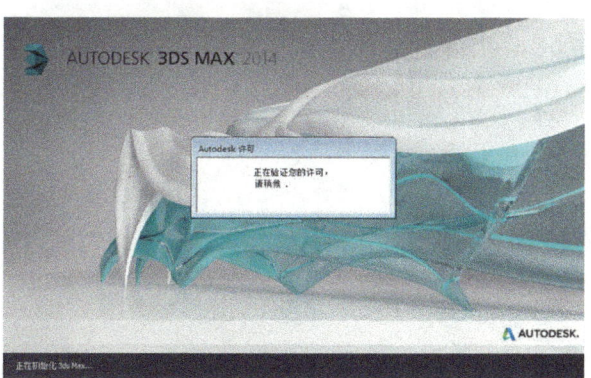

中文验证界面　　　　　　　　　　　中文激活界面

# 附件二：VRay 的安装

CH_VRay_Adv_2.40.03_for_3dsMax2014(64bit)_Two_setup_reconditeness.exe	2013/5/29 14:19	应用程序	900 KB
CH_VRay_Adv_2.40.03_for_3dsMax2014(64bit)_Two_setup_reconditeness-0.bin	2013/5/29 14:21	BIN 文件	68 KB
CH_VRay_Adv_2.40.03_for_3dsMax2014(64bit)_Two_setup_reconditeness-1.bin	2013/5/29 14:21	BIN 文件	40,498 KB

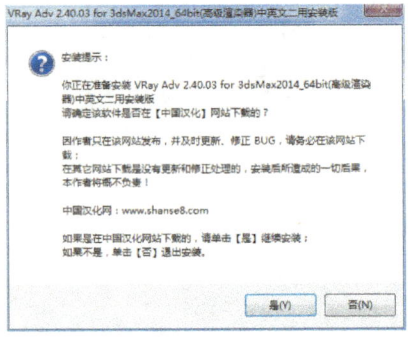
安装提示

插件说明

勾选许可协议

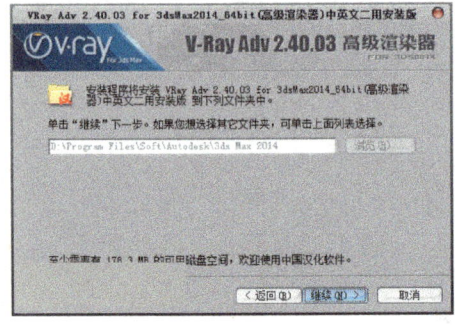
默认已经识别安装路径

安装信息确认

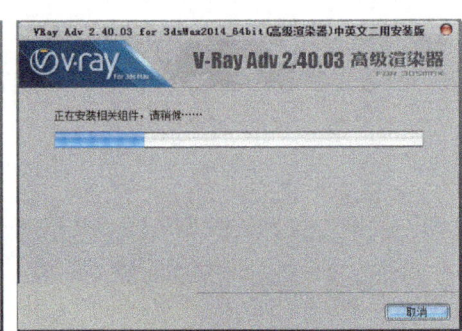
安装进行中

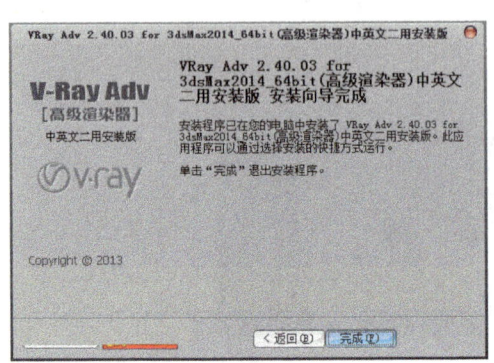
安装完成

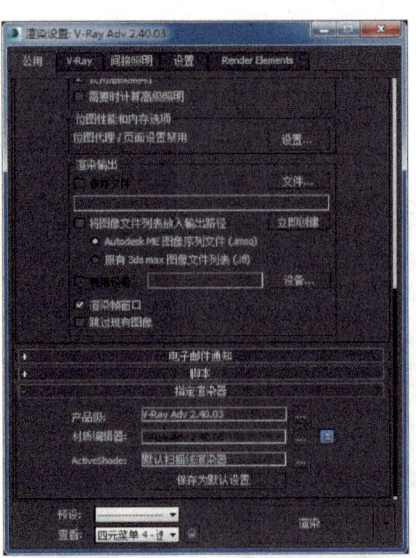
打开 3ds Max 渲染设置面板

选择 V-Ray Adv2.40 渲染器

附件三：3ds Max 总体原则与模型要求

一、总体原则

1. 设计师所有任务放在工作盘文件夹里面，文件夹按年月日和项目名称连写的方式命名。（2016.09.01-XX 凯宾斯基酒店）；
2. 一个效果图项目文件内必须包含：模型文件夹（原始模型和修改模型不允许替代）、材质文件夹（包含所有材质）、渲染文件（渲染的 TIF 图片和 TGA 通道文件夹）和光子文件；
3. 所有单体模型、材质、渲染出图、光子必须实名；
4. 杜绝堆积木的办法建模型，如果单个物体由多个部分组成必须成组。

二、模型要求

1. 家具模型统一尺寸为毫米（mm）。
2. 在导入 CAD 文件到 3ds Max 之后先归零。
3. 相同物体复制必须用关联复制。
4. 尺度把握准确，必须和实际物体尺寸相一致。
5. 曲线尽量用折线代替。
6. 在建立透明贴图物体时用片即可。
7. 建模时，尽量控制分段数，看不见的面尽量删除。
8. 不允许共面（不同材质的墙交接容易共面）。
9. 交接要严丝合缝，对齐。
10. 模型面数把握：普通单体——100 物体以下，15 万面以下；复杂单体——300 物体以下，30 万面以下（体形复杂欧式建筑上浮 25%）；群体鸟瞰——1000 物体以下，200 万面以下。

附件四：3ds Max 软件实践技巧

随着 3ds Max 软件版本的不断提高，其功能也越来越强大，已经成为大多数产品设计师制作效果图的首选工具软件。作为一名产品设计师，3ds Max、Photoshop 是日常工作中的最佳拍档。

第一，要加强专业知识储备

产品效果图不同于艺术绘画，我们在作图时不仅要追求艺术性、美观性，还要注意一些产品设计行业的特殊要求。另外，产品效果图越来越多的被当成工程合同的附件，从而具有了一定的法律效应，如果你在作图时天马行空而不注意科学性、严谨性，那么很可能引起合同纠纷。

比如，如果你在做产品外观时为了好看而选择了一种材质或者工艺，但是实际市场上却缺少相应的工艺和材质或者工艺未到成熟的阶段，那么就很容易引起甲乙双方的分歧；另外一种情况，作图人事前没有与设计师和预算员进行沟通，就擅自把红榉木改为柚木，结果使施工成本增加。要避免这种情况的发生，除了要系统地学习产品相关专业知识外，还要经常与工程师甚至是一线工作人员进行沟通，这是专业效果图设计师的必修内容。

第二，制图前要先做好整体规划

制图前你最好先做好整体规划：整个工程要几个场景才能展示清楚？每个场景要有哪些元素构成？哪些元素需要进行建模？哪些元素可以在素材库或光盘中找到？然后还要考虑整体的颜色搭配、材质选择等。只有这样，作图时你才能做到有的放矢，少走弯路。

第三，分清重点，减少工作量

把场景建立起来之后，先加上一部临时相机，挑选好出图视角。对于那些不可视的面，我们就不必要为其太费工夫，这样就能省去不少建模和赋予材质的工作量；对于那些较远的物体，建模时就不必过多考虑细节，让其展现出基本的形状和颜色。

第四，尽量不要在总场景中直接建模

很多效果图设计师喜欢在总场景中建模，除非你用的是专业级的图形工作站，否则不推荐你这样做。因为一个简单的空间模型，通常也会由近万个面构成，加上灯光材质贴图，每次操作视图对你的显卡、内存、处理器都是一次满负荷的考验，即使使用 Hide（隐藏）命令隐藏掉部分物体，也难以遮掩计算机由于负荷过大带来的卡顿。

有经验的设计师通常会在独立的场景中为不同的物体建模，然后再用 Merge（合并）命令将不同的子场景进行合并，从而合理地利用计算机资源，提高作图效率。

第五，为几何元素命名

制图时不要忘记为几何元素命名，否则场景进行合并之后，就会出现非常多的几何体元素，例如 box01、box02……box103，等等。难以分清几何元素对应的物体。所以每当你完成一个物体的建模后，就要及时的对相关元素进行命名，同样你也要及时地为材质进行命名，以免出现混乱。

第六，建立你自己的模型材质库

市面上有许多的材质光盘销售，大多 3ds Max 爱好者都会或多或少的有几张，在光盘里面经常会看到这样的命名方法：大理石01、大理石02……；木纹01、木纹02……。而在一个职业设计师的材质库里你可能看到的是：印度红大理石01，蒙古黑大理石02，西班牙金花米黄01……；或者胡桃木纹、红榉木纹、花樟木纹……。因此建议你建立自己的模型材质库。你可以将你所拥有的材质盘全部拷到硬盘上，删除重复材质，再按用途或类别进行分类命名，模型库也依此照办，经过一段时间的积累，你一定会有一个自己的材质模型库，再作效果图时就能很快找到相应的材质和模型了。

附件五：VRay 高效系统

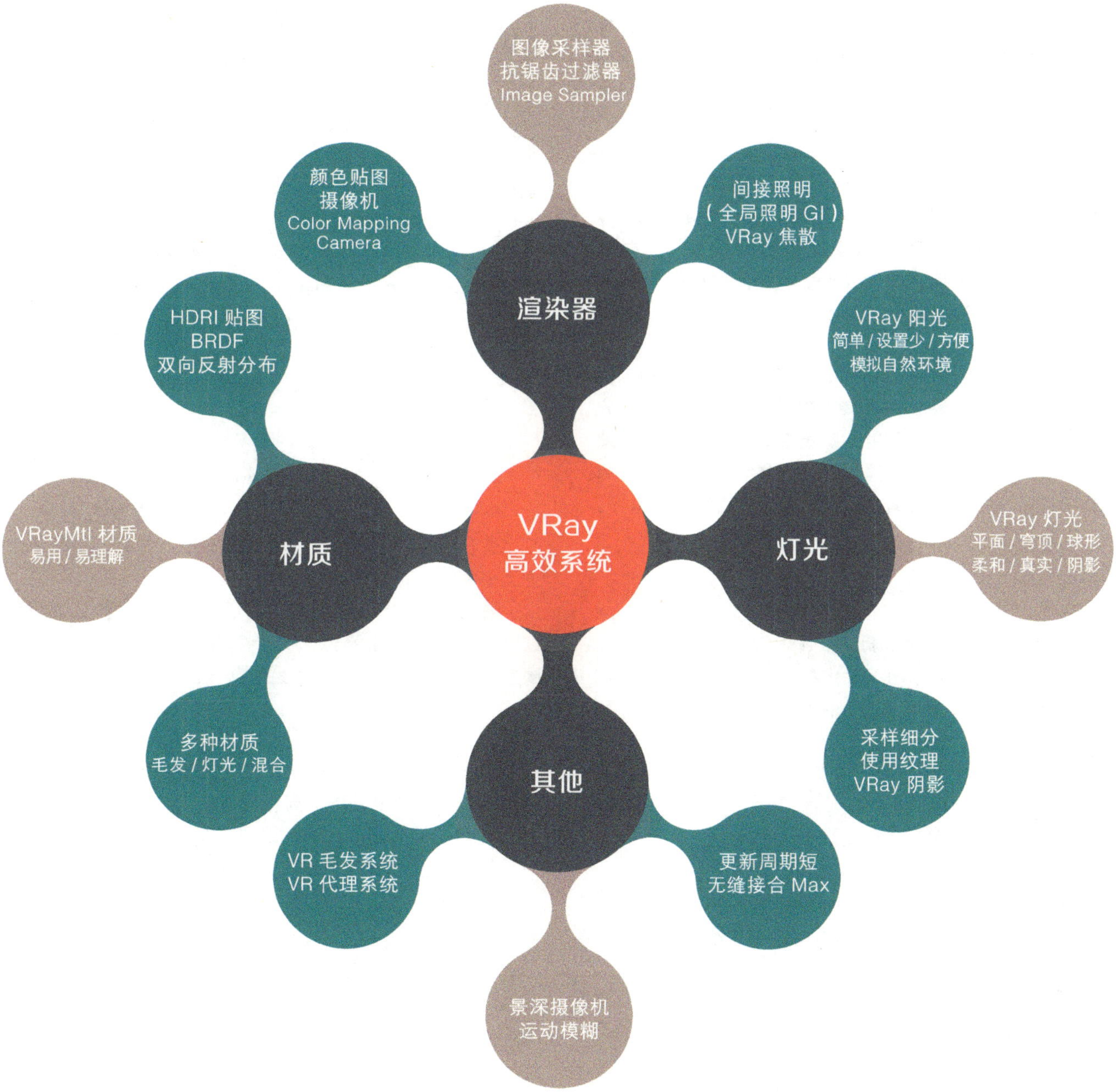

- **VRay 高效系统**
  - **渲染器**
    - 图像采样器 抗锯齿过滤器 Image Sampler
    - 颜色贴图 摄像机 Color Mapping Camera
    - 间接照明（全局照明 GI） VRay 焦散
  - **灯光**
    - VRay 阳光 简单/设置少/方便 模拟自然环境
    - VRay 灯光 平面/穹顶/球形 柔和/真实/阴影
    - 采样细分 使用纹理 VRay 阴影
  - **材质**
    - HDRI 贴图 BRDF 双向反射分布
    - VRayMtl 材质 易用/易理解
    - 多种材质 毛发/灯光/混合
  - **其他**
    - VR 毛发系统 VR 代理系统
    - 更新周期短 无缝接合 Max
    - 景深摄像机 运动模糊

附件六：VRay 的优势

VRay 是由 chaosgroup 和 asgvis 公司出品，由曼恒公司负责推广国内市场的一款高质量渲染软件。VRay 是目前业界最受欢迎的渲染引擎。基于 VRay 内核开发的有 VRay for 3ds Max、Maya、Sketchup、Rhino 等诸多版本，为不同领域的优秀 3D 建模软件提供了高质量的图片和动画渲染。

VRay 插件分布在 3ds Max 的基本几何体、灯光、摄像机、辅助对象、系统、修改器列表、VRay 材质、VRay 贴图、VRay 渲染器等部分。其中，VRay 以渲染器、材质和灯光最为重要。因此，学习 VRay 对产品效果图表达是有着十分重要的意义。

VRay 渲染器提供了一种特殊的材质——VRayMtl。在场景中使用该材质能够获得更加准确的物理照明（光能分布）、更快的渲染，而且反射和折射参数调节更方便。使用 VRayMtl，你可以应用不同的纹理贴图，控制其反射和折射，增加凹凸贴图和置换贴图，强制直接全局照明计算等。

功能：

（1）真正的光影追踪反射和折射。（VRayMap）
（2）平滑的反射和折射。（VRayMap）
（3）半透明材质用于创建石蜡、大理石、磨砂玻璃。（VRayMap）
（4）面阴影（柔和阴影）。包括方体和球体发射器。（VRayShadow）
（5）间接照明系统（全局照明系统）。
　　可采取直接光照（Brute Force）和
　　光照贴图方式（HDRI）。（Indirect Illumination）
（6）运动模糊。包括类似 Monte Carlo 采样方法。（Motion blur）
（7）摄像机景深效果。（DOF）
（8）散焦功能。（Caustics）
（9）G- 缓冲。（RGBA,material/object ID, Z-buffer,velocity etc.）（G-Buffer）

特点：

（1）基于 G- 缓冲的抗锯齿功能。（Image sampler)
（2）可重复使用光照贴图（save and load support）。对于 fly-through 动画可增加采样。（ndirect illumination)
（3）可重复使用光子贴图（save and load support）。（Caustics）
（4）带有分析采样的运动模糊。（Motion blur）
（5）真正支持 HDRI 贴图。包含 *.hdr,*.rad 图片装载器，可处理立方体贴图和角贴图贴图坐标。可直接贴图而不会产生变形或切片。
（6）可产生正确物理照明的自然面光源。（VRayLight）
（7）不同的摄像机镜头：fish-eye/spherical/cylindrical and cubic cameras（Camera）。

VRayLight(VRay 灯光)：
　　分为 3 种类型，即平面、穹顶、球形。
　　优点：在于 VRay 渲染器专用的材质和贴图配合使用时，效果会比 3ds Max 的灯光类型要柔和、真实，且阴影效果更为逼真。
　　缺点：当使用 VRay 的全局照明系统时，如果渲染质量过低（或参数设置不当）会产生噪点和黑斑。且渲染的速度会比 3ds Max 的灯光类型要慢一些。

VRaySun（VRay 阳光）：
　　它于 VRaySky（VRay 天光）或 VRay 的环境光一起使用时能模拟出自然环境的天空照明系统。
　　优点：操作简单，参数设置较少，比较方便。
　　缺点：没有办法控制其颜色变化，阴影类型等因素。

活动 1
绘制凳类家具 —— 组合凳子

学习目标

1. 能正确打开 3ds Max 软件，并掌握对软件的基本操作。
2. 能在建模前，正确设置 3ds Max 的单位。
3. 能参照 CAD 尺寸，完成家具的案例建模。
4. 能完能成模型的材质设定和渲染。
5. 完成案例后，能完成工作任务单的总结内容。
6. 在作业完毕后，能按作业规程清点、整理电子文档，整理工作页，并关闭计算机，清理现场。

参考学习课时：4 课时

学习任务描述

公司接到任务后，需要对组合凳子进行绘制，现需要设计员对凳子进行建模，甲方期待产品的外观造型，设计时间为 1 天。

学习准备

工具准备：计算机（含 AutoCAD、3ds Max）、存储器（U 盘、移动硬盘）、签字笔、工作任务单。

引导问题

板式家具有什么特点？

学习过程

1　明确工作任务（小组讨论）

阅读设计任务书，填写工作任务单。列出本次任务的工作内容、时间要求及交接工作的相关负责人，并根据实际情况补充完整。

产品效果图表达
任务二
学习活动1：绘制凳类家具

工作任务单

单位部门	设计部	时间	年　月　日
任务来源	总经办□	项目部□	人事部□
项目名称	板式家具表达	任务目标	绘制凳类家具
任务执行人	执行人：　　　　其他组员： 组长：		

基本要求	人员要求	遵守纪律、遵守工作场所管理规定，服从安排； 安全意识，责任意识，6S 管理意识； 注重个人形象，注重环境整洁； 注重沟通，能自主学习及相互协作	□确认
	存储设备	USB 存储器 / 移动硬盘	□确认
	自备工具	工作页、签字笔	□确认
	完成数量	单个产品	□确认
	完成时间	240 分钟	□确认
	尺寸规范	准确设置单位	□确认
	形态结构	尺寸准确	□确认
	模型细节	细节表现到位	□确认
	材质表现	材质表达真实	□确认
	操作情况	操作熟练，快速找到相应命令	□确认
	整体风格	效果真实再现，具有一定个人风格	□确认
	作品展示	语言流畅，思路清晰；展示方式富有特色	□确认

已经解决问题的描述：

成功、成果、失误与问题：

绩效等级	优□　良□　中□　差□	奖惩制度	
任务执行人签字	年　月　日	审核人签字盖章	年　月　日

2 知识探索

1. 填写出下列区域名称和区域作用。（参考附件）

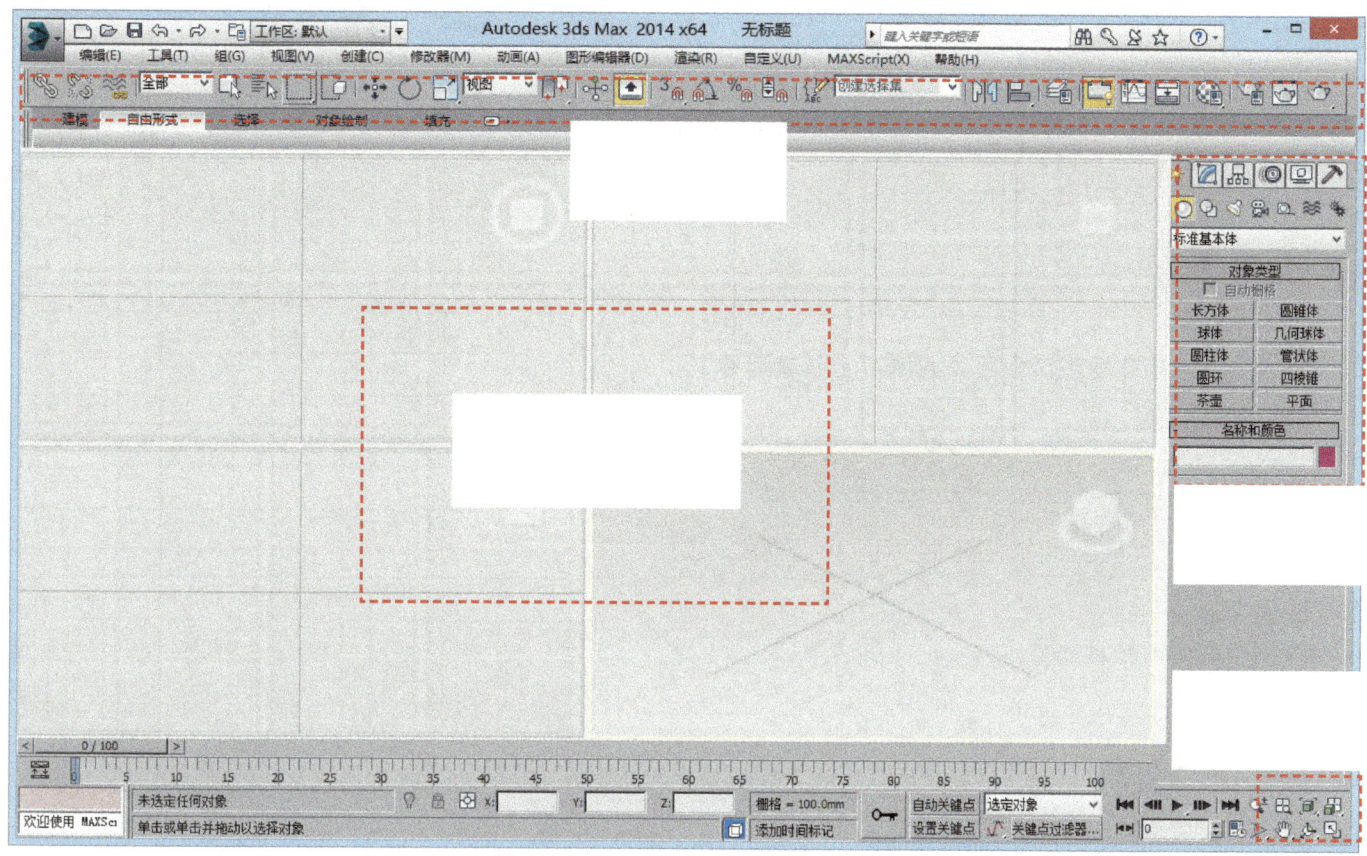

2. 请写出以下图标在哪个区域和对应快捷键并填写用途。（参考附件）

快捷键　/　所在区域　/　用途　　　　　　快捷键　/　所在区域　/　用途

无

无

用途

左键：
右键：
中键：
滚轮：

产品效果图表达

任务二

学习活动1：绘制凳类家具

3. 请参考附件，并尝试在 3ds Max 内建一个 45 cm × 28 cm × 35 cm 的长方体，并写出具体步骤。

（1）如何设置系统单位为 cm？（参考附件）

（2）如何在视图区创建长方体？（参考附件）

（3）如何数调整物体大小？（参考附件）

3 工作任务的实施

1. 请在打开 CAD 图形，记录相应尺寸大小。

2. 根据准备探索的练习，结合小组讨论，建单个凳子模型。（尺寸以工作页提供的 CAD 图为准）

3. 单个凳子模型的所有部件成组，并向右实例复制 2 个。

笔记栏

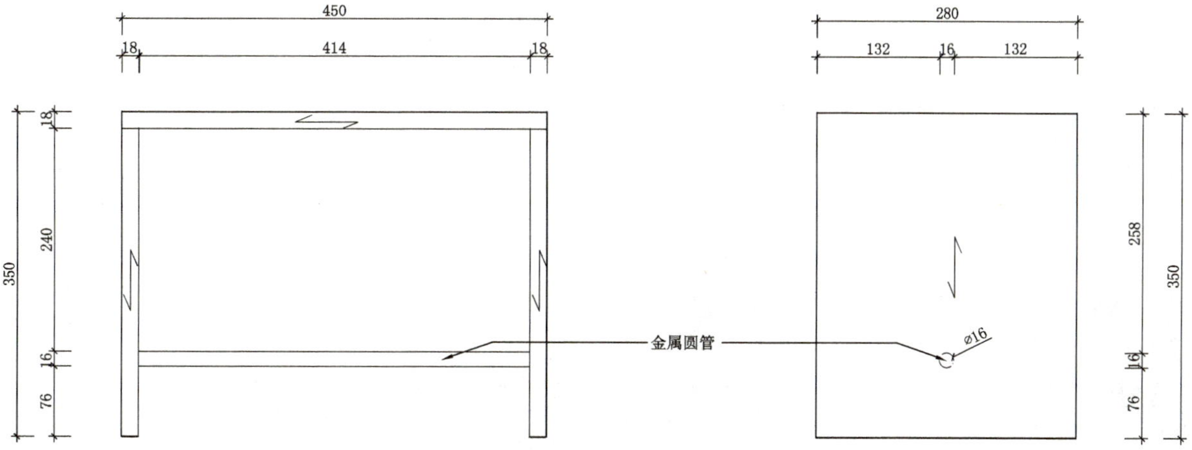

B 正立面图
1:6

C 侧立面图
1:6

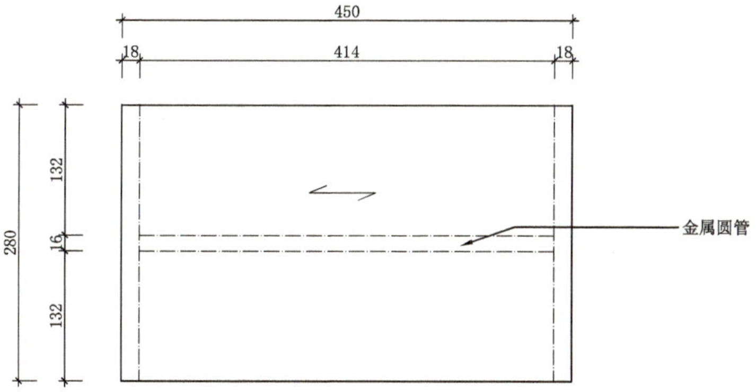

A 平面图
1:6

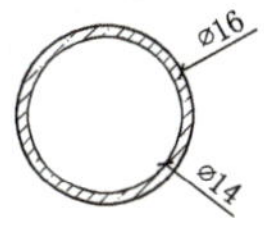

1 圆管大样图
1:1

金属圆管

4. 使用角度捕捉，移动实例复制，并旋转视图。最终位置如下：

5. 将贴图直接拖进视图凳子部件中，完成贴图赋予。

 笔记栏

6. 在视图窗口中使用 Shift + Q 渲染视图。

7. 保存并归档当前源文件，文件命名为"任务一活动一组合凳子"。

8. 整理桌面，保持整洁。

学习拓展

1. 请用 3ds Max 软件绘制一个书架，
整体大小控制在 1800 mm × 2000 mm × 450 mm 以内，板材厚度为 18 mm。
（要求：尽量使用快捷键去完成指令）

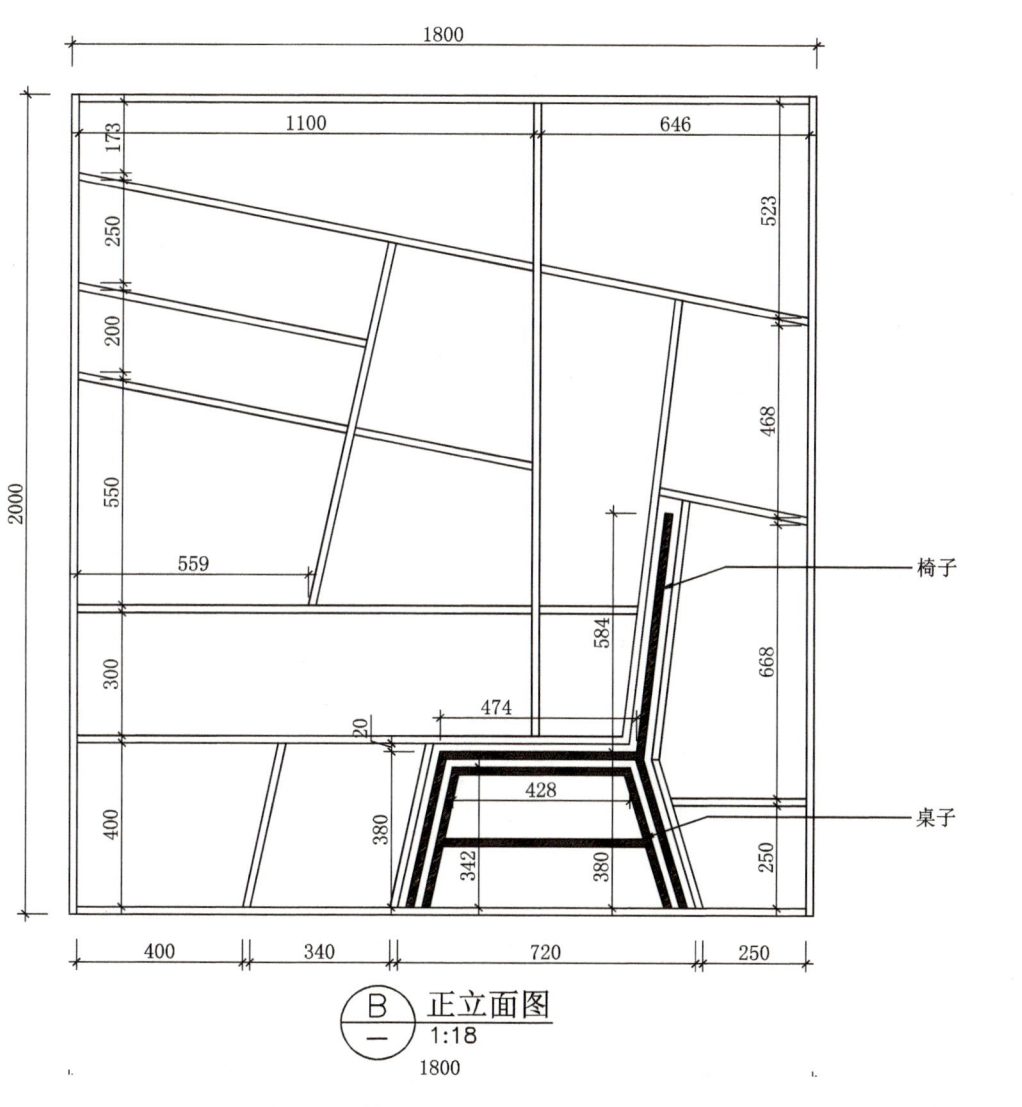

B 正立面图 1:18

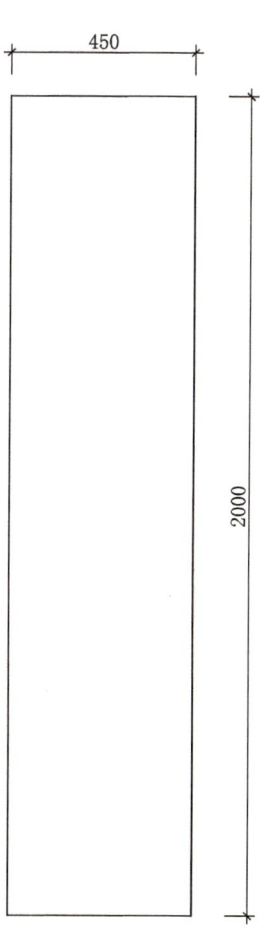

C 侧立面图 1:18

产品效果图表达
任务二　　38
学习活动1：绘制凳类家具

活动 1
绘制凳类家具 —— 组合餐桌椅

学习目标

1. 能使用内置几何体"扩展基本体"工具。
2. 能通过使用对齐工具，使图形能快速对齐。
3. 能使用镜像工具，镜像出其他椅子。
4. 能参照 CAD 尺寸，完成家具的案例建模。
5. 能完成模型的材质设定和渲染。
6. 完成案例后，能填写工作任务单的总结内容。
7. 在作业完毕后，能按作业规程清点、整理电子文档，整理工作页，并关闭计算机，清理现场。

参考学习课时：4 课时

 笔记栏

学习任务描述

公司接到任务后，需要对组合餐桌椅进行绘制，公司安排设计人员完成该任务，设计师需要根据家具特征，选择适合的建模方法和材质表现，完成餐桌椅的绘制，设计时间为 1 天，任务完成后提交餐桌椅源文件和效果图。

学习准备

工具准备：计算机（含 AutoCAD、3ds Max 软件）、存储器（U盘、移动硬盘）、签字笔、工作任务单。

引导问题

什么是可组合家具？

学习过程

 明确工作任务（小组讨论）

阅读设计任务书，填写工作任务单。列出本次任务的工作内容、时间要求及交接工作的相关负责人，并根据实际情况补充完整。

工作任务单

单位部门	设计部	时间	年　月　日
任务来源	总经办□	项目部□	人事部□
项目名称	板式家具表达	任务目标	绘制凳类家具
任务执行人	执行人：　　　其他组员： 组长：		

基本要求			
	人员要求	遵守纪律、遵守工作场所管理规定，服从安排； 安全意识，责任意识，6S管理意识； 注重个人形象，注重环境整洁； 注重沟通，能自主学习及相互协作	□确认
	存储设备	USB存储器/移动硬盘	□确认
	自备工具	工作页、签字笔	□确认
	完成数量	单个产品	□确认
	完成时间	240分钟	□确认
	尺寸规范	准确设置单位	□确认
	形态结构	尺寸准确	□确认
	模型细节	细节表现到位	□确认
	材质表现	材质表达真实	□确认
	操作情况	操作熟练，快速找到相应命令	□确认
	整体风格	效果真实再现，具有一定个人风格	□确认
	作品展示	语言流畅，思路清晰；展示方式富有特色	□确认

已经解决问题的描述：

成功、成果、失误与问题：

绩效等级	优□　良□　中□　差□	奖惩制度	
任务执行人签字	 年　月　日	审核人签字盖章	 年　月　日

产品效果图表达
任务二 40
学习活动 1：绘制凳类家具

② 知识探索

1. 请写出以下图标在哪个区域和对应快捷键并填写用途。（参考附件）

快捷键 / 所在区域 / 用途

无

无

无

2. 请填写出标准基本体和扩展基本体的对象类型。（参考附件）

标准基本体：

拓展基本体：

③ 工作任务的实施

1. 先设置 3ds Max 软件的系统单位为毫米（mm）。

2. 请打开 CAD 图形，记录相应尺寸大小。

3. 根据准备探索的练习，在不使用移动工具和捕捉工具（除角度捕捉工具）的前提下，结合小组讨论，创建餐桌椅模型。（尺寸以提供的CAD图为准）

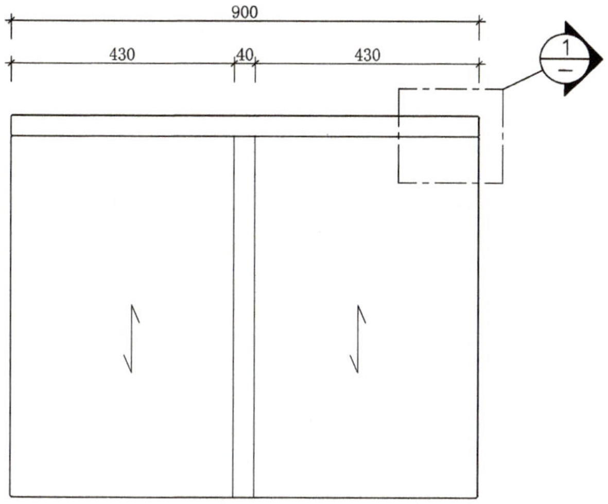

B 正立面图 1:12

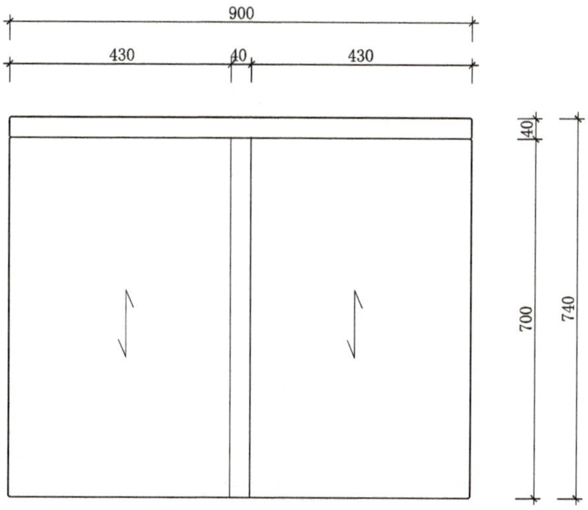

C 侧立面图 1:12

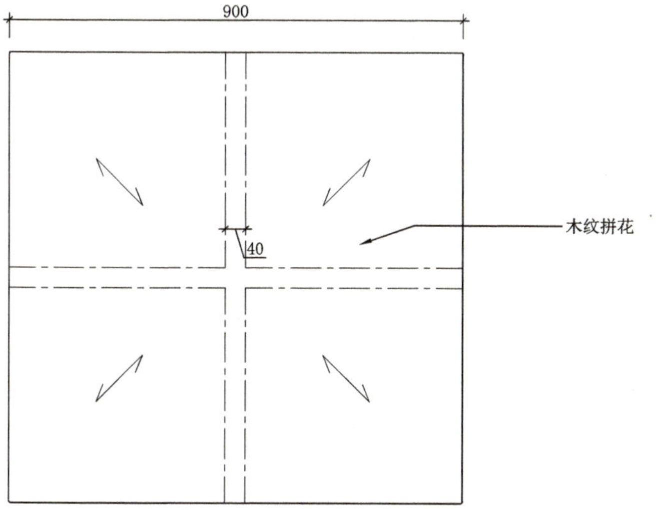

A 平面图 1:12

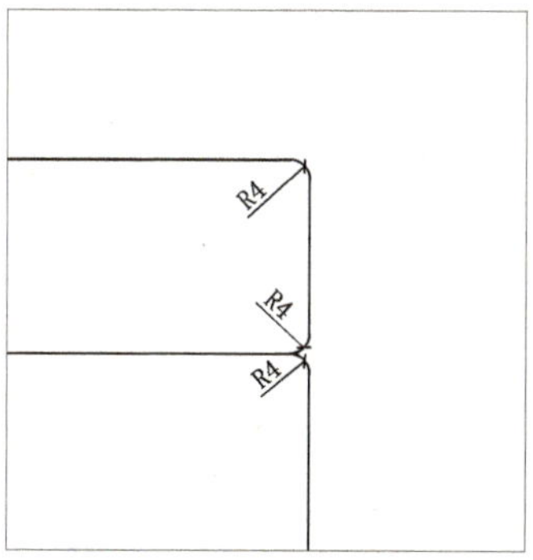

木纹拼花

1 圆角大小 1:2

4. 利用旋转工具和角度捕捉工具创建底架，利用对齐工具对齐面板。

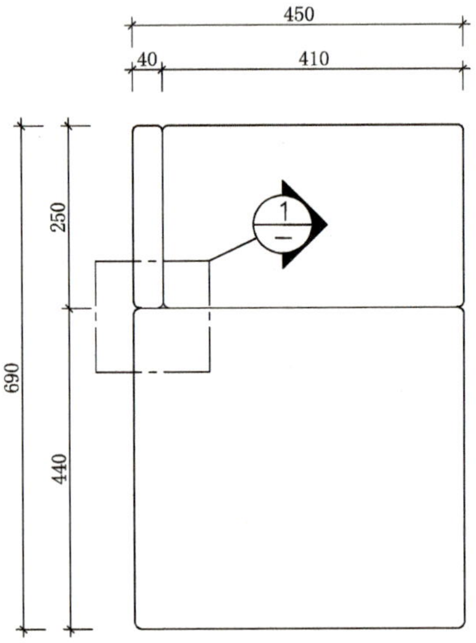

B 正立面图
1:10

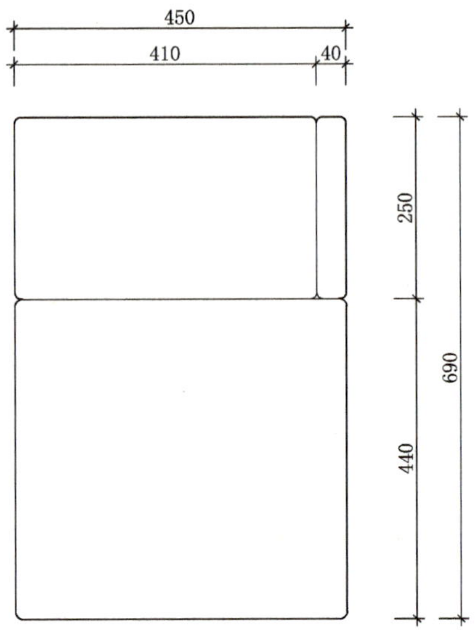

C 侧立面图
1:10

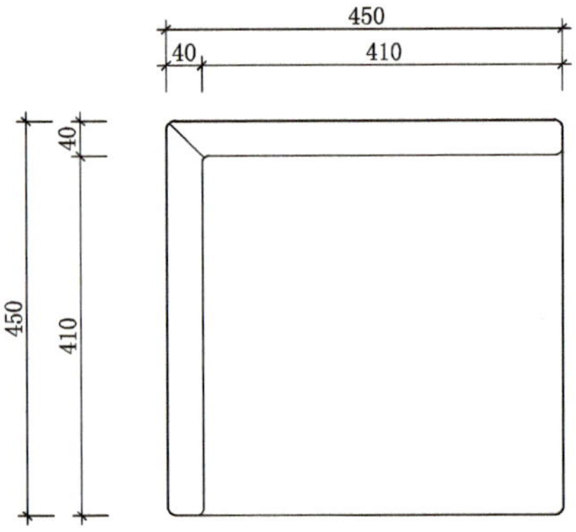

A 平面图
1:10

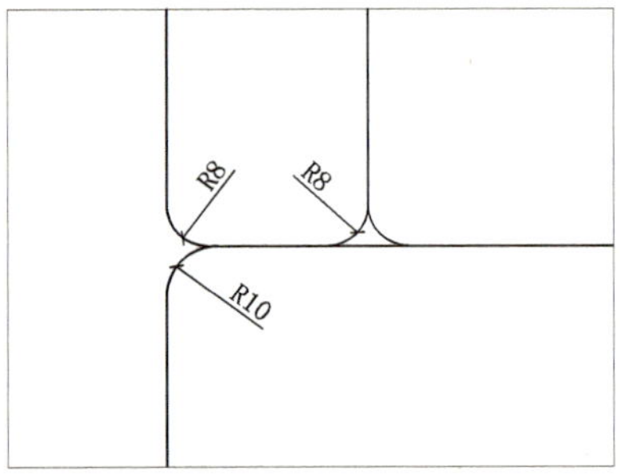

1 圆角大小
1:2

5. 使用对齐工具对齐椅子部件，并组合部件。（参考附件了解对齐工具）

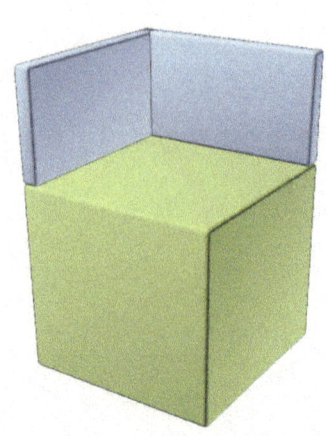

6. 利用镜像工具镜像出其他3张椅子，并调整位置。

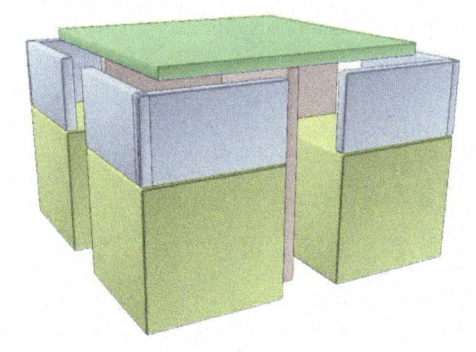

 笔记栏

7. 选择喜欢的贴图，拖动到视图相应的部件上，即形成简单的贴图。

8. 使用快捷键Shift+Q键，对当前图像进行默认渲染，并保存图像。

9. 保存并归档当前源文件，文件命名为"任务一活动一组合餐桌椅"。

10. 整理桌面，保持整洁。

产品效果图表达
任务二　　　44
学习活动1：绘制凳类家具

 # 学习拓展

 ## 知识探索

1.请根据下发的文件，通过资源追踪找到3ds Max文件的贴图（路径为桌面/贴图），使其贴图正常显示，在渲染测试贴图正常显示后，将文件通过资源收集器，保存3ds Max文件和贴图到"D：/任务一活动一保存测试"文件夹内。并填写步骤。（参考附件）

（1）通过资源追踪找到3ds Max文件的贴图（路径为桌面/贴图）。

（2）渲染测试贴图是否正常显示。

（3）将文件通过资源收集器，保存3ds Max文件和贴图到"D：/任务一活动一"文件夹内。

2.若您现在手头上的模型已经完成材质设定，请列举2种可以保存文件和贴图的方法，以便在其他地方也可正常打开模型并正常显示贴图。并填写出具体操作方法（参考附件）。

保存方法①：

保存方法②：

实例练习

1. 请根据所学知识，结合人体工程学，在 3ds Max 软件利用基本体绘制"4+1"组合桌椅，并赋予材质进行渲染。

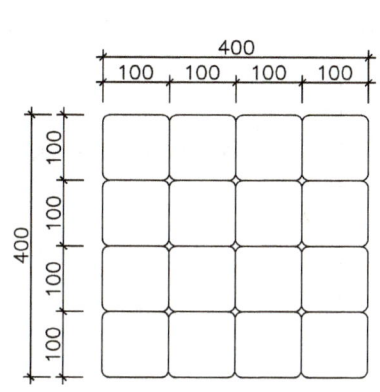

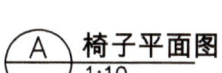

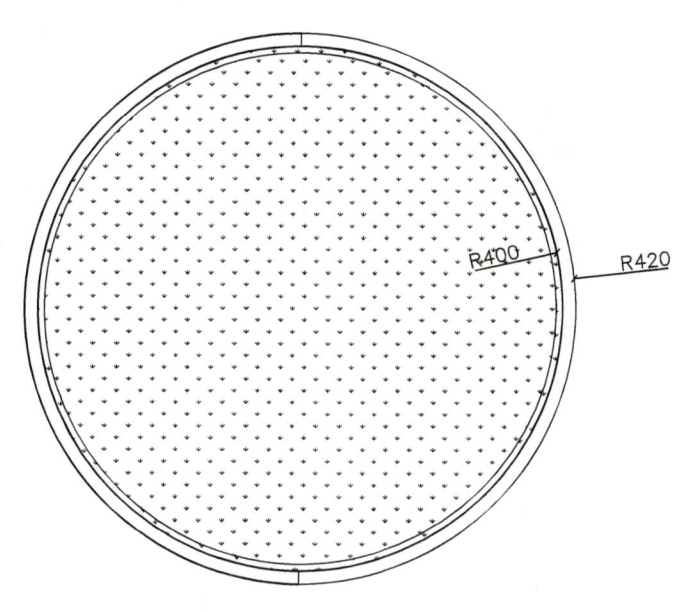

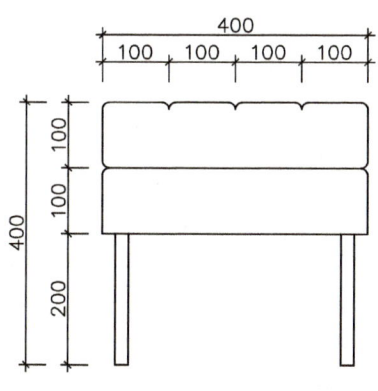

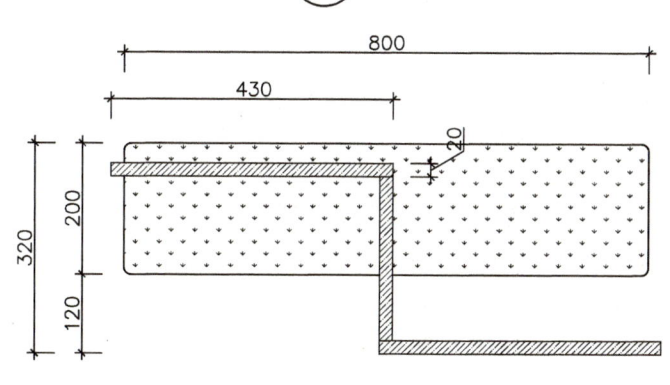

 ## 活动评价

完成成果交流点评

（1）以组为单位，展示训练成果；

（2）小组互评成绩；

（3）教师点评优秀训练成果；

（4）教师对广泛存在的问题进行总结。

学习活动反馈表

姓名：			学号：				日期：
项目	考核内容		分值	个人评价	组内评价	教师评价	评分标准
学习态度	1. 遵守学习纪律，不做与课堂无关事情，不迟到早退		10				根据实际课堂表现打分
	2. 着装整齐，不穿拖鞋		10				
	3. 学习积极主动，参与小组讨论，按时提交作业		10				
软件操作	4. 能正确打开3ds Max软件，并能对软件进行基本操作	会□/不会□	10				单项技能目标"会"该项得满分，"不会"则根据实际情况得分
	5. 能在建模前，正确设置3ds Max的单位	会□/不会□	10				
	6. 能参照CAD尺寸，完成家具的案例建模和渲染	会□/不会□	20				
作品展示	7. 踊跃发言，思路清晰，展示方法富有特色		15				根据实际课堂表现打分
职业素养	8. 在作业完毕后，能按作业规程清点、整理电子文档，整理工作页，并关闭计算机，清理现场		15				根据实际课堂表现打分
总分			100				

小组评语及建议	优点： 不足： 建议：	组长签名： 日期：
老师评语与建议		评定的等级或分数： 教师签名： 日期：

附件一：3ds Max 界面介绍

全局面板 认识全局对 3ds Max 功能分部能有很好的认知，其中最常用的是主工具栏、视图区、命令面板和导航区。

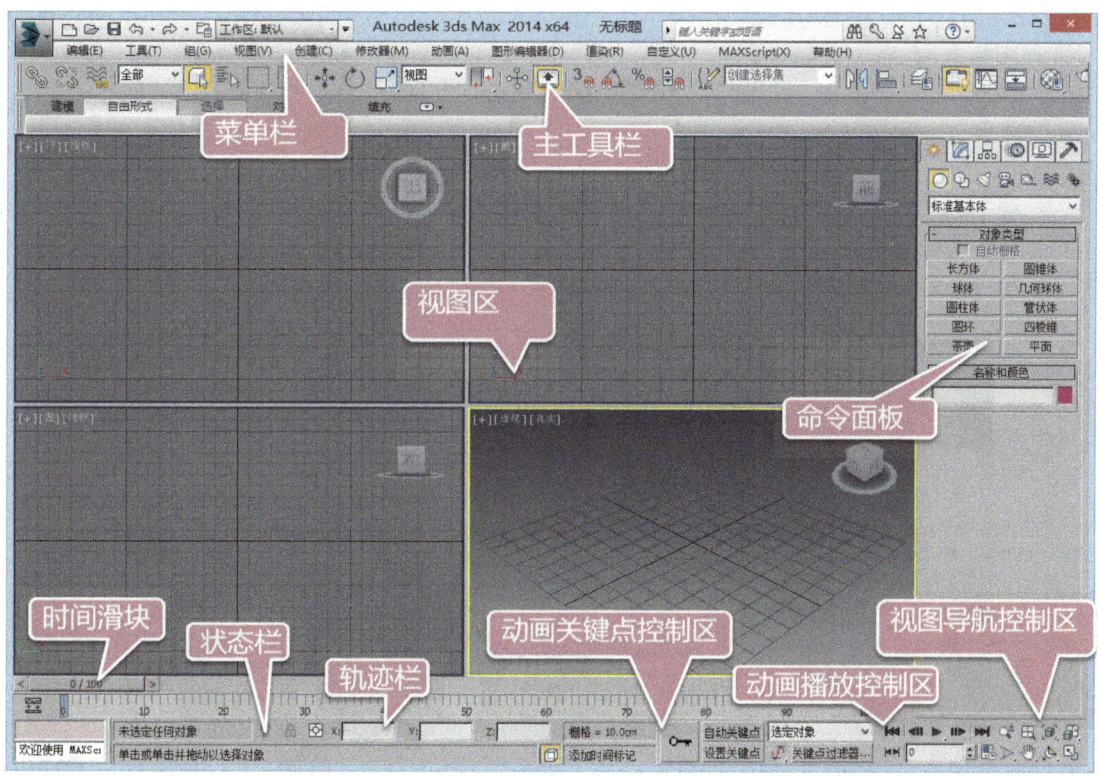

状态栏 提供了选定对象的数目、类型、变换值和栅格数目等信息，并且状态栏可以基于当前光标位置和当前活动程序来提供动态反馈信息。

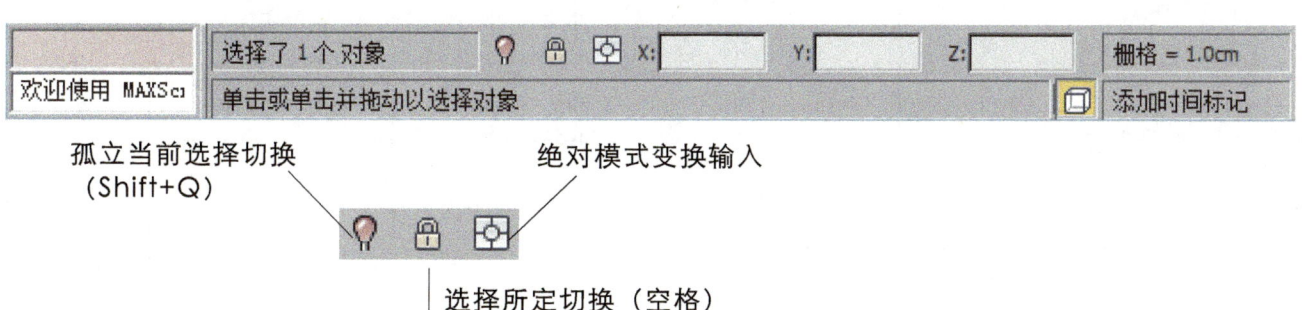

标题栏 包含当前编辑的文件名称、软件版本信息,同时还有软件图标(应用程序)、快速访问工具栏和信息中心3个非常人性化的工具栏。

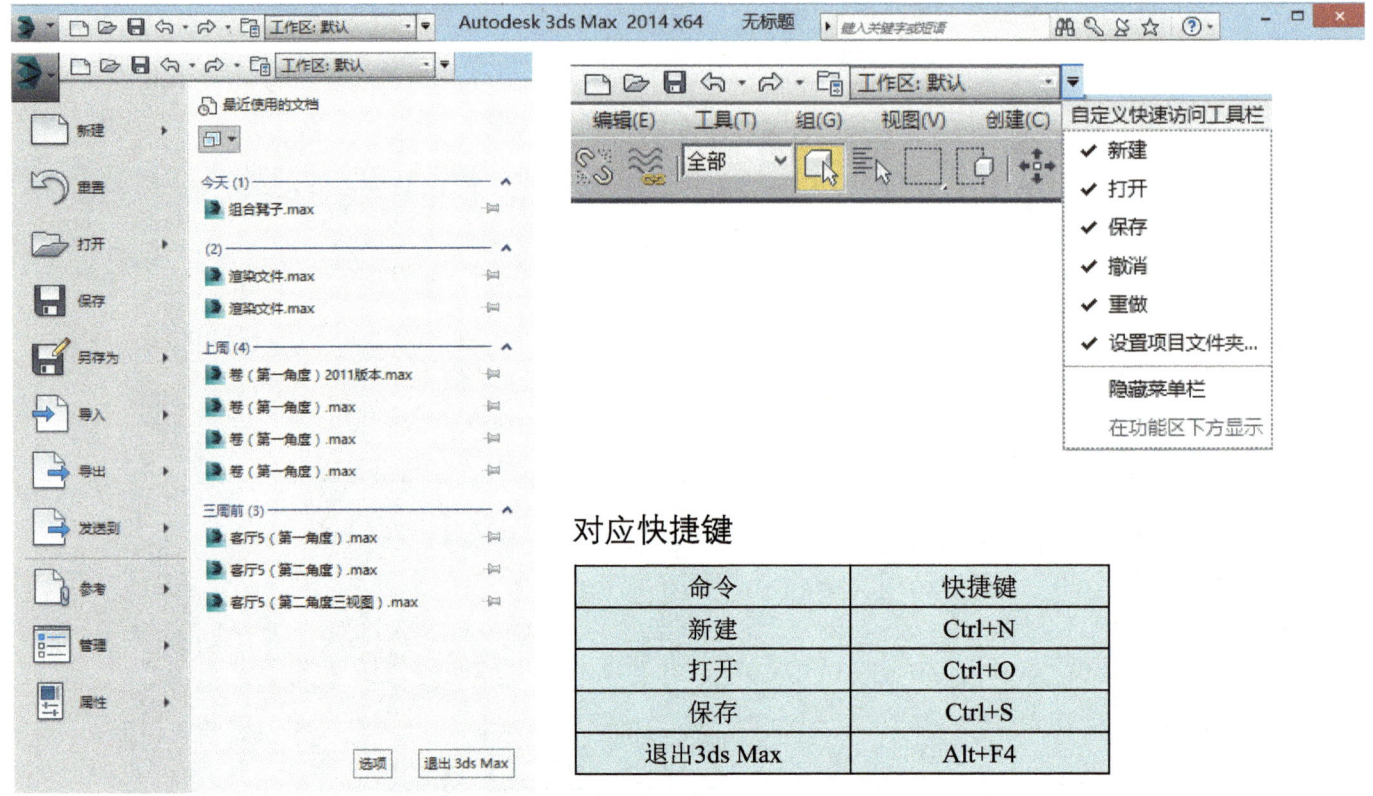

对应快捷键

命令	快捷键
新建	Ctrl+N
打开	Ctrl+O
保存	Ctrl+S
退出3ds Max	Alt+F4

工具栏 集合了最常用的一些编辑工具,如下图所示为默认状态下的"主工具栏"。某些工具的右下角有一个三角形图标,单击该图标就会弹出下拉工具列表。

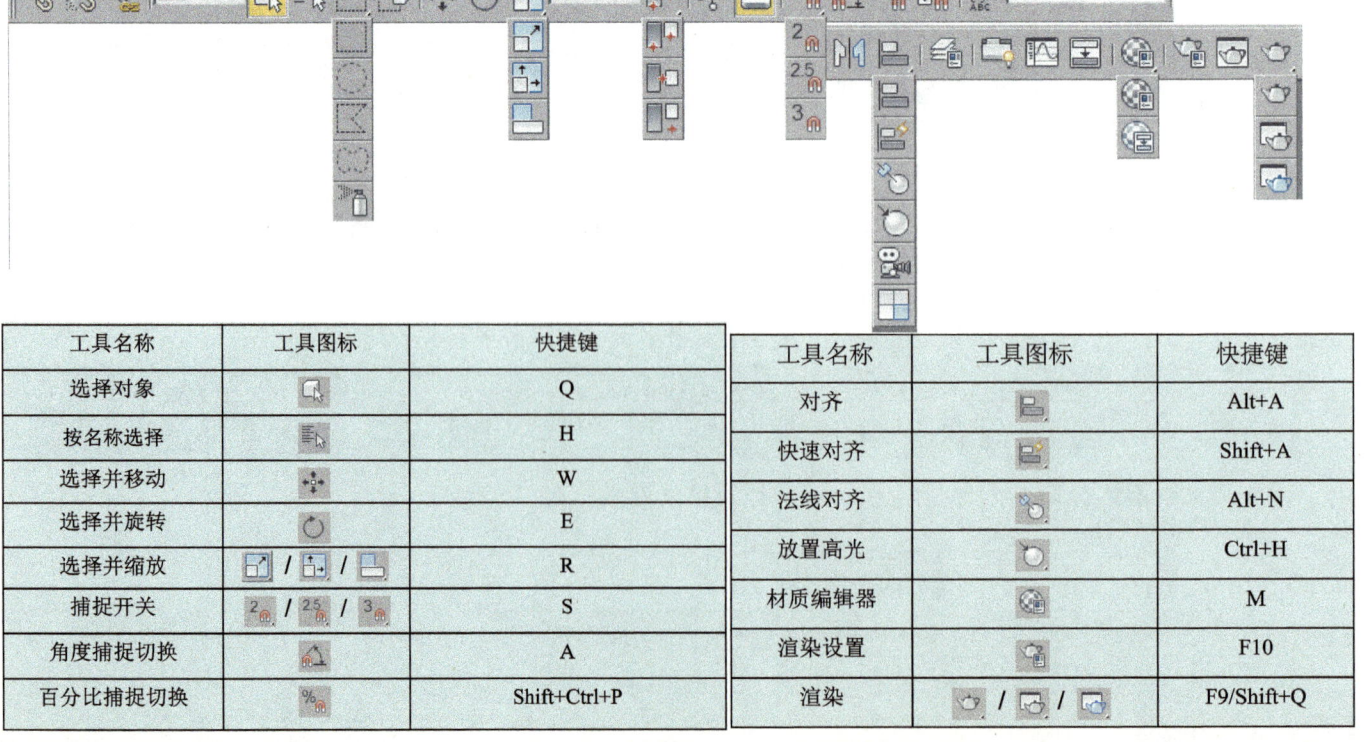

工具名称	工具图标	快捷键
选择对象		Q
按名称选择		H
选择并移动		W
选择并旋转		E
选择并缩放	/ /	R
捕捉开关	2 / 2.5 / 3	S
角度捕捉切换		A
百分比捕捉切换		Shift+Ctrl+P

工具名称	工具图标	快捷键
对齐		Alt+A
快速对齐		Shift+A
法线对齐		Alt+N
放置高光		Ctrl+H
材质编辑器		M
渲染设置		F10
渲染	/ /	F9/Shift+Q

菜单栏

位于工作界面的顶端，包含 12 个主菜单，菜单里面基本包含所有 3ds Max 的内容，但由于操作较慢，一般很少从菜单中选区操作命令。

| 编辑(E) | 工具(T) | 组(G) | 视图(V) | 创建(C) | 修改器(M) | 动画(A) | 图形编辑器(D) | 渲染(R) | 自定义(U) | MAXScript(X) | 帮助(H) |

编辑栏快捷键

命令	快捷键
撤消	Ctrl+Z
重做	Ctrl+Y
暂存	Ctrl+H
取回	Alt+Ctrl+F
删除	Delete
克隆	Ctrl+V
移动	W
旋转	E
变换输入	F12
全选	Ctrl+A
全部不选	Ctrl+D
反选	Ctrl+I
选择类似对象	Ctrl+Q
选择方式>名称	H

工具栏快捷键

命令	快捷键
孤立当前选择	Alt+Q
对齐>对齐	Alt+A
对齐>快速对齐	Shift+A
对齐>间隔工具	Shift+I
对齐>法线对齐	Alt+N
栅格和捕捉>捕捉开关	S
栅格和捕捉>角度捕捉切换	A
栅格和捕捉>百分比捕捉切换	Shift+Ctrl+P
栅格和捕捉>捕捉使用轴约束	Alt+D或Alt+F3

命令面板

场景对象的操作都可以在"命令"面板中完成。"命令"面板由"创建""修改""层次""运动""显示"和"实用程序"。其中以"创建"和"修改"面板最常用。

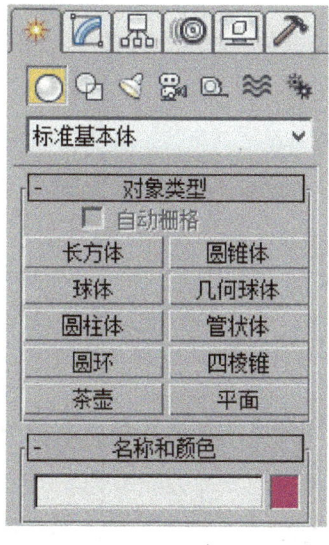

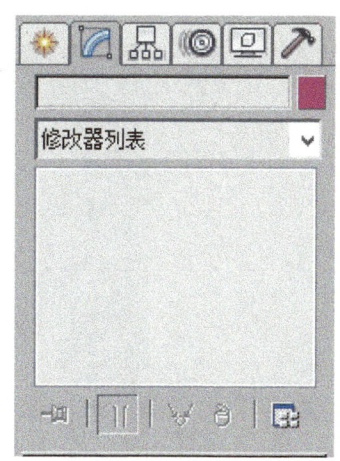

在视图区 Ctrl+ 右键，可快速使用创建命令

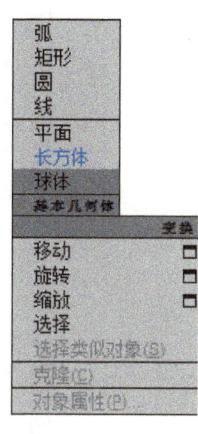

视图区

用于实际工作的区域，默认状态下为四视图显示，在这些视图中可以从不同的角度对场景中的对象进行观察和编辑。

视图区样式

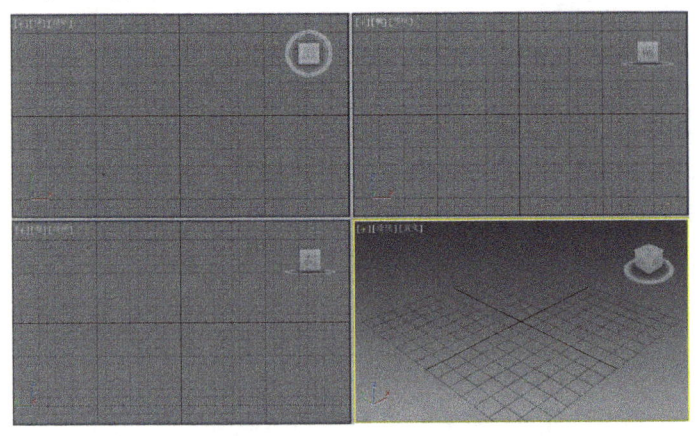

视图区快捷键

命令	快捷键
撤消视图更改	Shift+Z
重做视图更改	Shift+Y
设置活动视口>透视	P
设置活动视口>正交	U
设置活动视口>前	F
设置活动视口>顶	T
设置活动视口>底	B
设置活动视口>左	L
ViewCube>显示ViewCube	Alt+Ctrl+V
ViewCube>主栅格	Alt+Ctrl+H
SteeringWheels>切换SteeringWheels	Shift+W
SteeringWheels>漫游建筑轮子	Shift+Ctrl+J
从视图创建摄影机	Ctrl+C
xView>显示统计	7（大键盘）
视口背景>视口背景	Alt+B
视口背景>更新背景图像	Alt+Shift+Ctrl+B
专家模式	Ctrl+X

视图左上角的展开栏

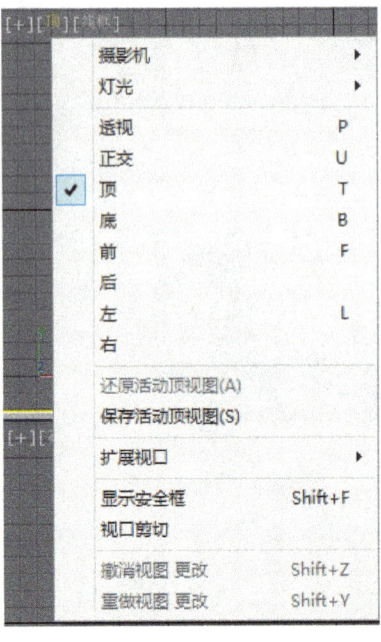
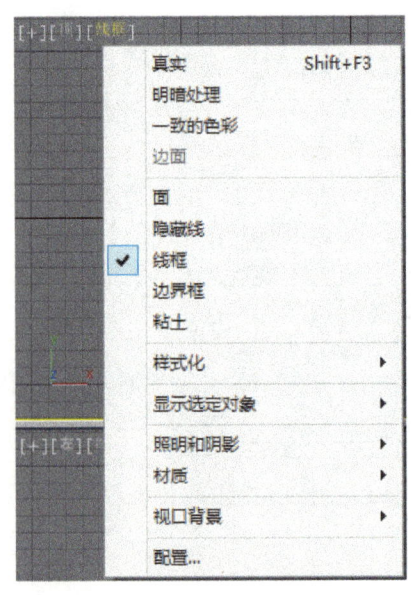

导航区 | 主要用来控制视图的显示和导航。使用这些按钮可以缩放、平移和旋转视图，是经常使用的区域。

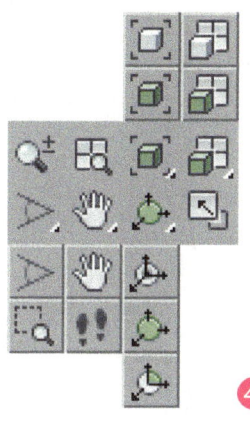

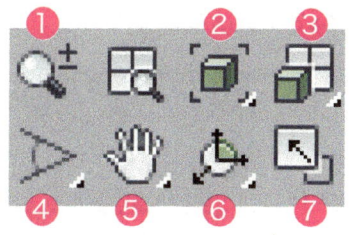

❶ 视图缩放（滚轮） ❷ 选中物体充满当前视图（Z） ❸ 选中物体充满所有视图（Ctrl+ShiftZ）

❹ 缩放视野（Alt+Z） ❺ 平移视图（按下滚轮） ❻ 旋转视图（Alt+按下滚轮） ❼ 当前视图最大化（Alt+W）

MORE TO LEARN 附件二：3ds Max 中鼠标的作用

左键：选择对象
Ctrl+ 左键 = 加选
Alt+ 左键 = 减选
Shitf+ 左键 = 无

右键：激活视图
Ctrl+ 右键 = 基本几何体 + 变换
Alt+ 右键 = 旋转视图
Shitf+ 右键 = 捕捉设置

滚轮：缩放
中键：平移
Ctrl+ 中键 = 大幅度平移
Alt+ 中键 = 视图旋转
Shitf+ 中键 = 视图水平／垂直平移

附件三：如何设置单位

如何在 3ds Max 内建一个 45 cm×28 cm×35 cm 的长方体？

（1）首先设置系统单位为 cm；

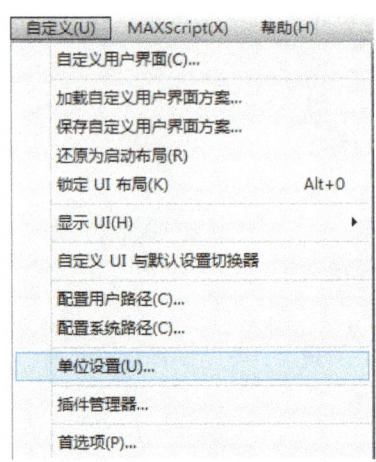
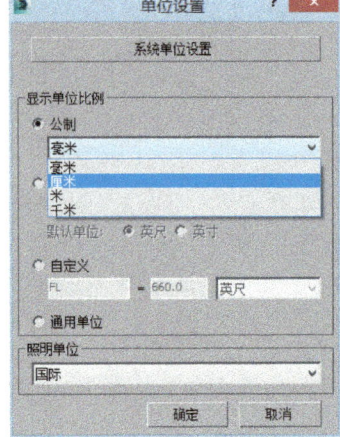
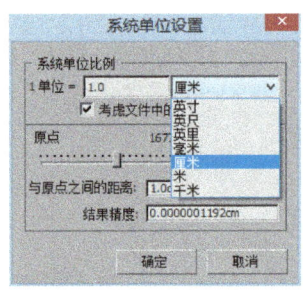

（2）在命令面板选择创建长方体并在视图区内任意创建；

（3）在命令面板选择修改参数调整大小。

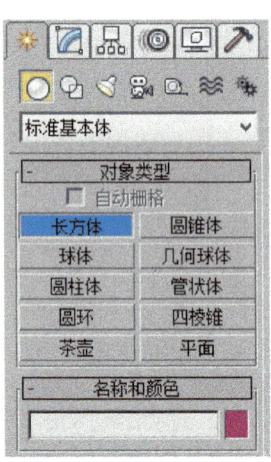
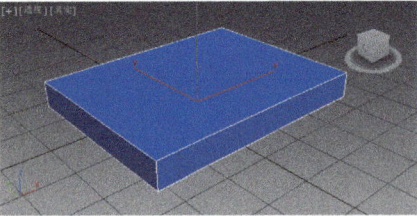

附件四：3ds Max 内置标准和拓展基本体

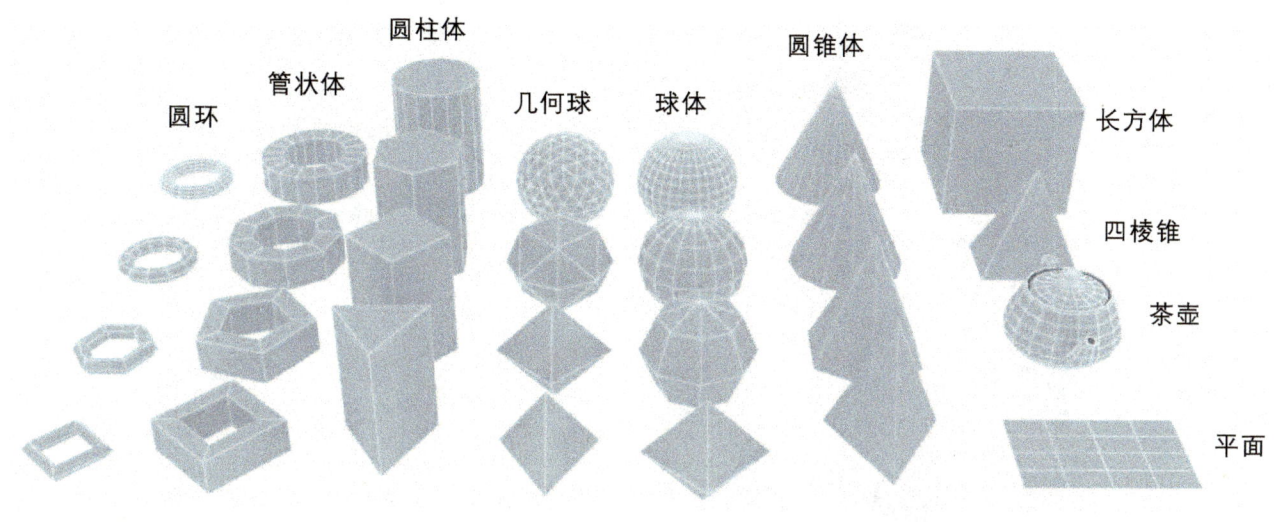

标准基本几何体

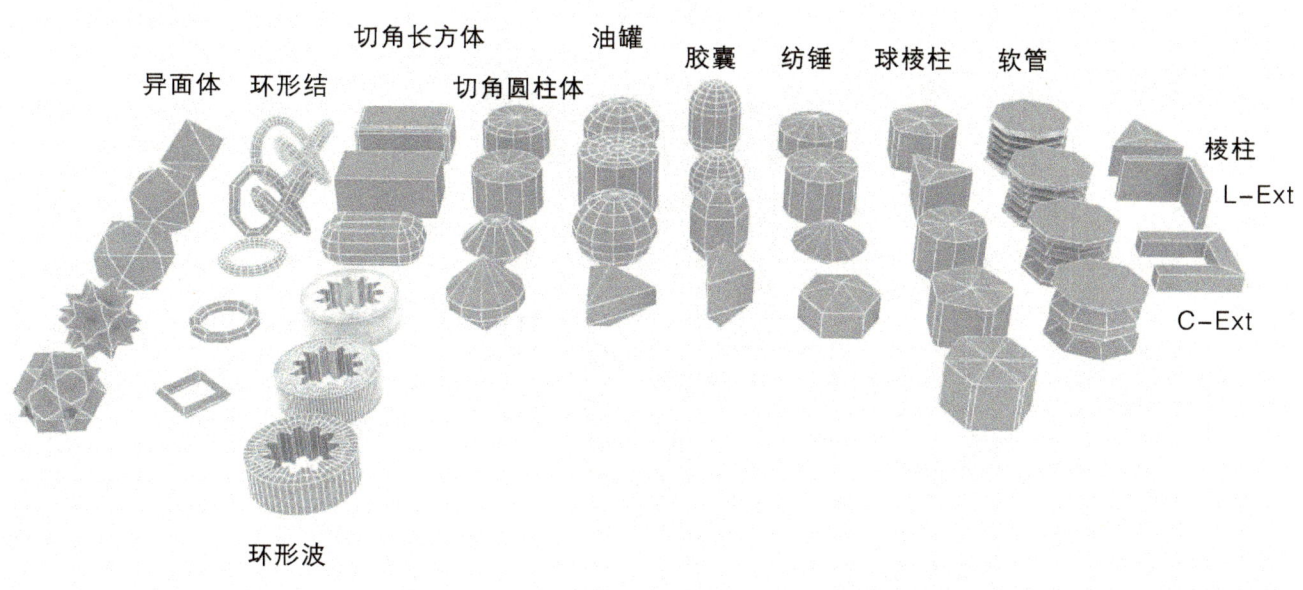

拓展基本体

附件五：对齐工具的使用

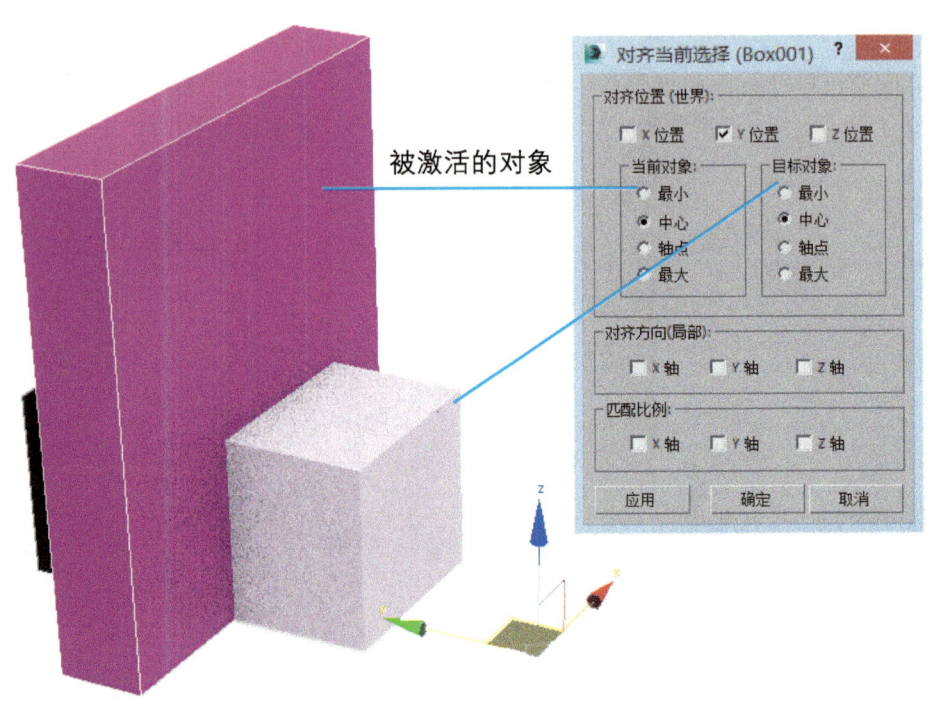

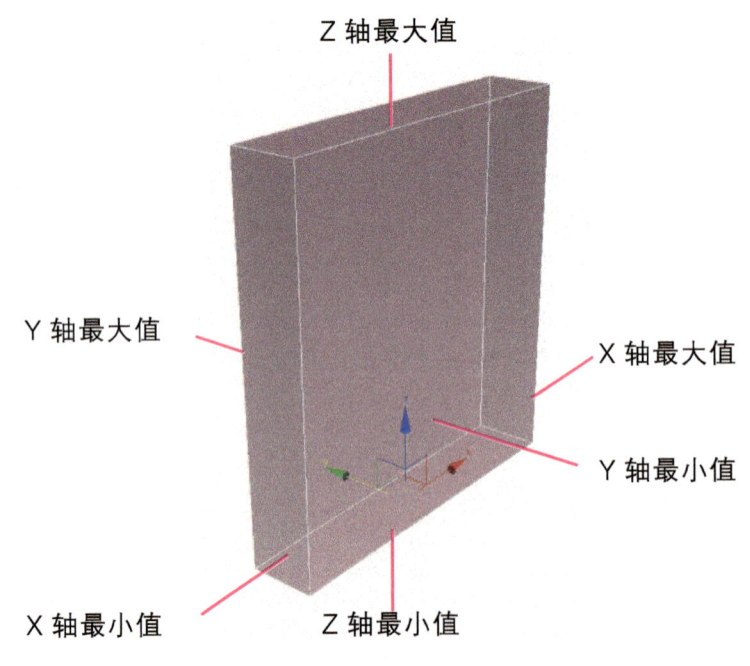

箭头所指的方向为最大值

附件六：人造板材

1. 胶合板

也称夹板或者细芯板，一层1厘（mm），分3厘板、5厘板、9厘板、12厘板、15厘板、18厘板。大小通常为1220 mm×2440 mm。

强度高，弹性好，韧性好，易加工，如曲美家具。

缺点：用胶量大，需做好封边处理、防白蚁处理。

2. 大芯板

也称细木工板，上下两层胶合板，中间加木条，厚度15厘、18厘、25厘。价格比胶合板便宜。

内芯木条一般用：杨木、桦木、松木、泡桐。

缺点：横向抗弯性能差，需要缩小间距。锯开后有刺鼻的味道。

3. 密度板

也称纤维板，粉碎成木屑后经高温高压成型。表面贴三聚氰胺板或木皮。

优点：易涂饰加工，表面厚薄均匀，物理性能好，不脱水，性能稳定。

缺点：握钉力不强，遇水后膨胀率大，抗弯性差。

4. 刨花板

粉碎成颗粒后加胶水、添加剂压制而成。表面贴三聚氰胺板。

优点：握钉力较好，加工方便。

缺点：抗弯抗拉性差，价格便宜，甲醛比密度板高，比大芯板低得多。

5. 防火板

由牛皮纸浆、调和剂和阻燃剂高温高压处理。

规格：2135 mm×915 mm、2440 mm×915 mm、2440 mm×1220 mm

厚度：0.6、0.8、1、1.2 mm。

优点：耐火，耐磨，耐热，耐撞击，耐酸碱，防霉，适合制作橱柜，仿制木纹、金属、石材。

6. 铝塑板

上下高纯度铝合金板+PE塑料芯板。

室内：两层0.21 mm铝板和芯板组成约3 mm。

室外：两层0.5 mm铝板和3mm芯板约4 mm。

优点：切割、开槽、钻孔、冷弯、质轻防火防潮，价格便宜

缺点：抗弯抗拉性差。

产品效果图表达
任务二 56
附件

附件七：找到已经丢失的贴图

快捷键：Shift+T

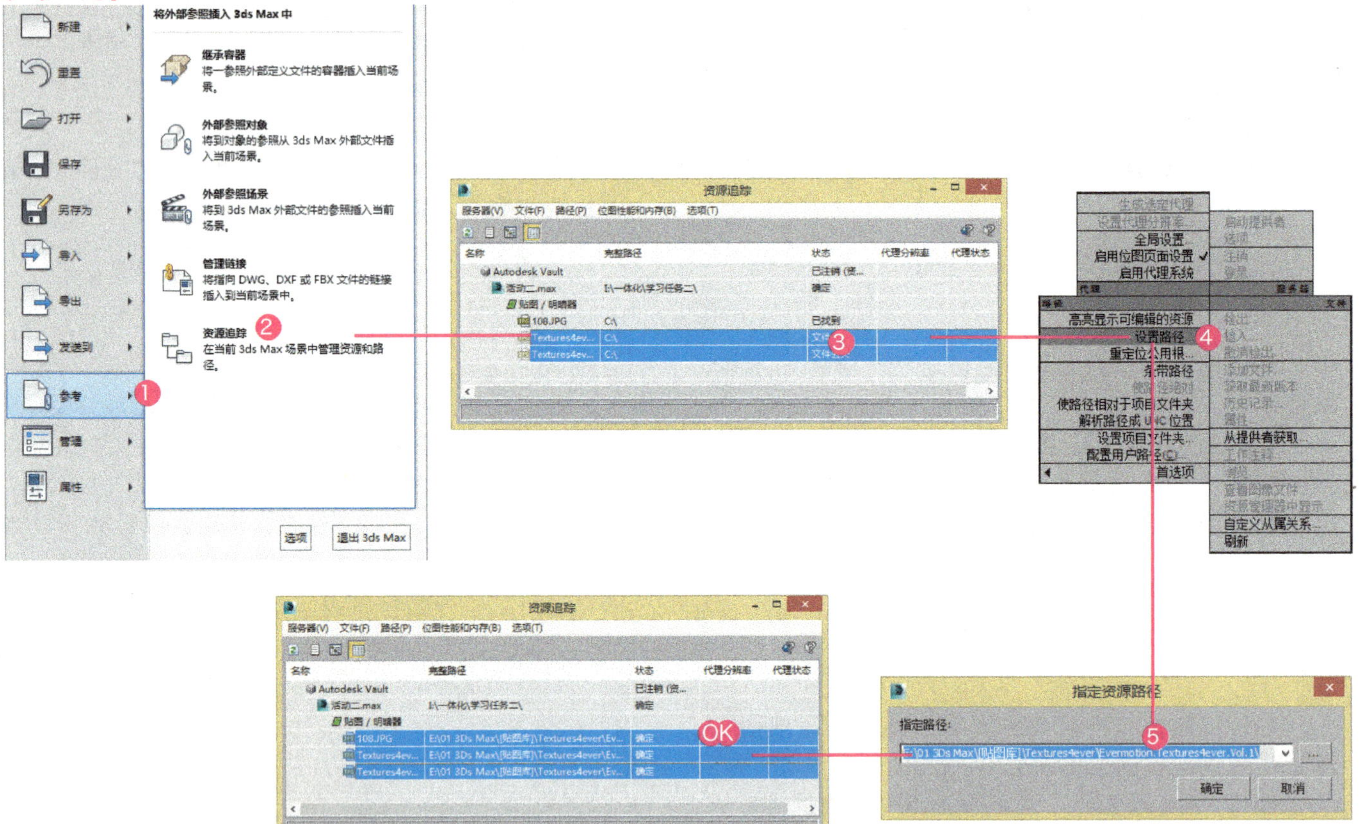

设置路径找到对应的贴图文件

附件八：使用归档保存文件

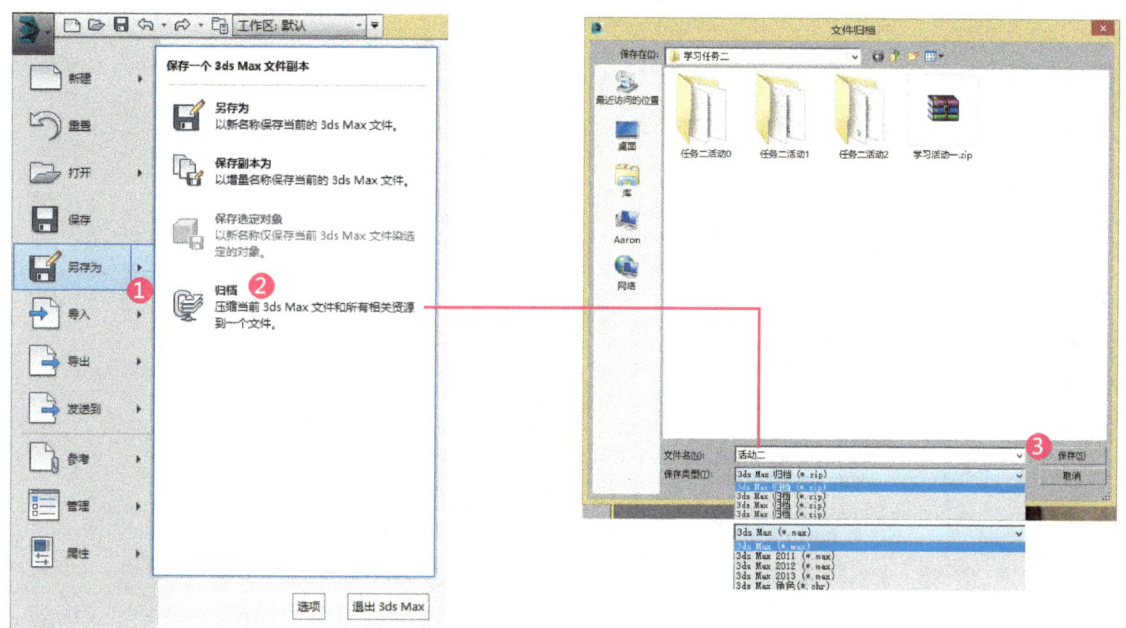

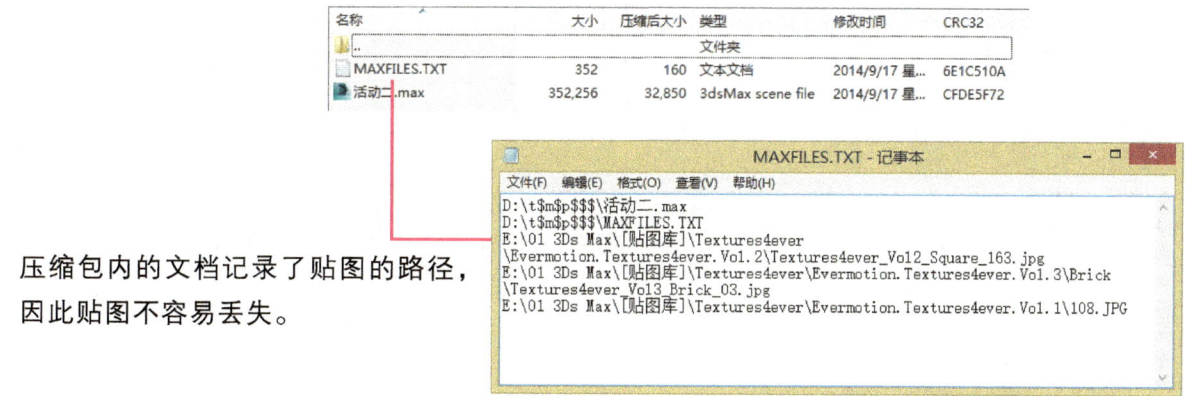

压缩包内的文档记录了贴图的路径，因此贴图不容易丢失。

优点：所有贴图都已经打包，直接生成压缩包，方便快捷。
缺点：此方法不宜重复执行，会造成路径过长造成贴图丢失。

附件九：资源收集器保存文件

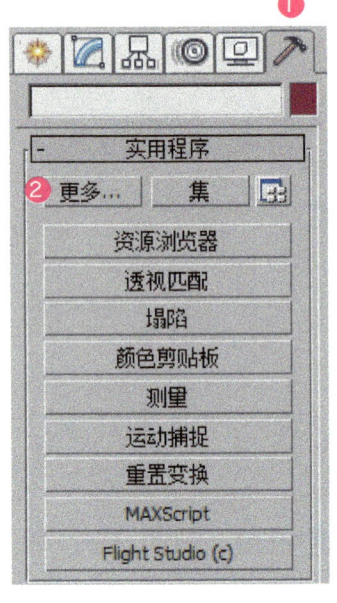

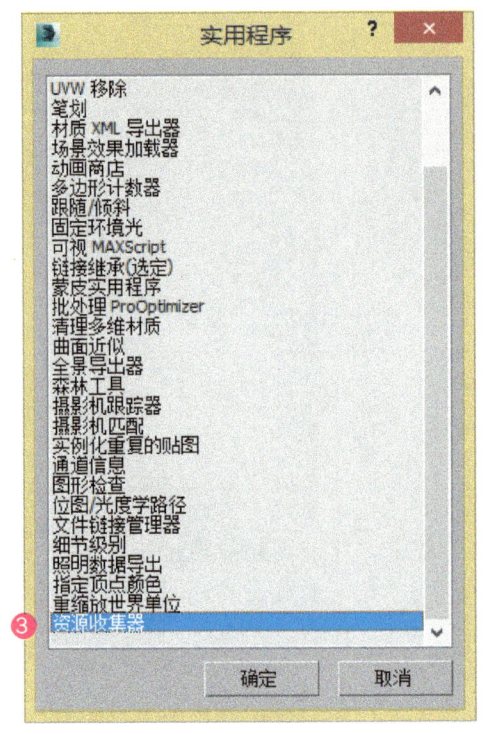

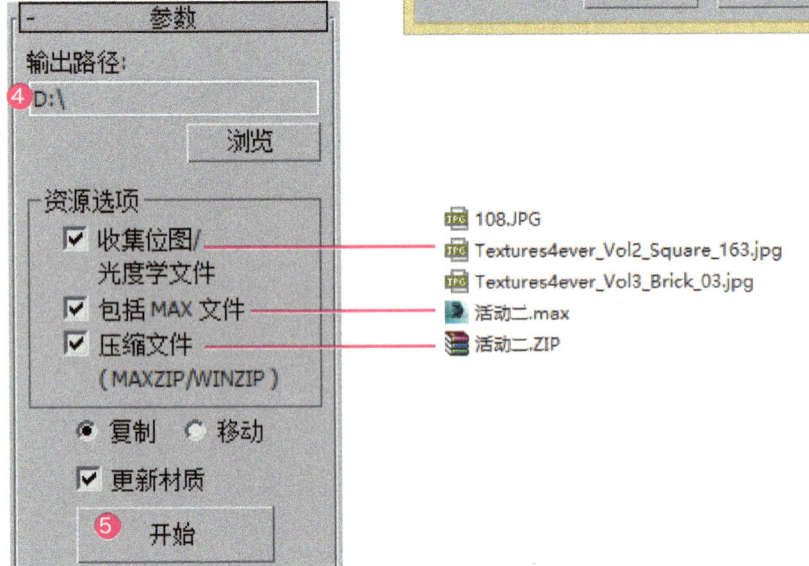

优点：所有贴图收集在同一个文件夹，只要在同一文件夹内即可读取贴图，不会造成贴图路径过长而产生丢失。

缺点：此方法需要额外进行打包，相对耗时。

 参考答案

1. 请写出以下图标在哪个区域和对应快捷键并填写用途。

快捷键 / 所在区域 / 用途　　　　　　　快捷键 / 所在区域 / 用途

　Q / 主工具栏 / 选择　　　　　　　Z / 导航栏 / 最大化显示选定对象

　W / 主工具栏 / 选择、移动　　　　Alt+ 中键 / 导航栏 / 旋转视图

　S / 主工具栏 / 捕捉

　Shift+Q / 主工具栏 / 渲染　　　　　　　　用途

　无 / 命令面板 / 创建　　　　　左键：激活视图并选择对象

　无 / 命令面板 / 修改　　　　　右键：激活视图

　Space / 状态栏 / 锁定　　　　　　中键：平移视图

　　　　　　　　　　　　　　　　滚轮：缩放视图

2. 请写出以下图标在哪个区域和对应快捷键并填写用途。

快捷键 / 所在区域 / 用途

　E / 主工具栏 / 旋转

　R / 主工具栏 / 缩放

　无 / 主工具栏 / 坐标系

　无 / 主工具栏 / 坐标中心

　A / 主工具栏 / 角度捕捉

　无 / 主工具栏 / 镜像

　　Alt+A / 主工具栏 / 对齐

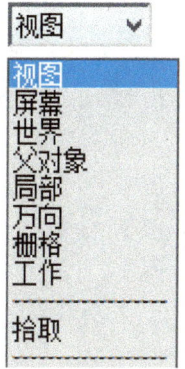

活动 2
绘制桌类家具

 笔记栏

学习目标

1. 能通过 CAD 导入文件，使其辅助 3ds Max 绘制图形。
2. 能使用创建下的图形工具绘制图形。
3. 能使用图形工具对 2 个以上图形进行合并。
4. 能参照 CAD 尺寸，完成家具的案例建模。
5. 能使用 VRay 渲染器进行渲染。
6. 在作业完毕后，能按作业规程清点、整理电子文档，整理工作页，并关闭计算机，清理现场。

参考学习课时：8 课时

 学习任务描述

公司接到任务后，需要对连体桌子进行绘制，公司安排设计人员完成该任务，设计师需要根据家具特征，选择适合的建模方法和材质表现，完成桌子的绘制，设计时间为 1 天，任务完成后提交桌子源文件和效果图。

学习准备

工具准备：计算机（含 AutoCAD、3ds Max 软件、VRay 渲染器）、存储器（U 盘、移动硬盘）、签字笔、工作任务单。

引导问题

3ds Max 也能画平面图形吗？

学习过程

① 明确工作任务（小组讨论）

阅读设计任务书，填写工作任务单。列出本次任务的工作内容、时间要求及交接工作的相关负责人，并根据实际情况补充完整。

工作任务单

单位部门		设计部	时间	年　月　日
任务来源		总经办☐	项目部☐	人事部☐
项目名称		板式家具表达	任务目标	绘制桌类家具
任务执行人		执行人： 组长：	其他组员：	
基本要求	人员要求	遵守纪律、遵守工作场所管理规定，服从安排； 安全意识，责任意识，6S管理意识； 注重个人形象，注重环境整洁； 注重沟通，能自主学习及相互协作		☐确认
	存储设备	USB存储器／移动硬盘		☐确认
	自备工具	工作页、签字笔		☐确认
	完成数量	单个产品		☐确认
	完成时间	240分钟		☐确认
	尺寸规范	准确设置单位		☐确认
	形态结构	尺寸准确		☐确认
	模型细节	细节表现到位		☐确认
	材质表现	材质表达真实		☐确认
	操作情况	操作熟练，快速找到相应命令		☐确认
	整体风格	效果真实再现，具有一定个人风格		☐确认
	作品展示	语言流畅，思路清晰；展示方式富有特色		☐确认

已经解决问题的描述：

成功、成果、失误与问题：

绩效等级	优☐　良☐　中☐　差☐	奖惩制度	
任务执行人签字	年　月　日	审核人签字盖章	年　月　日

产品效果图表达

任务二　　62

学习活动2：绘制桌类家具

② 知识探索

1. 请写出以下图标在哪个区域和对应快捷键并填写用途。（参考附件）

快捷键　/　所在区域　/　用途

顶视图	前视图
快捷键（　）	快捷键（　）
左视图	透视图
快捷键（　）	快捷键（　）

2. 请查找一般绘制图形时需要用的捕捉设置。（参考附件）

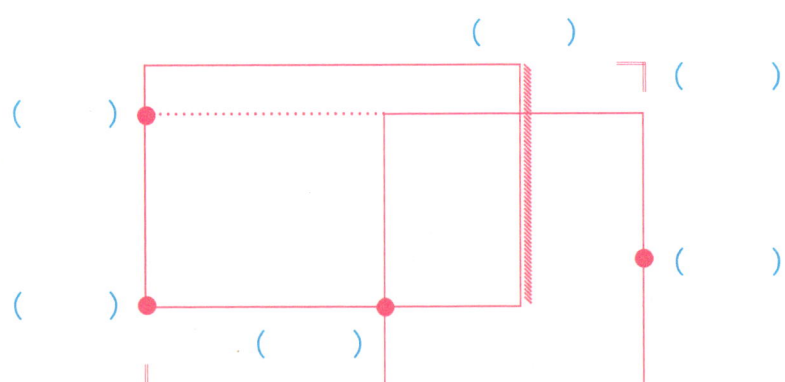

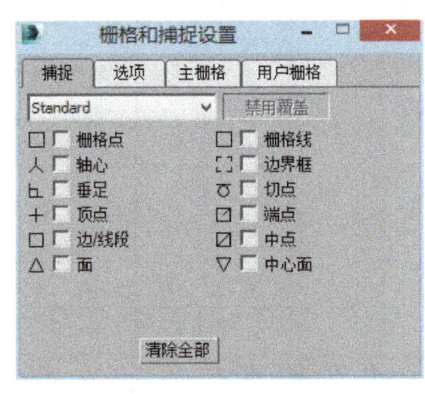

③ 工作任务的实施

1. 先设置 3ds Max 软件的系统单位为毫米（mm）。

2. 请打开 CAD 图形，记录相应尺寸大小。

3. 精简 CAD 图层，导入到 3ds Max 内，并根据 CAD 图绘制图形。

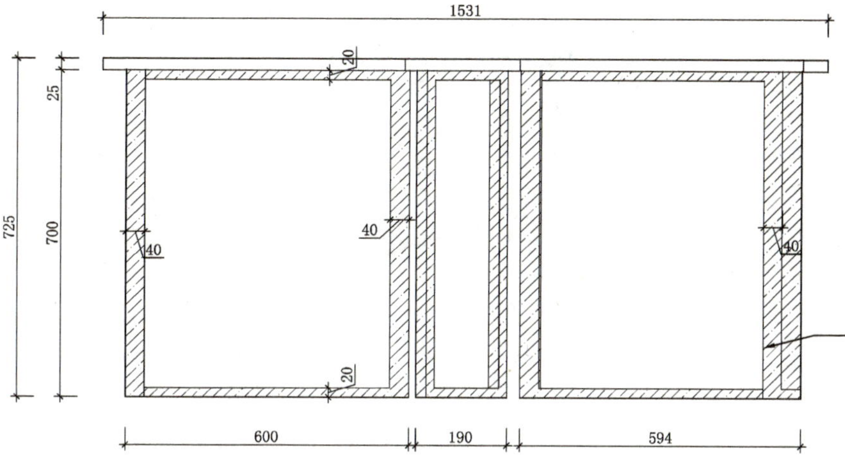

B 正立面图
— 1:12

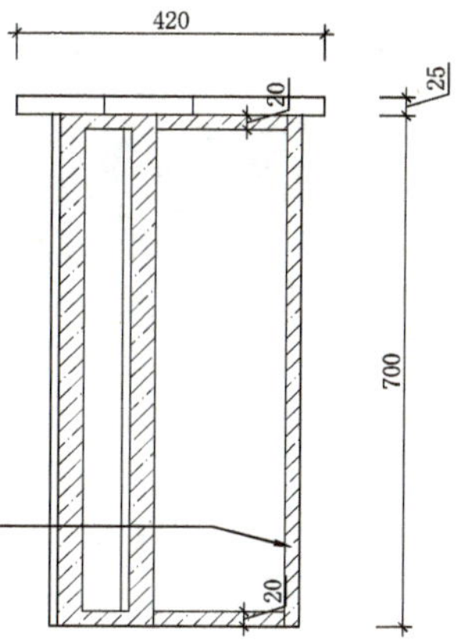

C 侧立面图
— 1:12

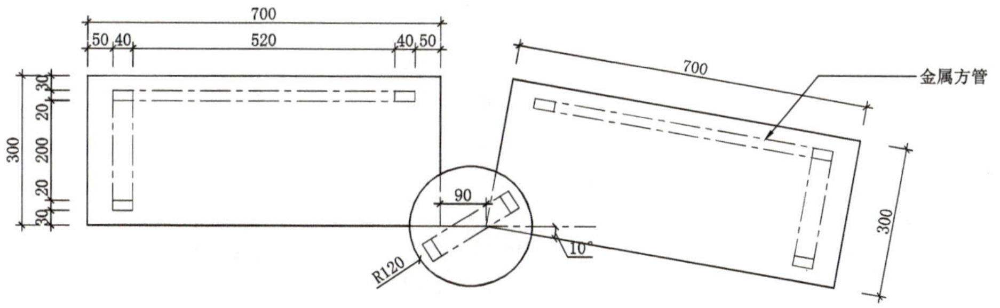

A 平面图
— 1:12

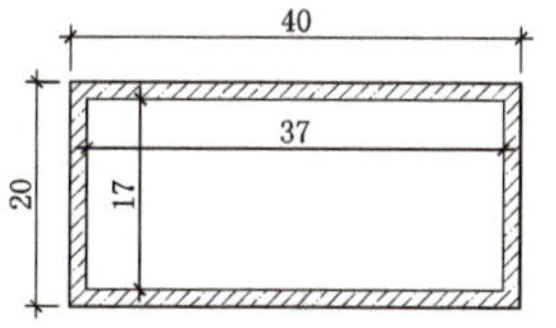

1 方管大样图
— 1:1

4. 根据知识探索的练习，结合小组讨论，创建连体桌子模型。
（参考附件，尺寸以工作页提供的 CAD 图为准）

5. 利用图形附加方法，结合挤出命令绘制出桌面。

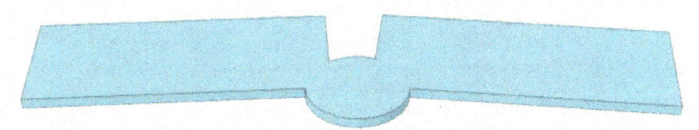

6. 再次利用图形挤出命令，绘制出桌脚。

7. 拖动材质到桌面和桌脚，并使用 UVW 修改器，修改器参数，使其正常显示。

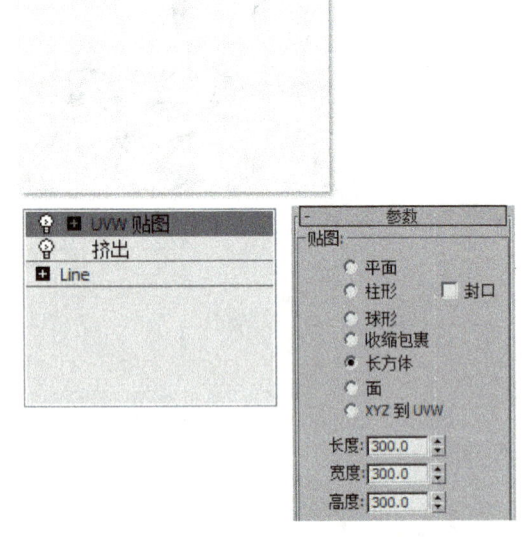
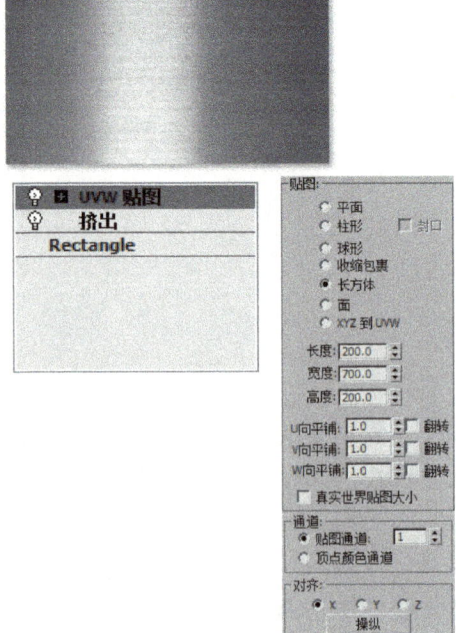

8. 完成快速贴图添加。

9. 设置 VRay 渲染器，对当前图像进行渲染，并设置图像尺寸为 1200×900，保存图像。（参考附件）

10. 保存并归档当前源文件，文件命名为"任务二活动二桌类家具"。

11. 整理桌面，保持整洁。

 笔记栏

学习拓展

1. 请结合本活动所学知识，并参考附件学习对图形进行布尔运算，在 3ds Max 软件内绘制一张由多边形、圆环、圆形合并的创意桌面，并绘制桌脚。

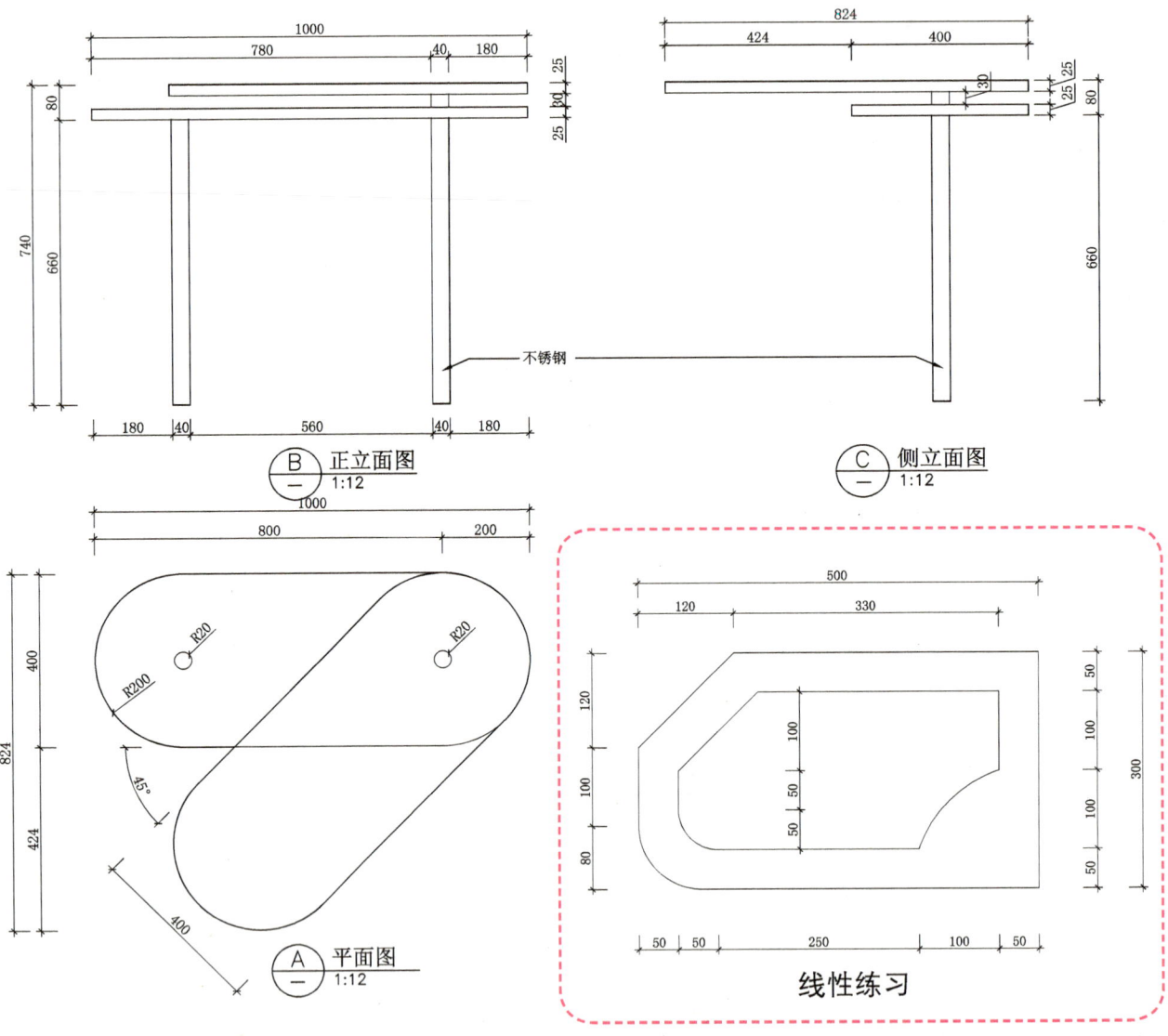

2. 参照上图的线形练习，在 3ds Max 内完成绘制。

4 完成成果交流点评

（1）以组为单位，展示训练成果；
（2）小组互评成绩；
（3）教师点评优秀训练成果；
（4）教师对广泛存在的问题进行总结。

学习活动反馈表

姓名：		学号：				日期：	
项目	考核内容		分值	个人评价	组内评价	教师评价	评分标准
学习态度	1. 遵守学习纪律，不做与课堂无关事情，不迟到早退		10				根据实际课堂表现打分
	2. 着装整齐，不穿拖鞋		10				
	3. 学习积极主动，参与小组讨论，按时提交作业		10				
软件操作	4. 能使用二维线工具，并能进行二维线的布尔运算	会□ / 不会□	10				单项技能目标"会"该项得满分，"不会"则根据实际情况得分
	5. 顺利完成桌腿的绘制操作	会□ / 不会□	10				
	6. 能参照CAD尺寸，完成家具的案例建模和渲染	会□ / 不会□	20				
作品展示	7. 踊跃发言，思路清晰，展示方法富有特色		15				根据实际课堂表现打分
职业素养	8. 在作业完毕后，能按作业规程清点、整理电子文档，整理工作页，并关闭计算机，清理现场		15				根据实际课堂表现打分
总分			100				
小组评语及建议	优点： 不足： 建议：						组长签名： 日期：
老师评语与建议							评定的等级或分数： 教师签名： 日期：

 附件一：如何附加图形

首先观察矩形和可编辑样条线下，窗口右键菜单的选项

普通矩形图形 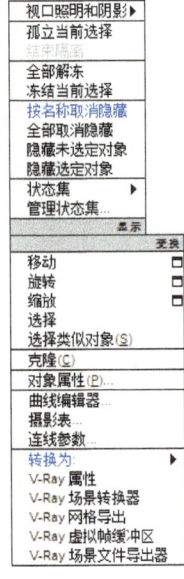　　可编辑样条线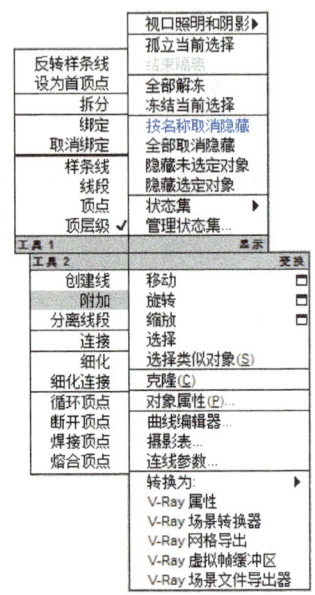

**要附加图形，先要将图形转为可编辑样条线。

（1）绘制图形；　　（2）右键转换其中一个图形为可编辑样条线；　　（3）右键单击附加，逐一选取。

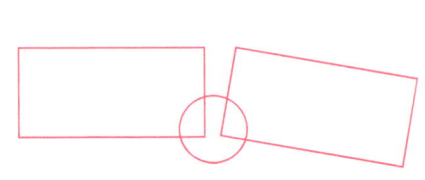 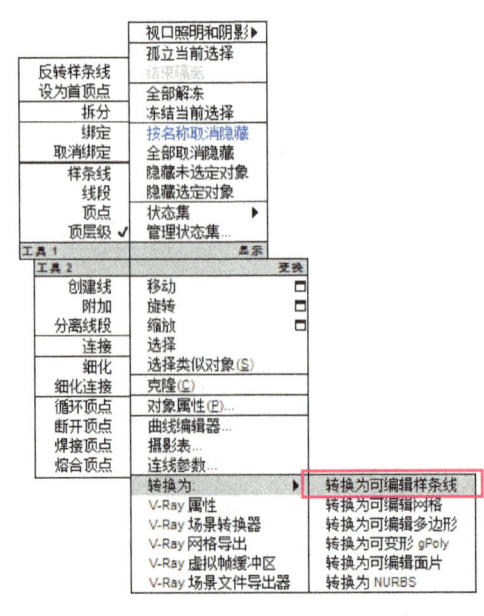 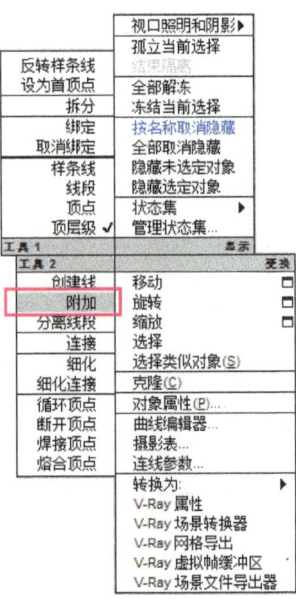

附件二：使用 UVW 贴图

未使用 UVW 贴图　　　使用 UVW 贴图 – 封口

  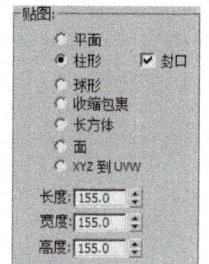

 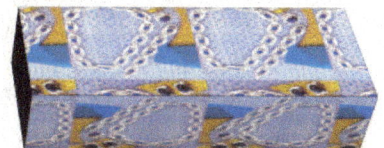

未使用 UVW 贴图

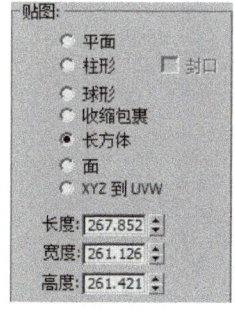 

使用 UVW 贴图 – 长方体　　　使用 UVW 贴图 – 长方体
267×261×261　　　　　　　100×100×100

使用 UVW 贴图可以控制贴图大小和贴图形状，甚至可以变换、旋转贴图轴向，大大方便了我们使用贴图。

附件三：样条线布尔运算

样条线进行布尔必须满以下条件：

1. 样条线必须位于同一平面；
2. 样条线需经过附加，使其成为整体；
3. 运算需要在样条线级别下进行。

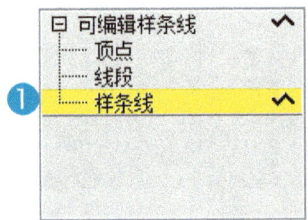

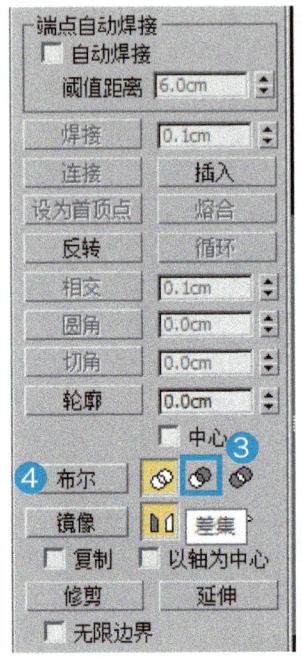

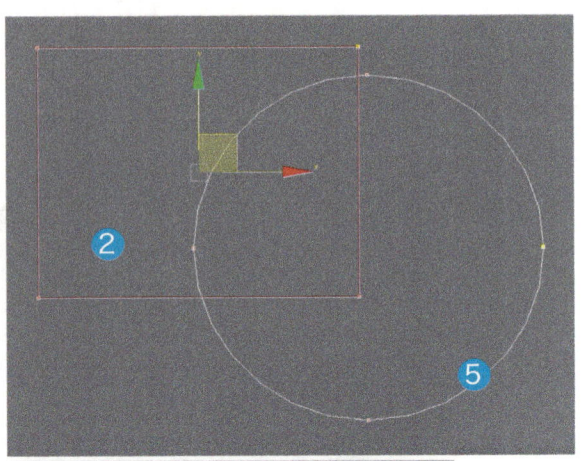

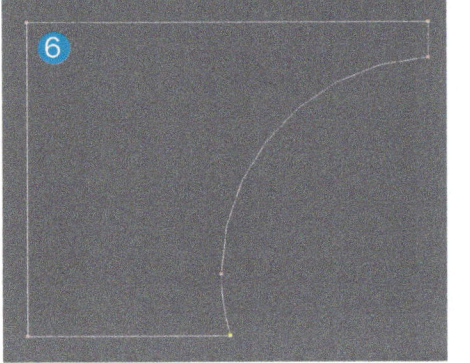

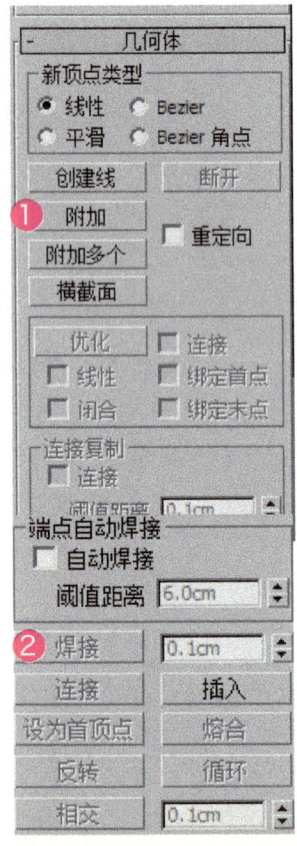

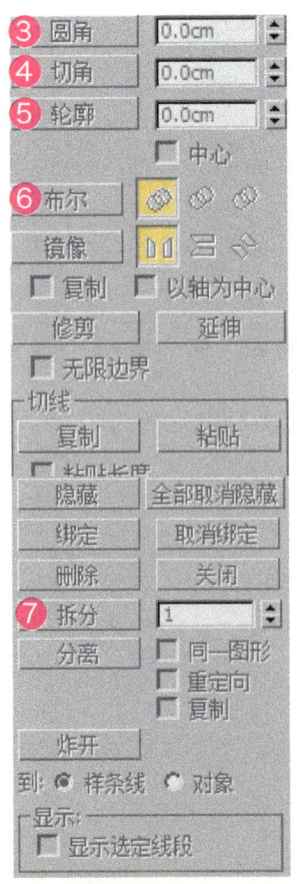

样条线参数解析

❶ 附加：使不同的线条成为整体；
❷ 焊接：断开的顶点连接在一起；
❸ 圆角：圆角工具；
❹ 切角：切角工具；
❺ 轮廓：双线工具；
❻ 布尔：布尔巩固；
❼ 拆分：以点来拆分线段。

附件四：如何调用已经安装的 VRay 插件

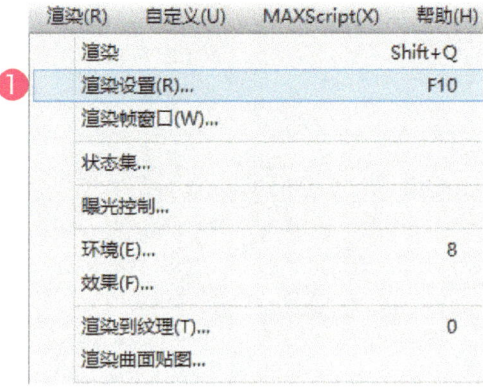

快捷键：F10

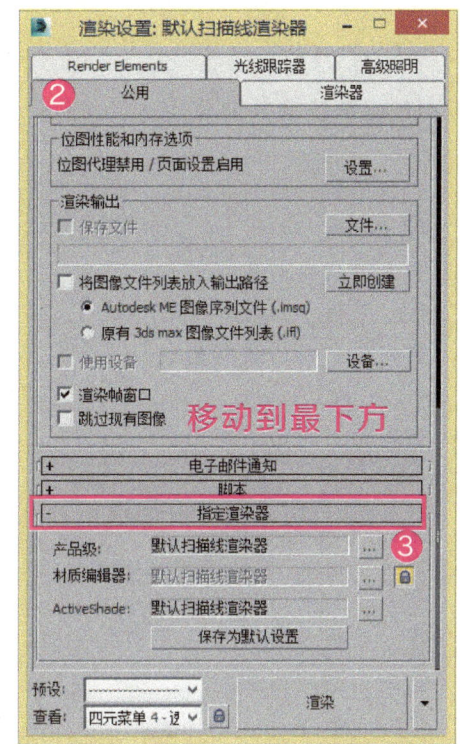

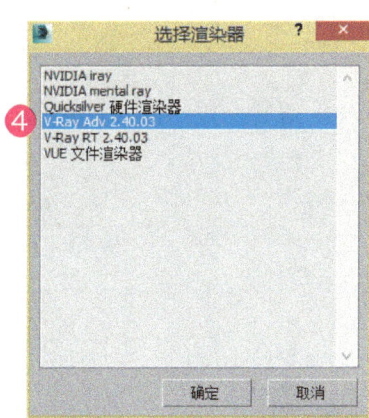

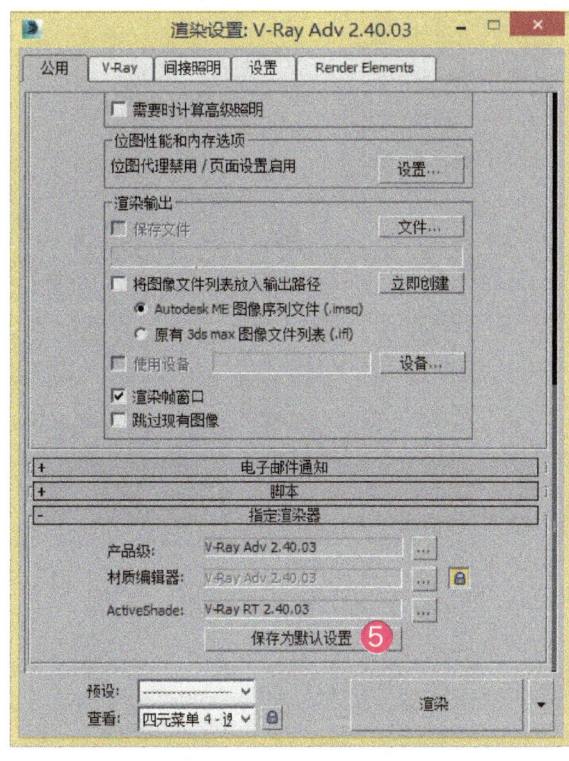

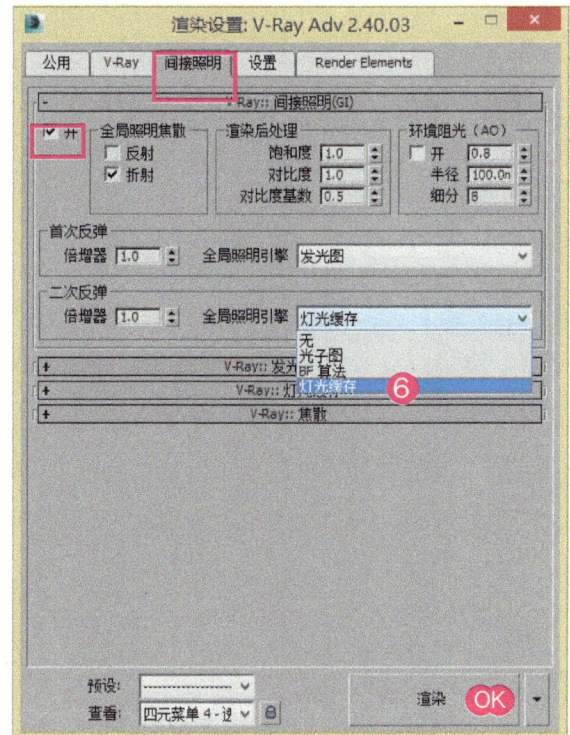

 参考答案

1. 请写出以下图标在哪个区域和对应快捷键并填写用途。

快捷键　／　所在区域　／　用途

　　Alt+W　／　导航区　／　视图最大化

　　　　　S　／　工具栏　／　高度一致的平面视图
　　　　　　　　　　　　　　　高度不一的平面视图
　　　　　　　　　　　　　　　高度不一的三维视图

顶视图	前视图
快捷键（T）	快捷键（F）
左视图	透视图
快捷键（L）	快捷键（P）

2. 请查找一般绘制图形时需要用的捕捉设置。

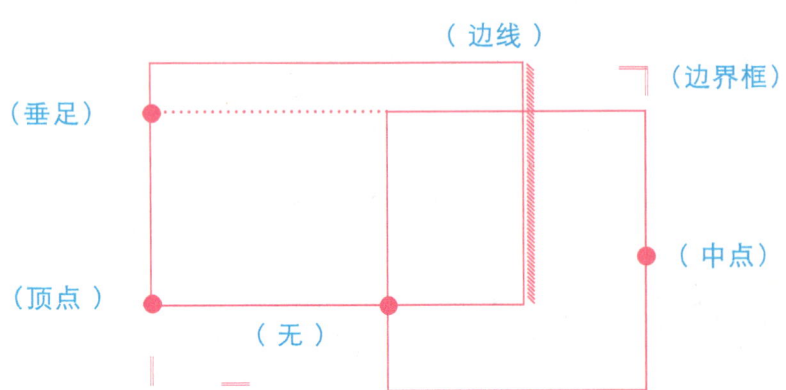

（边线）
（边界框）
（垂足）
（中点）
（顶点）
（无）

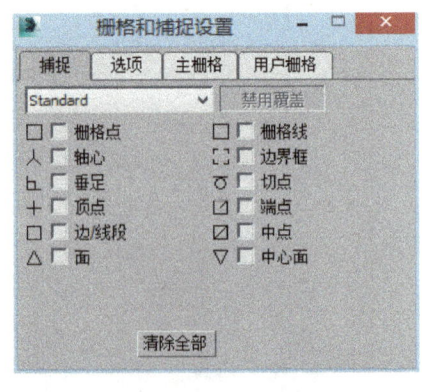

活动 3
绘制椅类家具 —— 镂空椅

 笔记栏

学习目标

1. 能使用连续布尔运算，辅助 3ds Max 进行模型减法运算。
2. 能使用样条线工具进行椅脚的绘制。
3. 能参照 CAD 尺寸，完成家具的案例建模。
4. 能使用 VRay 穹顶灯进行场景布光。
5. 能使用 VRayMtl 材质对椅面木材、椅脚不锈钢和地面瓷砖进行材质设置。
6. 能使用 VRay 渲染器进行测试渲染。
7. 在作业完毕后，能按作业规程清点、整理电子文档，整理工作页，并关闭计算机，清理现场。

参考学习课时：8 课时

学习任务描述

公司接到任务后，需要对镂空椅子进行绘制，公司安排设计人员完成该任务，设计师需要根据家具特征，选择适合的建模方法和材质表现，完成镂空椅子的绘制，设计时间为 1 天，任务完成后提交椅子的源文件和渲染效果图。

学习准备

工具准备：计算机（含 AutoCAD、3ds Max 软件、VRay 渲染器）、存储器（U 盘、移动硬盘）、签字笔、工作任务单。

引导问题

3ds Max 三维模型如何做减法？

学习过程

 明确工作任务（小组讨论）

阅读设计任务书，填写工作任务单。列出本次任务的工作内容、时间要求及交接工作的相关负责人，并根据实际情况补充完整。

产品效果图表达

任务二

学习活动3：绘制椅类家具

工作任务单

单位部门	设计部		时间	年　月　日
任务来源	总经办□		项目部□	人事部□
项目名称	板式家具表达		任务目标	绘制椅类家具
任务执行人	执行人：　　　　其他组员： 组长：			

基本要求	人员要求	遵守纪律、遵守工作场所管理规定，服从安排； 安全意识，责任意识，6S管理意识； 注重个人形象，注重环境整洁； 注重沟通，能自主学习及相互协作	□确认
	存储设备	USB存储器/移动硬盘	□确认
	自备工具	工作页、签字笔	□确认
	完成数量	单个产品	□确认
	完成时间	240分钟	□确认
	尺寸规范	准确设置单位	□确认
	形态结构	尺寸准确	□确认
	模型细节	细节表现到位	□确认
	材质表现	材质表达真实	□确认
	操作情况	操作熟练，快速找到相应命令	□确认
	整体风格	效果真实再现，具有一定个人风格	□确认
	作品展示	语言流畅，思路清晰；展示方式富有特色	□确认

已经解决问题的描述：

成功、成果、失误与问题：

绩效等级	优□ 良□ 中□ 差□	奖惩制度	
任务执行人签字	年　月　日	审核人签字盖章	年　月　日

2 知识探索

1. 请根据以下图形，想象布尔运算后得出的结果，并进行绘制和验证（参考附件）

并集：　　　　　　　　　　　　　　差集（A-B）：

交集：　　　　　　　　　　　　　　差集（B-A）：

切割优化：　　　　　　　　　　　　切割移除内部：

切割分割：　　　　　　　　　　　　切割移除外部：

2. 请使用样条线对以下图形进行绘制，并写出步骤（参考附件）

3 工作任务的实施

1. 先设置 3ds Max 软件的系统单位为毫米（mm）。

2. 请打开 CAD 图形，记录相应尺寸大小。

3. 根据 CAD 提供的尺寸，在 3ds Max 内进行绘制。

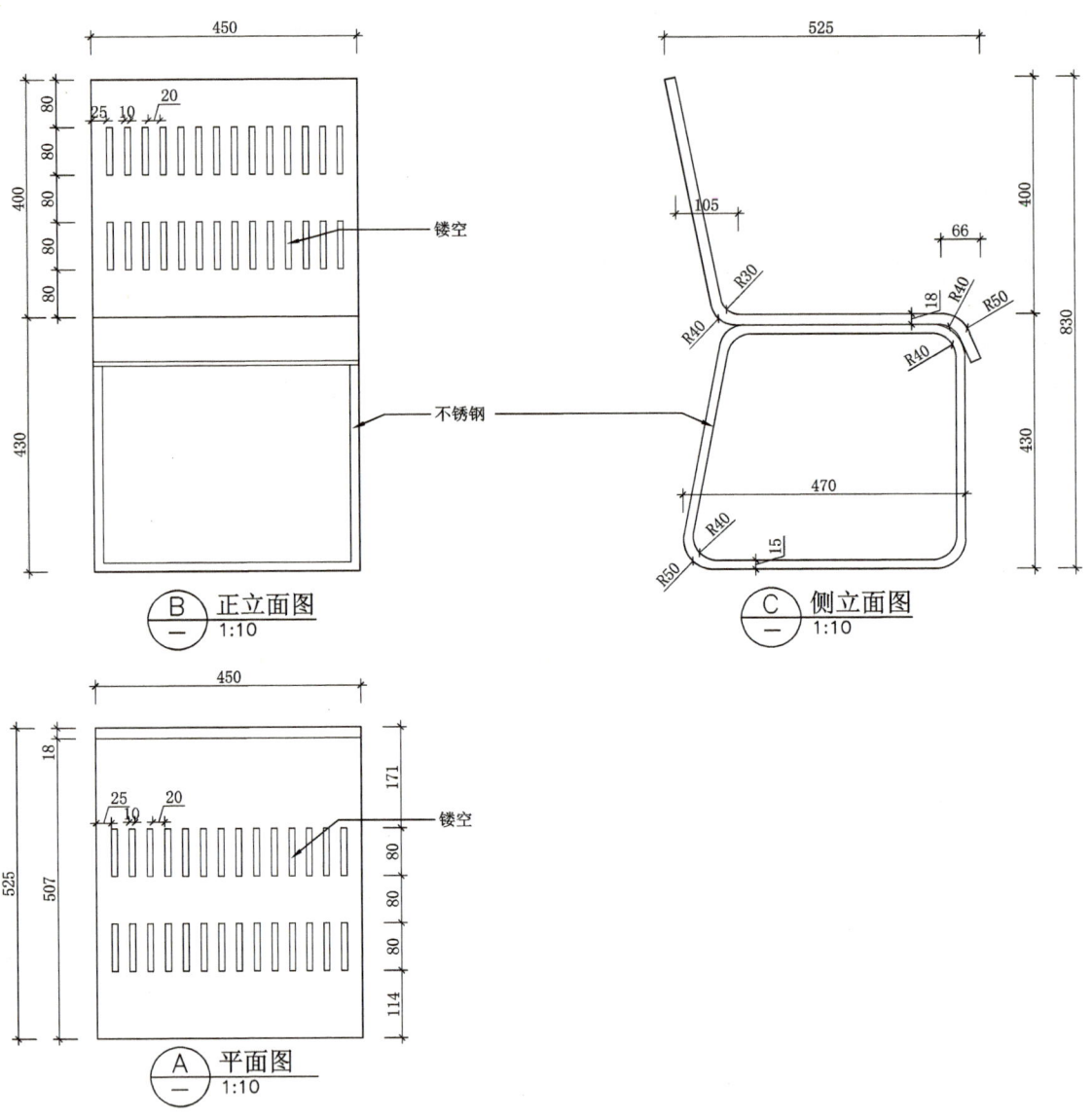

4. 根据知识探索的练习，结合小组讨论，创建椅子整体模型。

5. 修改线性参数，使椅面成型。

6. 同样利用线型绘制椅脚部分。

7. 利用布尔的方法，进行连续布尔运算，做出镂空效果。

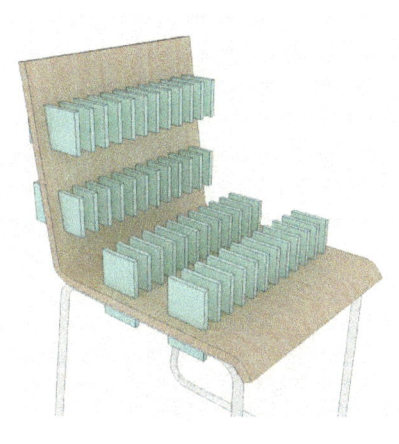

8. 设置椅面材质、椅脚材质和地面材质。（参考附件）

9. 完成VRay穹顶灯的设置。（参考附件）

10. 完成快速贴图添加，借助UVW贴图，并调整贴图状态，使其正常显示。

11. 设置VRay渲染器为测试渲染，对视图渲染，并保存图像。（参考附件）

12. 保存并归档当前源文件，文件命名为"任务二活动三镂空椅"。

13. 整理桌面，保持整洁。

学习拓展

1. 请根据所学知识，结合布尔运算，完成椅子的建模。

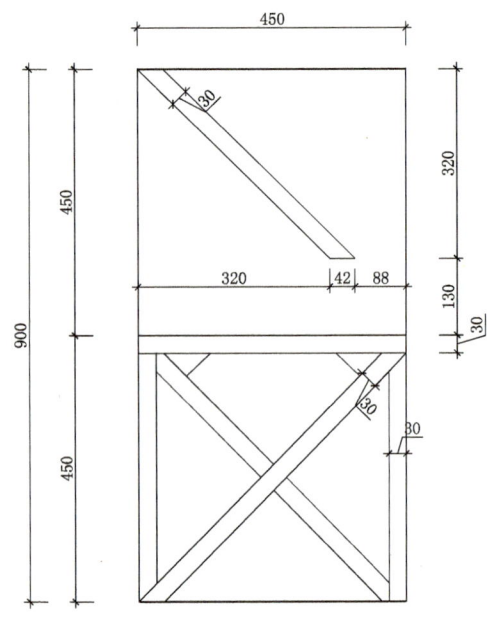

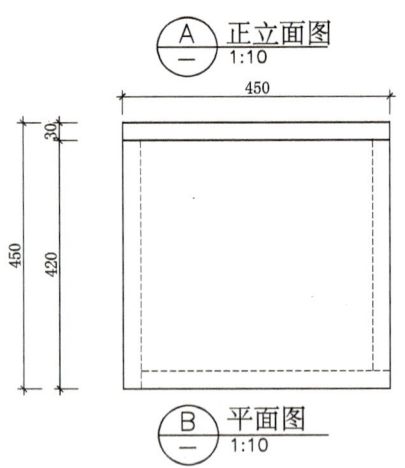

2. 参考附件，使用 VRay 材质完成地面材质的设置。

3. 参考附件，使用 VRay 灯光下的穹顶灯，完成灯光设置。

4. 参考附件，在 3ds Max 软件使用 VRay 插件完成椅子的最终渲染。

4 完成成果交流点评

（1）以组为单位，展示训练成果；

（2）小组互评成绩；

（3）教师点评优秀训练成果；

（4）教师对广泛存在的问题进行总结。

学习活动反馈表

姓名：			学号：				日期：
项目	考核内容		分值	个人评价	组内评价	教师评价	评分标准
学习态度	1. 遵守学习纪律，不做与课堂无关事情，不迟到早退		10				根据实际课堂表现打分
	2. 着装整齐，不穿拖鞋		10				
	3. 学习积极主动，参与小组讨论，按时提交作业		10				
软件操作	4. 能使用二维线工具，并能进行二维线进行建模	会□ / 不会□	10				单项技能目标"会"该项得满分，"不会"则根据实际情况得分
	5. 能熟练使用三维布尔运算，进行建模	会□ / 不会□	10				
	6. 能参照 CAD 尺寸，完成家具的案例建模和渲染	会□ / 不会□	20				
作品展示	7. 踊跃发言，思路清晰，展示方法富有特色		15				根据实际课堂表现打分
职业素养	8. 在作业完毕后，能按作业规程清点、整理电子文档，整理工作页，并关闭计算机，清理现场		15				根据实际课堂表现打分
总分			100				
小组评语及建议	优点： 不足： 建议：						组长签名： 日期：
老师评语与建议							评定的等级或分数： 教师签名： 日期：

附件一：布尔运算

"布尔"运算是通过对两个或两个以上的对象进行并集、差集、交集运算，从而得到新的物体形态。

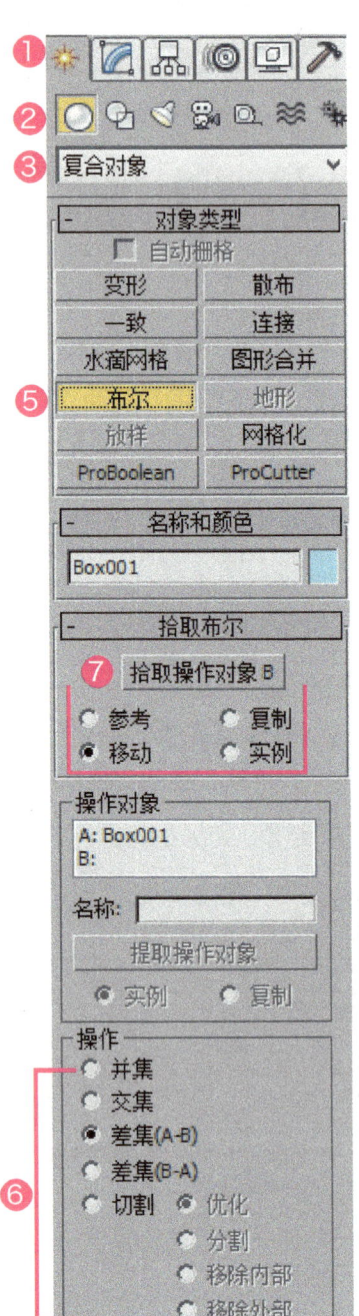

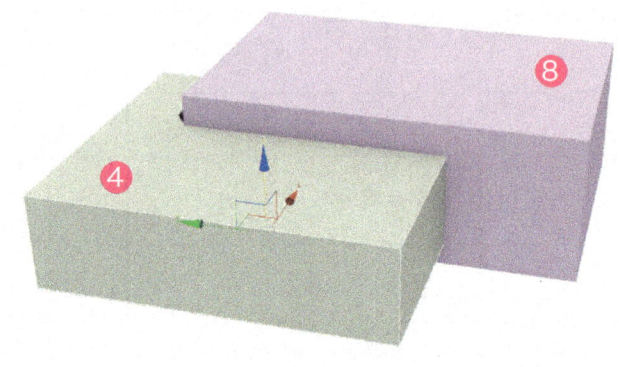

布尔运算的操作步骤顺序

❶ 创建面板。

❷ 几何体。

❸ 复合对象。

❹ 在视图中先选择要操作的对象，即操作对象 A。

❺ 选择布尔命令。

❻ 选择要操作的方式。

　　并集：相交的部分将被删除，两个物体将合并为一个物体。

　　交集：相交的部分保留下来，删除不相交的部分。

　　差集：在 A 物体中减去与 B 物体重合的部分。

　　切割：用 B 物体切除 A 物体，但不在 A 物体上添加 B 物体的任何部分。

　　（切割的拓展阅读可参考下一页）

❼ 可以在场景中选择另一个运算物体来完成"布尔"运算，即操作对象 A。

　　（具体拓展阅读可参考下一页）

❽ 在视图中选择要操作的另一个物体。

　　物体在进行"布尔"运算后随时都可以对两个运算对象进行修改，"布尔"运算的方式和效果也可以进行编辑修改，并且"布尔"运算的修改过程可以记录为动画，表现出神奇的切割效果。

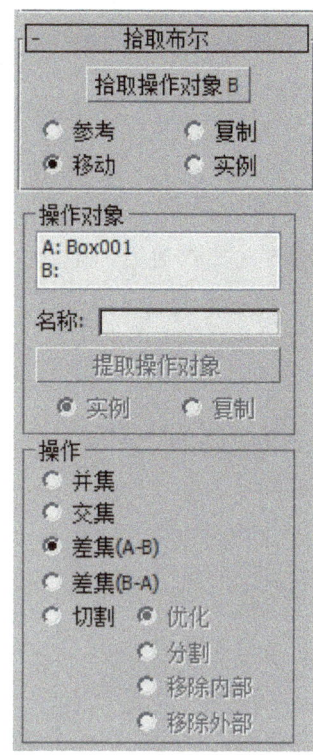

参考：
将原始对象的参考复制品作为运算对象 B，若以后改变原始对象，同时也会改变布尔物体中的运算对象 B，但是改变运算对象 B 时，不会改变原始对象。

复制：
复制一个原始对象作为运算对象 B，而不改变原始对象。
（当原始对象还要用在其他地方时采用这种方式）

移动：
将原始对象直接作为运算对象 B，而原始对象本身不再存在。
（当原始对象无其他用途时采用这种方式）

实例：
将原始对象的关联复制品作为运算对象 B，
若以后对两者的任意一个对象进行修改时都会影响另一个。

优化：
是在 A 物体上沿着 B 物体与 A 物体相交的面来增加顶点和边数，
以细化 A 物体的表面。

分割：
是在 B 物体切割 A 物体部分的边缘，并且增加了一排顶点，利用这种方法可以根据其他物体的外形将一个物体分成两部分。

移除内部：
是删除 A 物体在 B 物体内部的所有片段面。

移除外部：
是删除 A 物体在 B 物体外部的所有片段面。

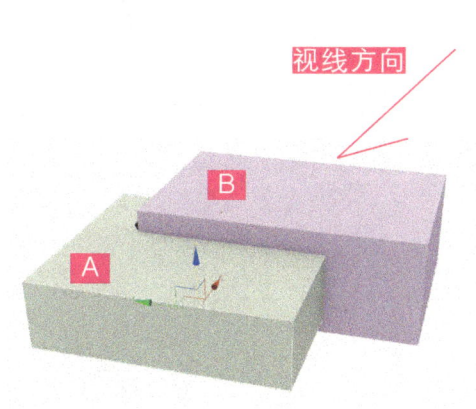

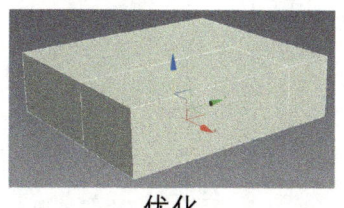

优化

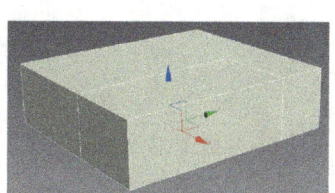

分割

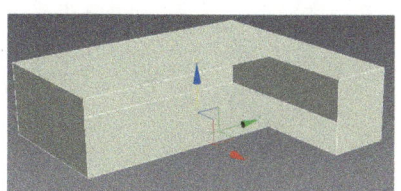

移除内部

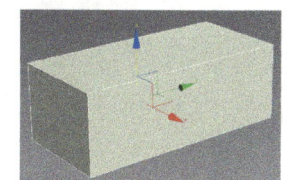

移除外部

附件二：样条线建模

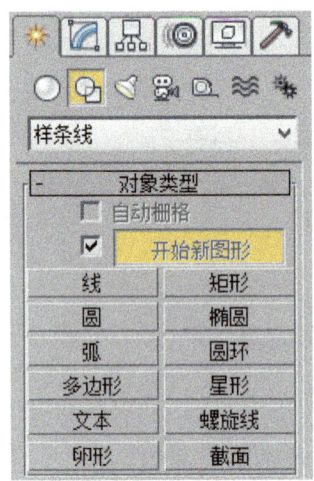

线是建模中是最常用的一种样条线，其使用方法非常灵活，形状也不受约束，可以封闭也可以不封闭，拐角处可以是尖锐也可以是圆滑的。

样条线的层次特点：

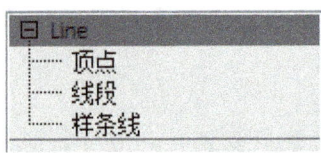 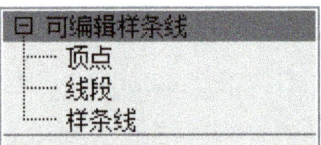

样条线的 4 种顶点形式：

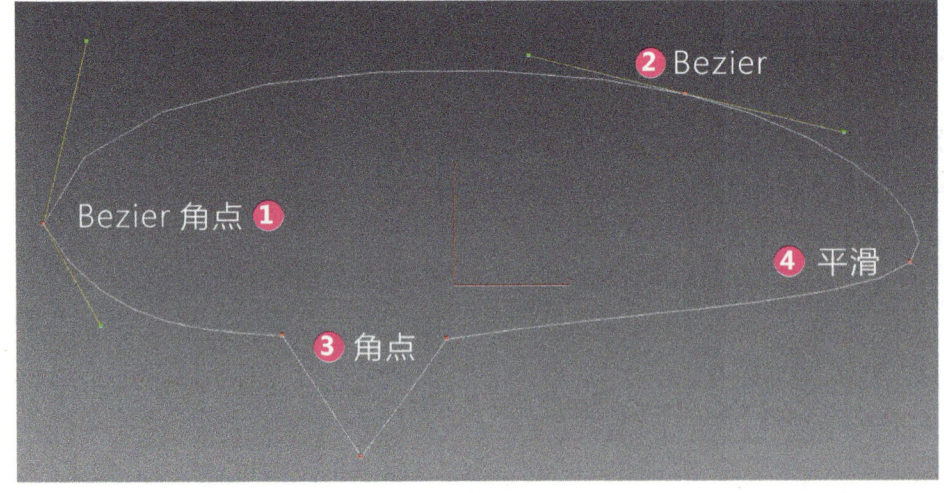
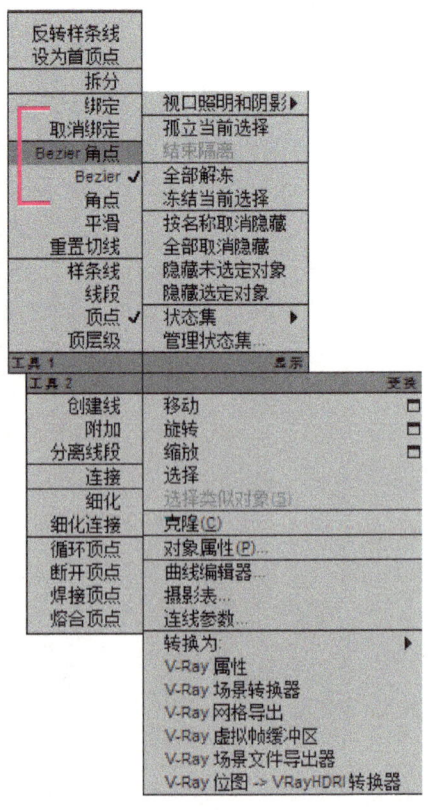

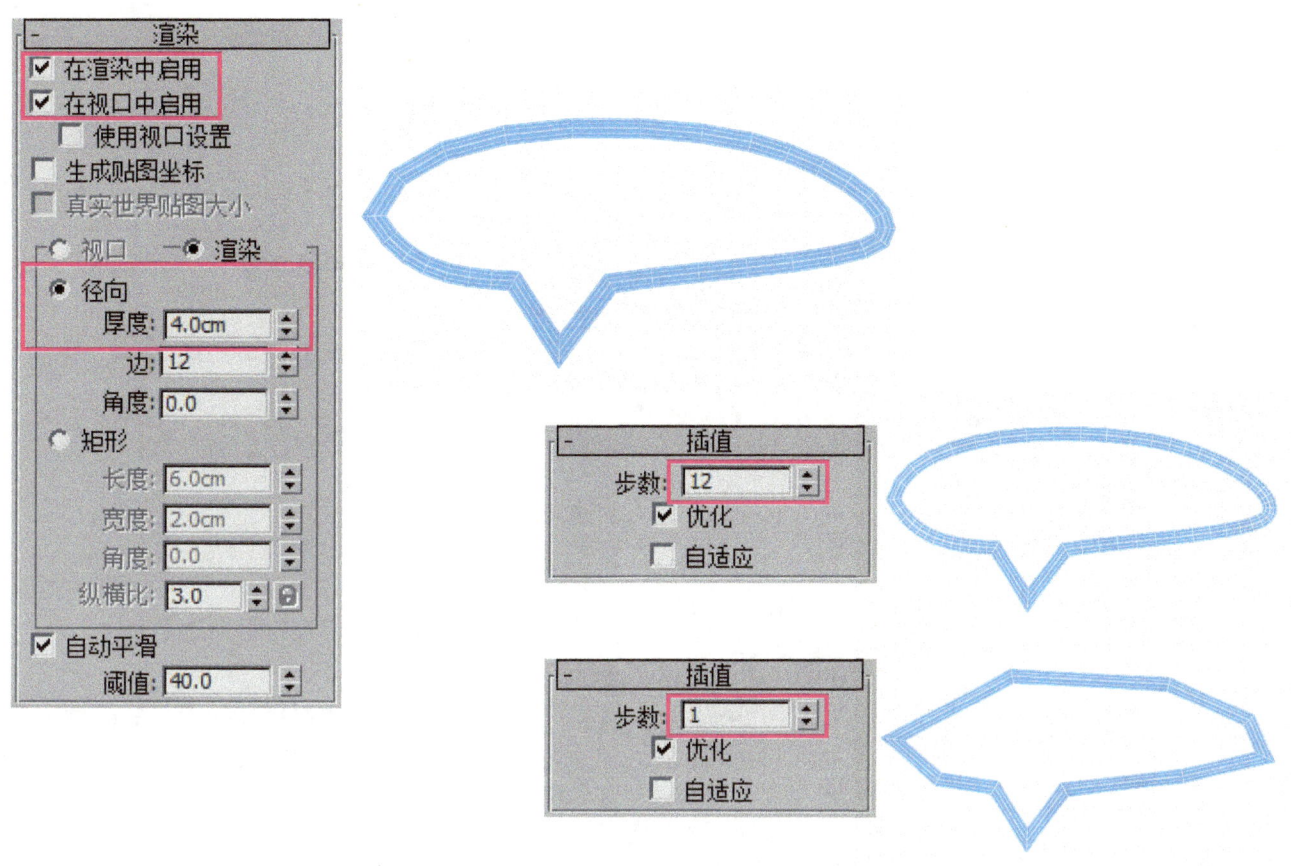

附件三：样条线的种类

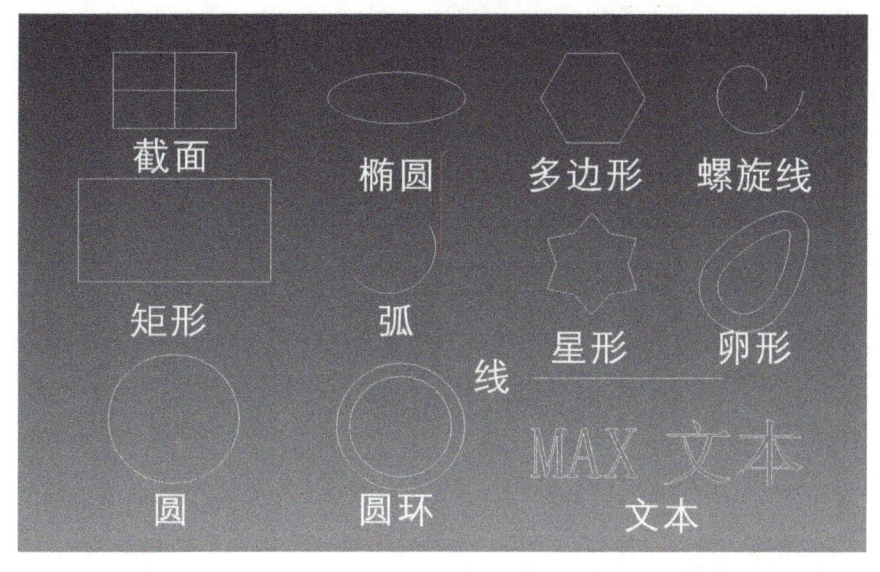

附件四：穹顶灯的使用

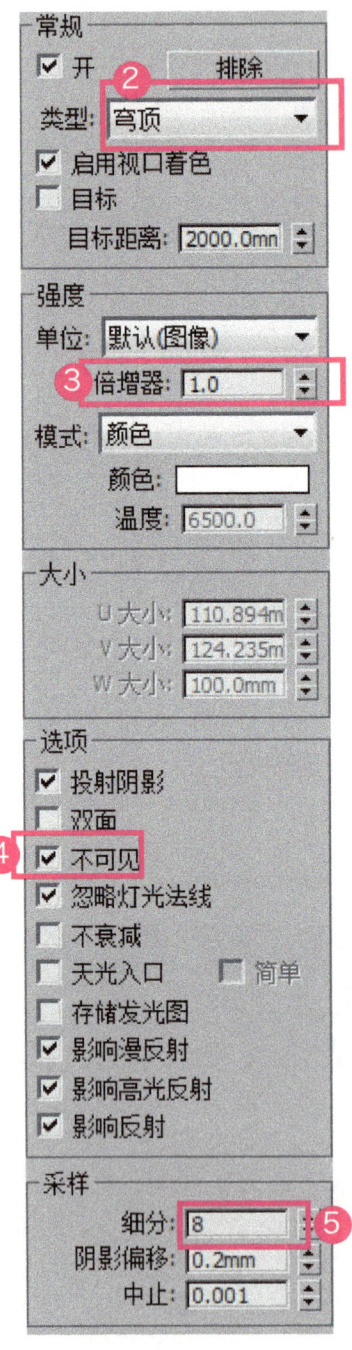

通过天光点亮场景

第 1 步：创建面板新建 VRay 灯光；

第 2 步：设置类型为穹顶；

第 3 步：倍增器为 1.0；

第 4 步：勾选不可见选项；

第 5 步：需要渲染较高质量的灯光参数可以调节该参数。

附件五：材质编辑器

❶ 快捷键：M
❷ 点开 Standard

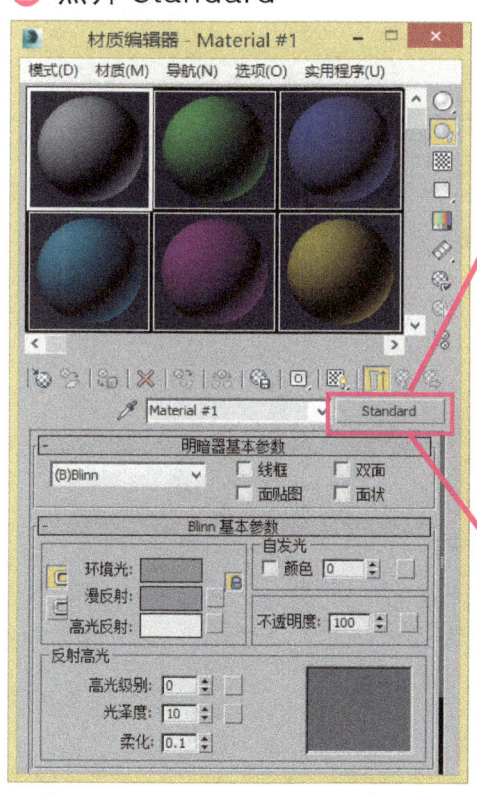

❸ 未启用 VRay 渲染器

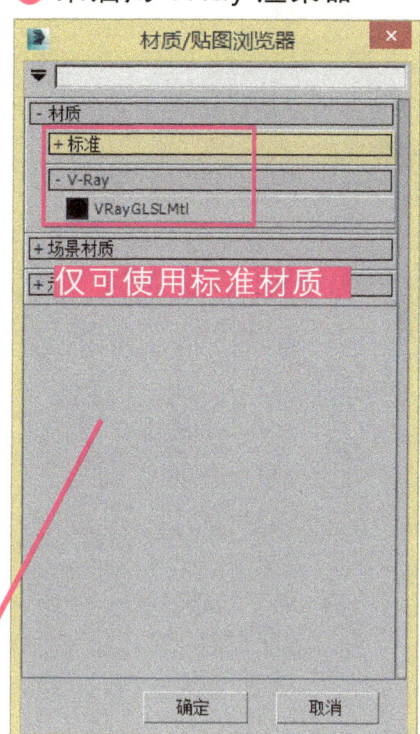

仅可使用标准材质

❸ 已启用 VRay 渲染器

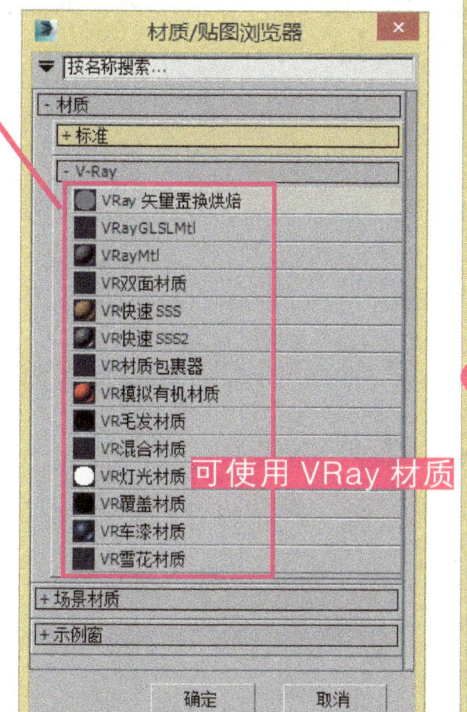

可使用 VRay 材质

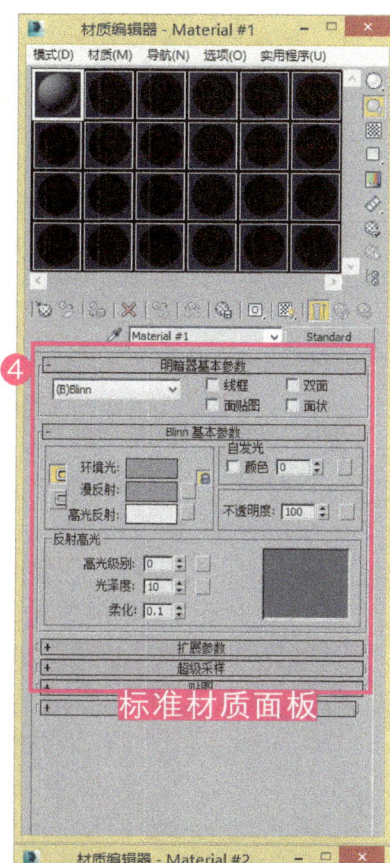

❹ 标准材质面板

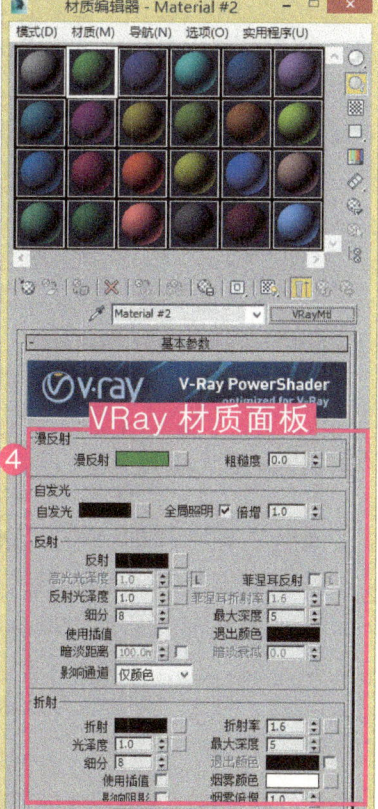

❹ VRay 材质面板

附件六：VRayMtl 材质

标准　VRayMtl 材质是使用频率最高的一种材质，也是使用范围最广的一种材质，常用于制作室内外效果图。VRayMtl 材质除了能完成一些反射和折射效果外，还能出色地表现出 SSS 以及 BRDF 等效果图。

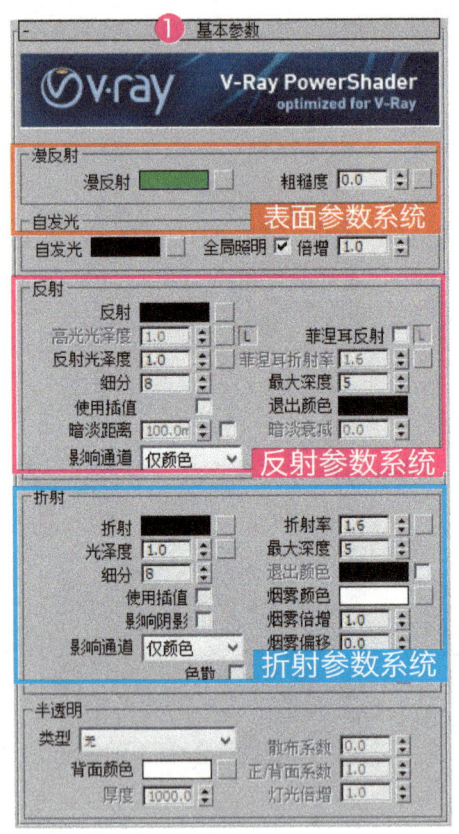

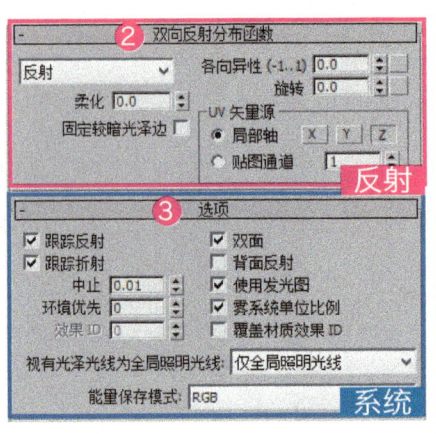

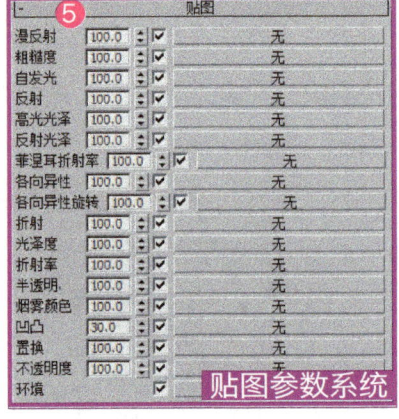

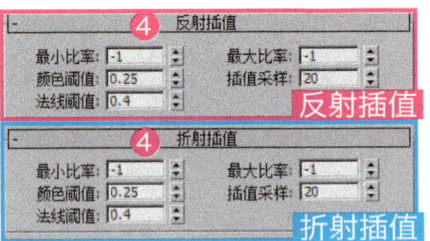

❶ VRay 基本参数设置。

最基本最常用的一栏，主要设置物体材质的基本属性，包括漫反射、反射、折射、半透明。

❷ 作用于反射参数的丰富变化。

❸ 当前 VRay 材质的系统设置。

❹ 当前 VRay 材质的反射折射系统设置。

❺ 管理贴图，与 [基本参数] 结合关联。

附件七：利用 VRayMtl 制作灰色地面反射材质

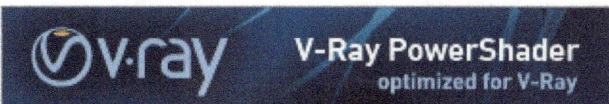

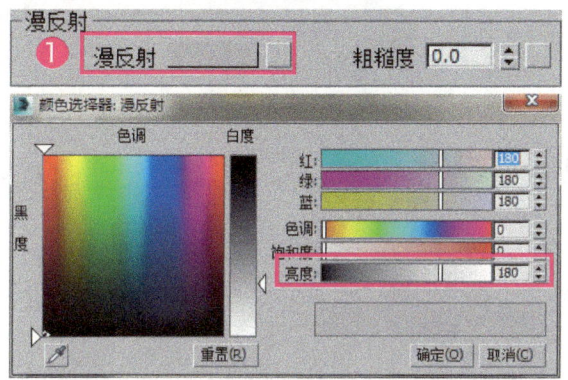

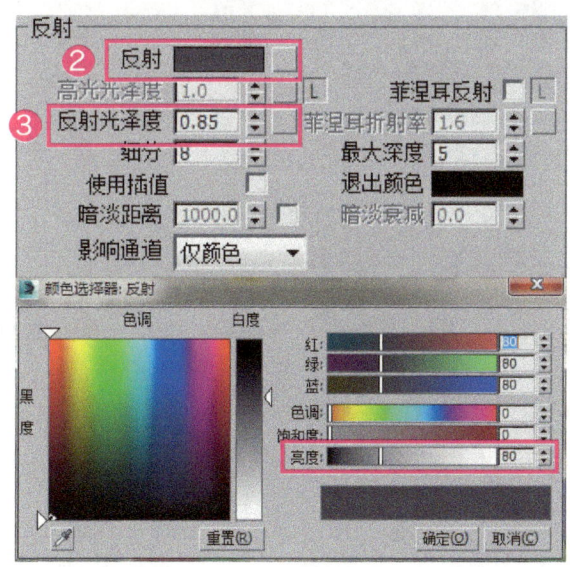

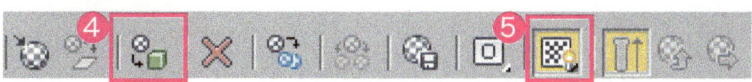

❶ 漫反射（固有色）：选择物体固有色；

❷ 反射：选择物体的反射强度和反射颜色；

❸ 反射光泽度：物体表面的光泽度；

❹ 材质指定对象：材质给予物体（给予后材质球四周有白边）；

❺ 显示明暗材质：场景中显示材质。

附件八：3ds Max 标准材质编辑器

❶ 作用于反射参数的丰富变化。

❷ 基本参数设置。

❸ 扩展参数设置。

❹ 当前材质的系统设置。

❺ 管理贴图，与[基本参数]结合关联。

产品效果图表达
任务二
附件

附件九：VRay 渲染器测试渲染的设置

❶ 以小尺寸出图，能从根本上减少渲染时间。

❷ 能控制物体反射次数，设置为 2，能以减少渲染时间。

❸ 控制图像清晰度，固定则不增加图像渲染分辨率，提高渲染速度。

❹ 控制图像锯齿状态，关闭则不使用，能加快渲染速度。

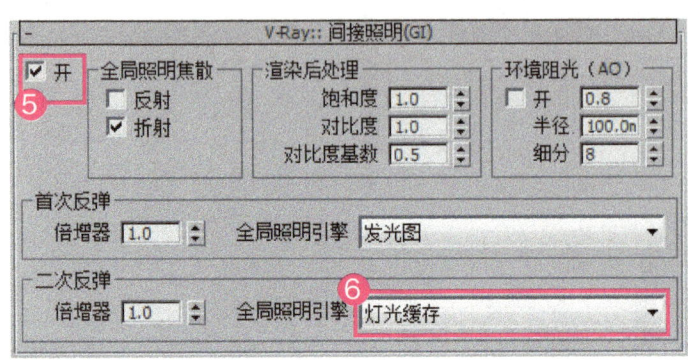

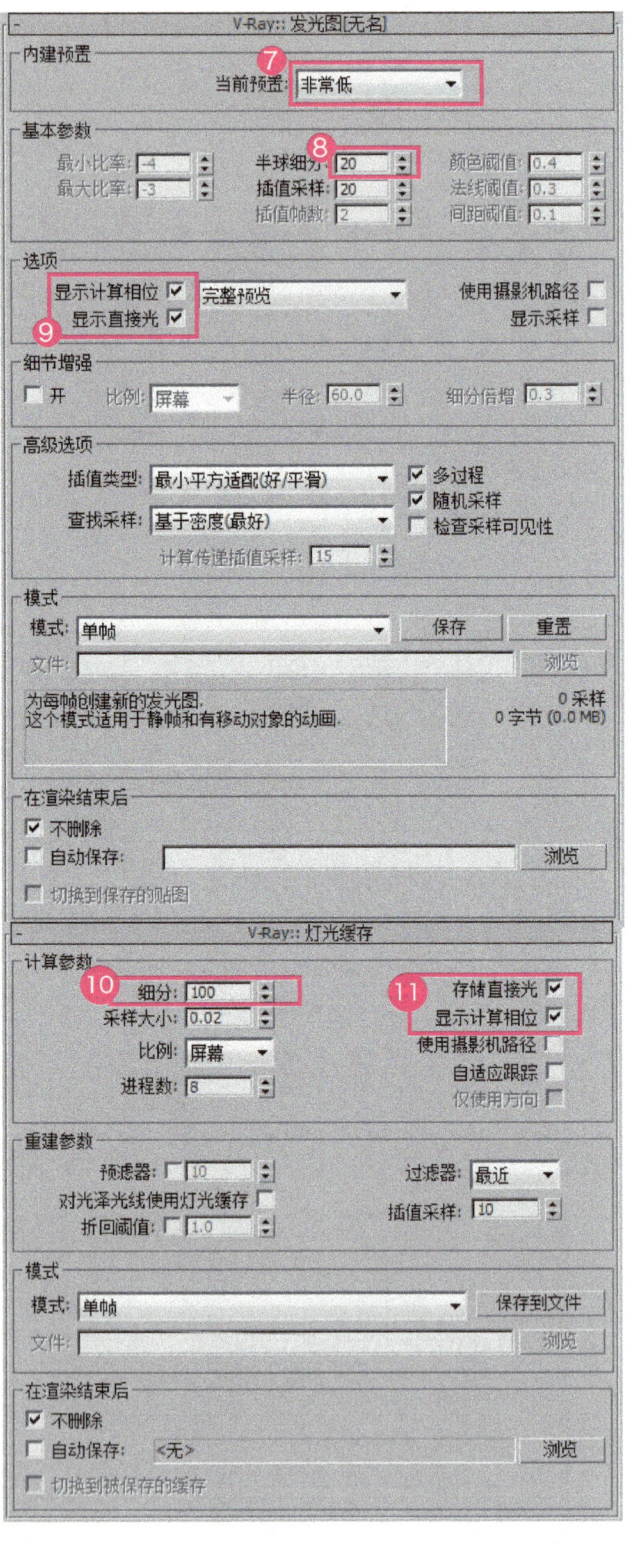

5 开启全局照明，此项为 VRay 主要照明栏，为必须开启项。

6 灯光缓存搭配发光图能很好地增强渲染质量和提高渲染速度，产品级的效果图渲染常使用此搭配。

7 使用预置的非常低，能智能地调整发光图中的最小和最大比率，减少发光图的渲染次数，从而减少渲染时间。

8 决定单个采样点的采样品质，对整图的质量有重要影响，值小能减少渲染时间。

9 此项仅仅是显示渲染的计算过程。对速度影响很少，但能更直观观察出图像问题。

10 以摄影机进行光线的发散，图像的大小与细分无关，细分值代表发出多少光线。值越小渲染时间越少。

11 此项仅仅是显示渲染的计算过程。对速度影响很少，但能更直观观察出图形问题。

活动 3 绘制椅类家具 —— 折叠平面椅

 笔记栏

学习目标

1. 能使用二维样条线下的各个命令，精准绘制图形。
2. 能参照 CAD 尺寸，绘制基本模型。
3. 能使用实例复制命令，在异面完成物体修改。
4. 能使用穹顶灯和 VRayMtl 材质对家具和场景进行材质设置。
5. 使用 VRay 渲染器进行大尺寸图像的测试渲染。
6. 在作业完毕后，能按作业规程清点、整理电子文档，整理工作页，并关闭计算机，清理现场。

参考学习课时：8 课时

学习任务描述

公司接到任务后，需要对折叠椅子进行绘制，公司安排设计人员完成该任务，设计师需要根据家具特征，选择适合的建模方法和材质表现，完成折叠椅子的绘制，设计时间为 1 天，任务完成后提交椅子的渲染效果图。

学习准备

工具准备：计算机（含 AutoCAD、3ds Max 软件、VRay 渲染器）、存储器（U 盘、移动硬盘）、签字笔、工作任务单。

引导问题

如何在修改家具的同时完成展开模型的修改？

学习过程

1 明确工作任务（小组讨论）

阅读设计任务书，填写工作任务单。列出本次任务的工作内容、时间要求及交接工作的相关负责人，并根据实际情况补充完整。

产品效果图表达
任务二
学习活动3：绘制椅类家具

工作任务单

单位部门		设计部	时间		年　月　日
任务来源		总经办□	项目部□		人事部□
项目名称		板式家具表达	任务目标		绘制椅类家具
任务执行人	执行人： 组长：		其他组员：		
基本要求	人员要求	遵守纪律、遵守工作场所管理规定，服从安排； 安全意识，责任意识，6S管理意识； 注重个人形象，注重环境整洁； 注重沟通，能自主学习及相互协作			□确认
	存储设备	USB存储器/移动硬盘			□确认
	自备工具	工作页、签字笔			□确认
	完成数量	单个产品			□确认
	完成时间	240分钟			□确认
	尺寸规范	准确设置单位			□确认
	形态结构	尺寸准确			□确认
	模型细节	细节表现到位			□确认
	材质表现	材质表达真实			□确认
	操作情况	操作熟练，快速找到相应命令			□确认
	整体风格	效果真实再现，具有一定个人风格			□确认
	作品展示	语言流畅，思路清晰；展示方式富有特色			□确认

已经解决问题的描述：

成功、成果、失误与问题：

绩效等级	优□　良□　中□　差□	奖惩制度	
任务执行人签字	 　 年　　月　　日	审核人签字盖章	 　 年　　月　　日

2 知识探索

1. 请使用编辑样条线和挤出工具,绘制以下图形,并写下操作步骤。(参考附件)

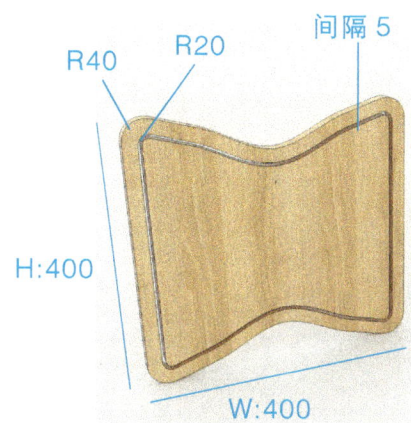

2. 通过实例复制的方法,使用编辑样条线工具,对左边坐板进行挖空,并要求使用 VRay 测试渲染进行设置。最后写下操作步骤。

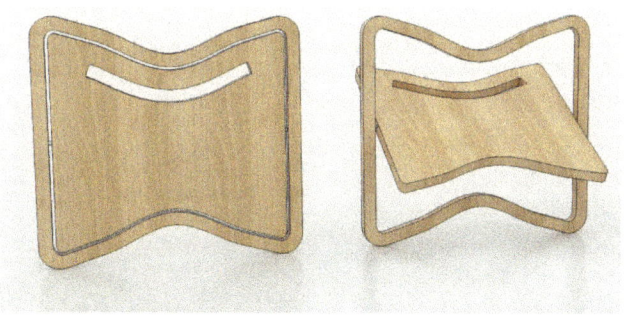

3 工作任务的实施

1. 先设置 3ds Max 软件的系统单位为毫米(mm)。

2. 请打开 CAD 图形,记录相应尺寸大小。

3. 根据以下尺寸，绘制 CAD 图形，导入到 3ds Max 中进行建模。

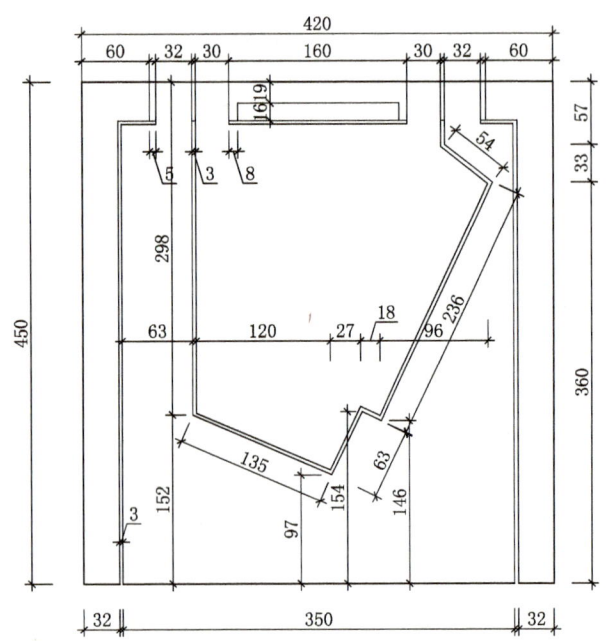

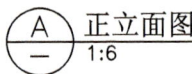
正立面图 1:6

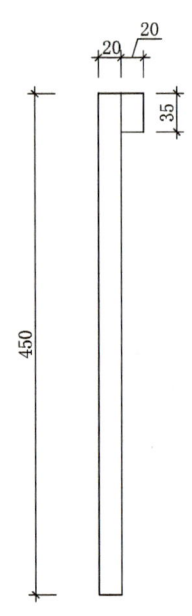

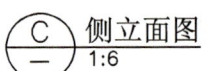
侧立面图 1:6

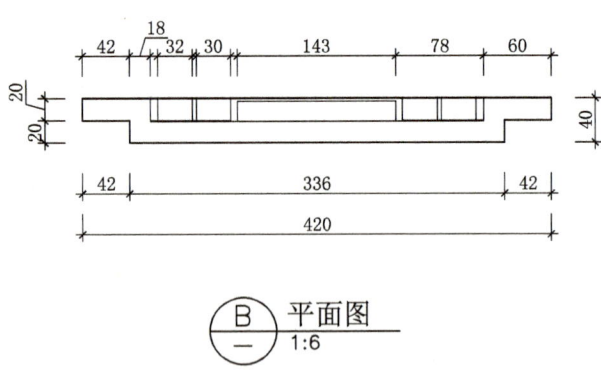

平面图 1:6

4. 根据知识探索的练习，结合小组讨论，如何创建椅子整体模型。

5. 在充分分析型结构后，首先根据折叠椅的正立面部分进行绘制样条线。

6. 对样条线使用挤出命令，使得图像成型。

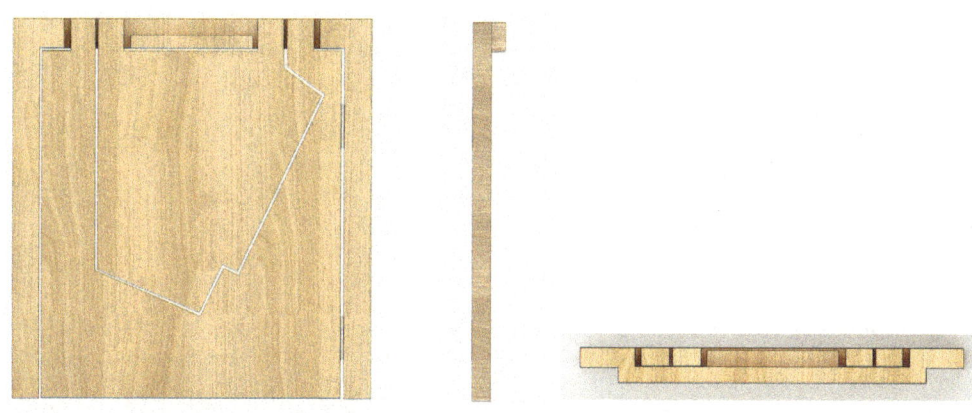

7. 完成模型绘制后，实例复制到一侧，并进行模型展开。

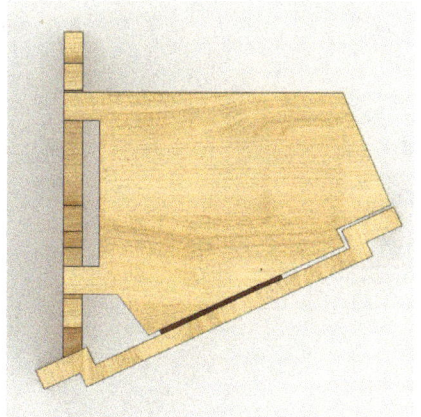

8. 在实例模式的状态下，对折叠椅子进行最终调整，使其符合座椅功能需求。

9. 绘制连接五金件。

10. 设置椅面木板材质和金属五金件的材质。

11. 使用 VRay 平面完成地面布置及材质的设置。

12. 完成 VRay 穹顶灯的设置。

13. 设置 VRay 渲染器为测试渲染，对视图进行渲染，并保存图像尺寸为 1600×1000。

14. 保存并归档当前源文件，文件命名为"任务二活动三折叠平面椅"。

4 完成成果交流点评

（1）以组为单位，展示训练成果；
（2）小组互评成绩；
（3）教师点评优秀训练成果；
（4）教师对广泛存在的问题进行总结。

学习活动反馈表

项目	考核内容		分值	个人评价	组内评价	教师评价	评分标准
姓名：		学号：				日期：	
学习态度	1. 遵守学习纪律，不做与课堂无关事情，不迟到早退		10				根据实际课堂表现打分
	2. 着装整齐，不穿拖鞋		10				
	3. 学习积极主动，参与小组讨论，按时提交作业		10				
软件操作	4. 能使用二维样条线下的各个命令，精准绘制图形	会□/不会□	10				单项技能目标"会"该项得满分，"不会"则根据实际情况得分
	5. 能使用实例复制命令，在异面完成整体展开物体修改	会□/不会□	10				
	6. 能参照CAD尺寸，完成家具的案例建模	会□/不会□	10				
	7. 能使用VRay穹顶灯和VRay材质对场景和家具进行设置，并渲染最终图像	会□/不会□	10				
作品展示	8. 踊跃发言，思路清晰，展示方法富有特色		20				根据实际课堂表现打分
职业素养	9. 在作业完毕后，能按作业规程清点、整理电子文档，整理工作页，并关闭计算机，清理现场		10				根据实际课堂表现打分
总分			100				

小组评语及建议	优点： 不足： 建议：	组长签名： 日期：
老师评语与建议		评定的等级或分数： 教师签名： 日期：

学习拓展

1. 请根据所学知识，结合编辑二维线的综合命令，完成折叠椅子的建模。

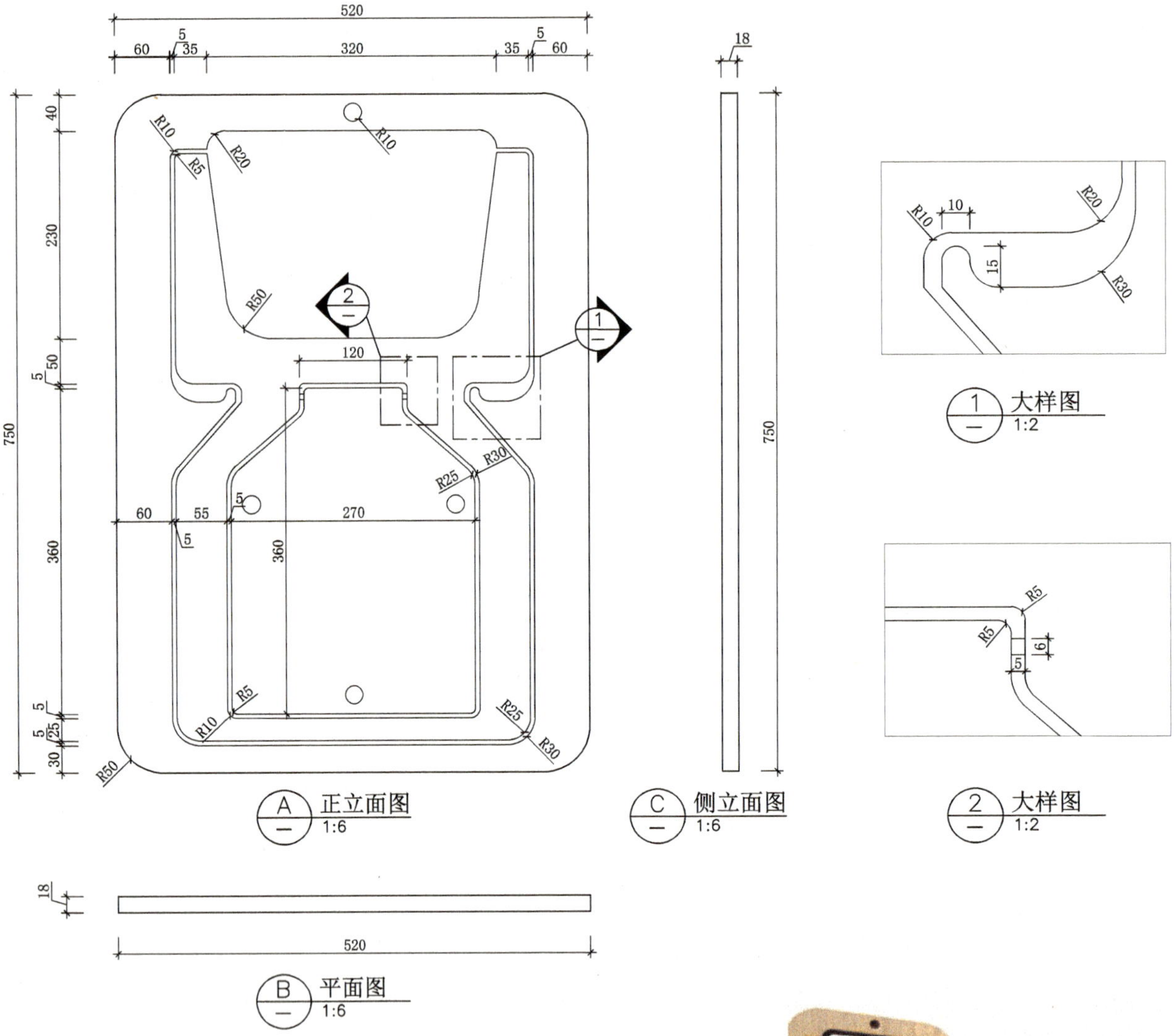

2. 使用 VRay 材质完成地面材质的设置。

3. 使用 VRay 灯光下的穹顶灯，完成灯光设置。

4. 在 3ds Max 软件使用 VRay 插件完成尺寸为 1600×1000 的测试渲染。

活动 4 绘制柜类家具

学习目标

1. 能使用二维样条线下的镜像命令，快速绘制图形。
2. 能使用样条线进行实体建模。
3. 能参照 CAD 尺寸，按照柜类家具的标准结构进行绘制。
4. 能使用穹顶灯和 VRay 材质对场景和家具进行设置。
5. 根据测试渲染，调整为出图渲染，并渲染最终图像。
6. 在作业完毕后，能按作业规程清点、整理电子文档，整理工作页，并关闭计算机，清理现场。

参考学习课时：8 课时

学习任务描述

公司接到任务后，需要对床头柜进行绘制，公司安排设计人员完成该任务，设计师需要根据家具特征，选择适合的建模方法和材质表现，完成柜子的绘制，设计时间为 1 天，任务完成后提交椅子的渲染效果图。

学习准备

工具准备：计算机（含 AutoCAD、3ds Max 软件）、存储器（U 盘、移动硬盘）、签字笔、工作任务单。

引导问题

在物体左右或上下对称的情况下，使用什么方法建模？

学习过程

1 明确工作任务（小组讨论）

阅读设计任务书，填写工作任务单。列出本次任务的工作内容、时间要求及交接工作的相关负责人，并根据实际情况补充完整。

产品效果图表达
任务二   100
学习活动 4：绘制柜类家具

工作任务单

单位部门	设计部		时间		年　　月　　日	
任务来源	总经办□		项目部□		人事部□	
项目名称	板式家具表达		任务目标		绘制柜类家具	
任务执行人	执行人： 组长：		其他组员：			
基本要求	人员要求	遵守纪律、遵守工作场所管理规定，服从安排； 安全意识，责任意识，6S 管理意识； 注重个人形象，注重环境整洁； 注重沟通，能自主学习及相互协作			□确认	
	存储设备	USB 存储器 / 移动硬盘			□确认	
	自备工具	工作页、签字笔			□确认	
	完成数量	单个产品			□确认	
	完成时间	240 分钟			□确认	
	尺寸规范	准确设置单位			□确认	
	形态结构	尺寸准确			□确认	
	模型细节	细节表现到位			□确认	
	材质表现	材质表达真实			□确认	
	操作情况	操作熟练，快速找到相应命令			□确认	
	整体风格	效果真实再现，具有一定个人风格			□确认	
	作品展示	语言流畅，思路清晰；展示方式富有特色			□确认	

已经解决问题的描述：

成功、成果、失误与问题：

绩效等级	优□　良□　中□　差□	奖惩制度	
任务执行人签字	年　　月　　日	审核人签字盖章	年　　月　　日

2 知识探索

1. 样条线是否能使用对称修改器？如不能使用应该用什么修改器代替？在使用镜像工具后，样条线需要什么操作可以使图形闭合。

位置　/　　用途

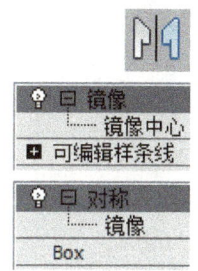

（1）能否使用对称修改器：

（2）可代替修改器：

（3）如何操作闭合图形：

2. 结合软件测试，请试述主工具栏上的镜像和修改器上的镜像功能有什么不一样？

3. 请上网查阅抽屉滑轨的尺寸，根据滑轨的尺寸确定抽屉的尺寸，并补充完整其他尺寸，记录下来。

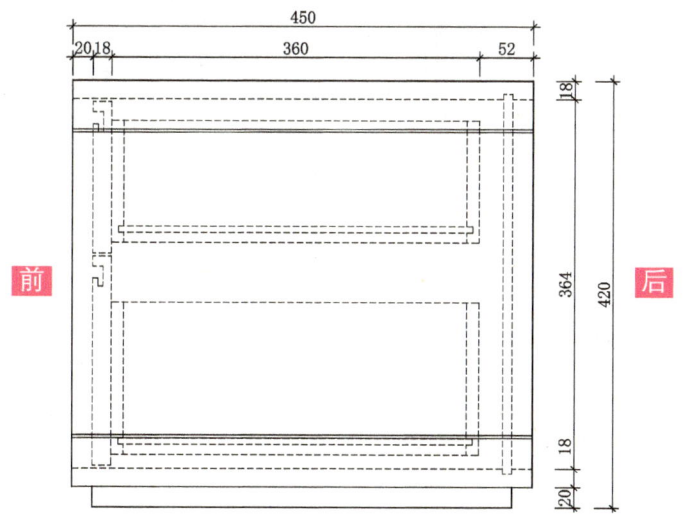

（1）抽屉前面版厚度：

（2）柜子背板厚度：

（3）抽屉底板厚度：

（4）抽屉长度：

3 工作任务的实施

1. 先设置 3ds Max 软件的系统单位为毫米（mm）。

2. 请打开 CAD 图形，记录相应尺寸大小。

3. 根据 CAD 提供的尺寸，在 3ds Max 内进行绘制。

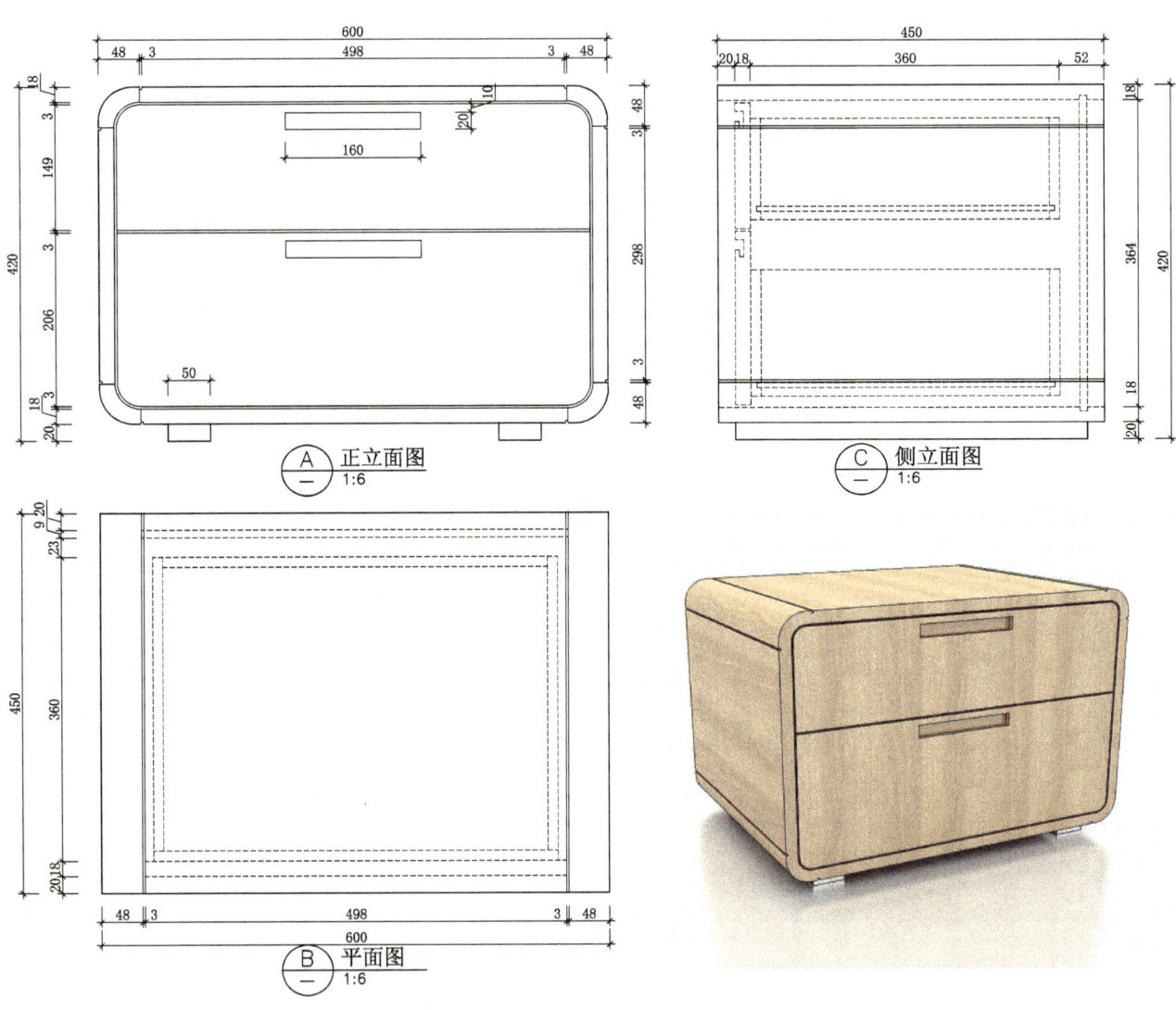

4. 根据知识探索的练习，结合小组讨论，创建柜子的模型。

5. 在充分了解模型结构后，利用样条线和镜像工具对图形进行绘制，注意留有 3 mm 的工艺缝。

6. 使用挤出修改器使家具成型，并绘制拉手。

7. 设置柜体材质。

8. 使用 VRay 平面完成地面的布置及材质的设置。

9. 完成场景穹顶灯的设置。

10. 对视图使用 VRay 渲染，并根据测试渲染，调整为出图渲染，渲染出尺寸为 1600×1000 的效果图。

11. 保存并归档当前源文件，文件命名为"任务二活动四柜类家具"。

4 完成成果交流点评

（1）以组为单位，展示训练成果；
（2）小组互评成绩；
（3）教师点评优秀训练成果；
（4）教师对广泛存在的问题进行总结。

学习活动反馈表

项目	考核内容	分值	个人评价	组内评价	教师评价	评分标准
姓名：		学号：			日期：	
学习态度	1. 遵守学习纪律，不做与课堂无关事情，不迟到早退	10				根据实际课堂表现打分
	2. 着装整齐，不穿拖鞋	10				
	3. 学习积极主动，参与小组讨论，按时提交作业	10				
软件操作	4. 能使用二维样条线下的镜像命令，快速绘制图形	会□ / 不会□	10			单项技能目标"会"该项得满分，"不会"则按实际情况得分
	5. 能使用样条线进行实体建模	会□ / 不会□	10			
	6. 能参照CAD尺寸，完成家具的案例建模	会□ / 不会□	10			
	7. 能使用VRay穹顶灯和VRay材质对场景和家具进行设置，并渲染最终图像	会□ / 不会□	10			
作品展示	8. 踊跃发言，思路清晰，展示方法富有特色	20				根据实际课堂表现打分
职业素养	9. 在作业完毕后，能按作业规程清点、整理电子文档，整理工作页，并关闭计算机，清理现场	10				根据实际课堂表现打分
总分		100				
小组评语及建议	优点： 不足： 建议：				组长签名： 日期：	
老师评语与建议					评定的等级或分数： 教师签名： 日期：	

活动 5
过程化考核及展示评价

学习目标

1. 在规定时间完成考核内容，并做好展示准备。
2. 小组对板式家具建模与效果图表达进行展示和汇报。
3. 完成对工作的总结和综合评价。

参考学习课时：8课时

学习过程

1 在规定时间内闭卷完成以下试题

1. 工具名称及对应快捷

2. 请填写各个视图对应的快捷键

顶视图	前视图
左视图	透视图
底视图	正交图

每次切换视图之后，操作者会使用快捷键使视图选中物体最大化，其快捷键是：_____

3. 完成以下工具名称及对应快捷键

工具图标	工具名称	对应快捷键
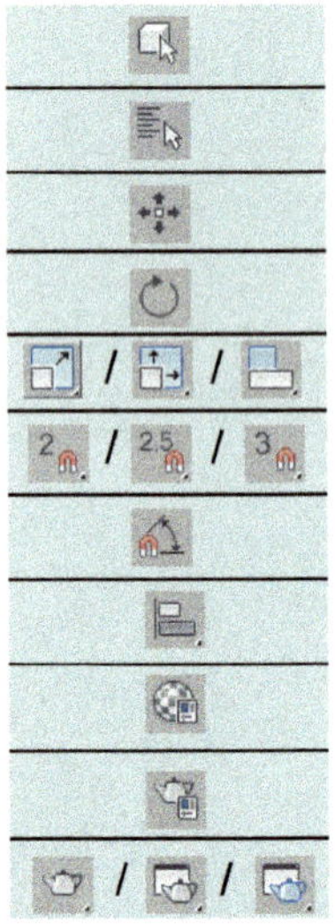		

———— 视图线框显示

———— 视图边面显示

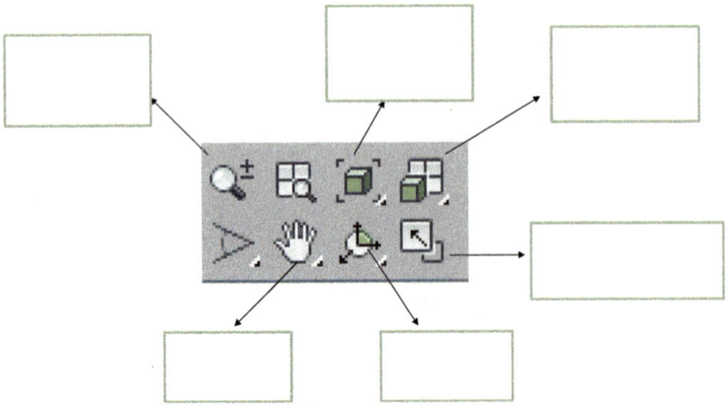

2 请使用 3ds Max 软件，对以下模型进行建模。并根据您绘制的产品特点填写下方列表

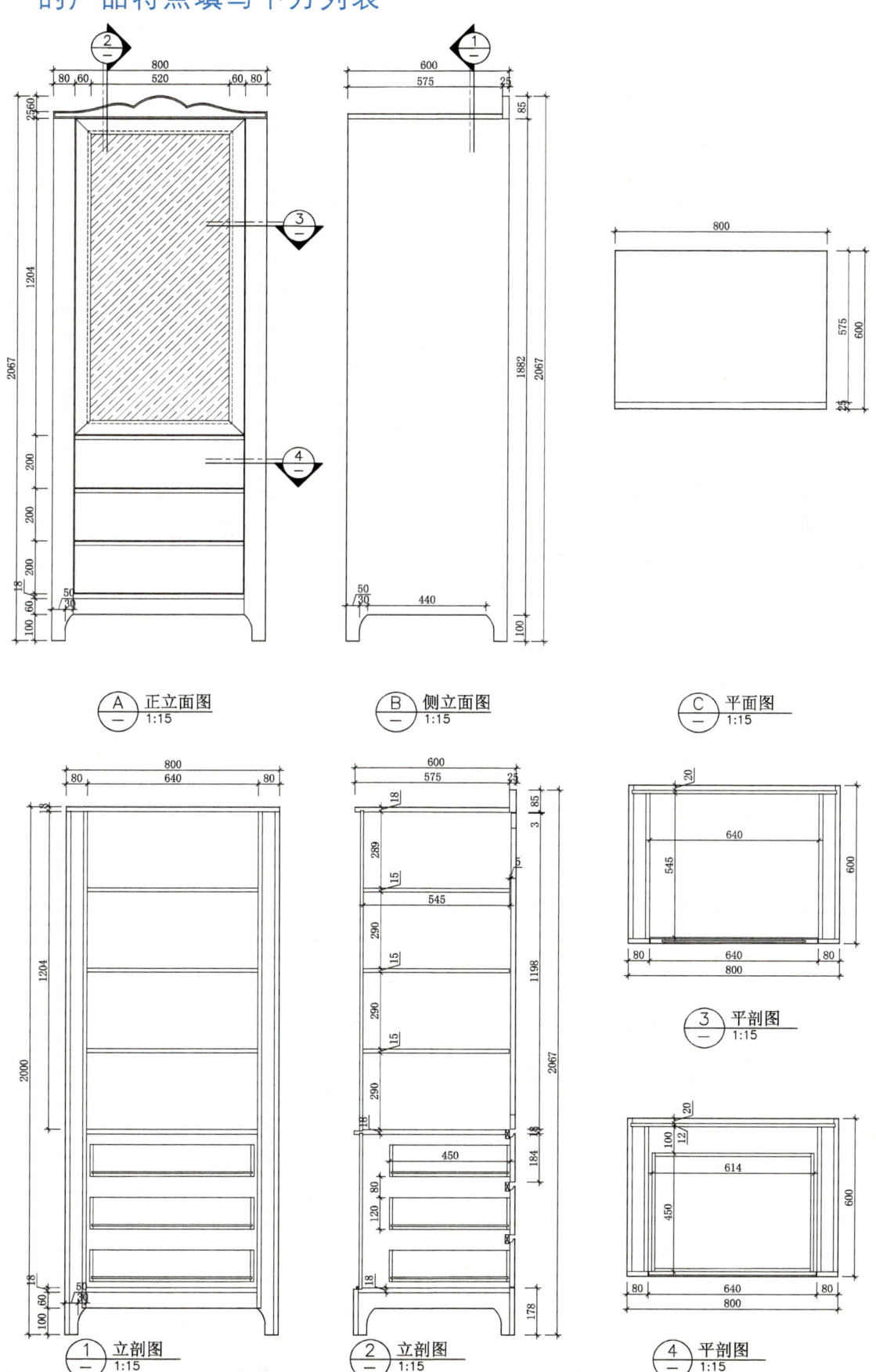

建模特色	灯光特点	材质特点
展示特点	优点总结	不足总结

3 板式家具建模与效果图表达过程化考核展示与汇报

以小组为单位进行板式家具建模与效果图展示（展示内容包含前面四个学习活动，并进行讲解），并简要说明板式家具建模与效果图表达过程中的经验和体会。观看他人汇报后，将他人展示和汇报过程中值得学习的地方和需要改进的地方记录下来。

汇报人	汇报优点	如何改进

4 综合评价

项目	考核内容	评级比例	个人评价	组内评价	教师评价	评分标准
姓名：			学号：			日期：
职业素养	学习态度主动	20%				A. 积极参与教学活动，全勤 B. 缺勤达本任务的总学时10% C. 缺勤达本任务的总学时20% D. 缺勤达本任务的总学时30%
	团队合作意识强	20%				A. 与同学协作融洽、团队合作意识强 B. 与同学保持沟通、团队合作意识较强 C. 与同学能沟通、团队合作意识一般 D. 与同学沟通困难、协作工作能力较差
职业感知	绘制凳类家具	15%				A. 学习活动评价成绩为90~100分 B. 学习活动评价成绩为75~89分 C. 学习活动评价成绩为60~74分 D. 学习活动评价成绩为0~59分
	绘制桌类家具	15%				A. 学习活动评价成绩为90~100分 B. 学习活动评价成绩为75~89分 C. 学习活动评价成绩为60~74分 D. 学习活动评价成绩为0~59分
	绘制椅类家具	15%				A. 学习活动评价成绩为90~100分 B. 学习活动评价成绩为75~89分 C. 学习活动评价成绩为60~74分 D. 学习活动评价成绩为0~59分
	绘制柜类家具	15%				A. 学习活动评价成绩为90~100分 B. 学习活动评价成绩为75~89分 C. 学习活动评价成绩为60~74分 D. 学习活动评价成绩为0~59分
创新能力	学习过程中提出具有创新性、可行性的建议	+5%				此项为加分项
个人奖惩：				团队奖惩：		
综合评价等级				指导教师		

5 综合评价等级计算说明

综合评价等级是根据自我评价、小组评价、教师评价及加分奖励按比例所得，对应评价分值和组成比例如下表：

项目	等级	对应评价分值	综合评价组成部分及比例
综合评价等级	A	A ≥ 90	自我评价总分　20% 小组评价评价总分　30% 教师评价总分　50% 加分奖励　0~5分
	B	B ≥ 75 且 B < 90	
	C	C ≥ 60 且 C < 75	
	D	D < 60	

加分奖励为0~5分，由指导教师评定。

软体家具建模与效果图表达

学习活动 1：绘制沙发类家具
学习活动 2：绘制床类家具
学习活动 3：过程化考核及展示评价

3 PART
产品效果图表达
3D FURNITURE RENDERING

　　软体家具主要指的是以海绵、织物为主体的家具,例如沙发、床等家具。软体家具属于家具中的一种,包含了休闲布艺、真皮、仿皮、皮加布类的沙发、软床。软体家具的制造工艺主要依靠手工工艺,主工序包括钉内架、打底布、粘海绵、裁、车外套到最后的扣工工序。

产品效果图表达

任务三
任务总述

 笔记栏

技能目标

完成本训练任务后，你应该能：

1. 能使用 3ds Max 软件快捷键操作；
2. 能使用修改器辅助建模；
3. 能设置单体和场景材质；
4. 能设置 VRay，渲染较高质量的效果图。

知识目标

完成本训练任务后，你应该能：

1. 熟练使用 3ds Max 快捷键操作；
2. 掌握使用 3ds Max 修改器建模；
3. 掌握综合使用 3ds Max 标准灯光和 VRay 灯光进行三点布光；
4. 掌握使用 VRay 制作布料、银箔、皮、丝绸等材质；
5. 掌握 VRay 进行出图渲染。

职业素质目标

完成本训练任务后，你应该能：

1. 遵守三维建模的标准规范，养成严谨科学的工作态；
2. 能独立完成产品个体表现，并学习他人作品优秀之处；
3. 养成总结训练过程和训练成果的习惯，为下次训练总结经验；
4. 养成团结协作精神，积极帮助有需要的同学。

笔记栏

设计公司收到来自某客户的设计任务单,要求在三星期内绘制一套软体家具的效果图,并以此发给工厂生产。内容包括藤条椅、沙发休闲椅、沙发餐椅、巴塞罗那椅、简约床体和欧式床体。设计师需要根据甲方提供的CAD图纸提供的实际规格在3ds Max软件进行绘制,并赋予相应材质,最后渲染效果图。要求任务完成后提交效果图成品以及3ds Max源文件。

1. 请列举3ds Max和AutoCAD常用快捷键。(参考附件)

2. 参考测试渲染的设置,写出你认为最能影响出图渲染的选项和参数。

3. 请完成以下内容：

（1）请以建模、材质、灯光、渲染为分类，填写你所认知的知识点。

（如：建模：主工具栏的使用、样条线建模……）

（2）我们所学习的材质和灯光部分，主要由什么插件来完成？

✎ 笔记栏

52 课时

学习活动一：绘制沙发类家具；

学习活动二：绘制床类家具；

学习活动三：软体家具建模及效果图表达过程化考核及展示评价。

附件一：AutoCAD 快捷键

1. 绘图命令	
PO	*POINT（点）
L	*LINE（直线）
XL	*XLINE（射线）
PL	*PLINE（多段线）
ML	*MLINE（多线）
SPL	*SPLINE（样条曲线）
POL	*POLYGON（正多边形）
REC	*RECTANGLE（矩形）
C	*CIRCLE（圆）
A	*ARC（圆弧）
DO	*DONUT（圆环）
EL	*ELLIPSE（椭圆）
REG	*REGION（面域）
MT	*MTEXT（多行文本）
T	*MTEXT（多行文本）
B	*BLOCK（块定义）
I	*INSERT（插入块）
W	*WBLOCK（定义块文件）
DVI	*DIVIDE（等分）
H	*BHATCH（填充）

2. 修改命令	
CO	*COPY（复制）
MI	*MIRROR（镜像）
AR	*ARRAY（阵列）
O	*OFFSET（偏移）
RO	*ROTATE（旋转）
M	*MOVE（移动）
E\DEL 键	*ERASE（删除）
X	*EXPLODE（分解）
TR	*TRIM（修剪）
EX	*EXTEND（延伸）
S	*STRETCH（拉伸）
LEN	*LENGTHEN（直线拉长）
SC	*SCALE（比例缩放）
BR	*BREAK（打断）
CHA	*CHAMFER（倒角）
F	*FILLET（倒圆角）
PE	*PEDIT（多段线编辑）
ED	*DDEDIT（修改文本）

3. 对象特性			
ADC	*ADCENTER（设计中心"Ctrl + 2"）	IMP	*IMPORT（输入文件）
CH,MO	*PROPERTIES（修改特性"Ctrl + 1"）	OP,PR	*OPTIONS（自定义 CAD 设置）
MA	*MATCHPROP（属性匹配）	PRINT	*PLOT（打印）
ST	*STYLE（文字样式）<BR< p>	PU	*PURGE（清除垃圾）
COL	*COLOR（设置颜色）	R	*REDRAW（重新生成）
LA	*LAYER（图层操作）	REN	*RENAME（重命名）
LT	*LINETYPE（线型）	SN	*SNAP（捕捉栅格）
LTS	*LTSCALE（线型比例）	DS	*DSETTINGS（设置极轴追踪）
LW	*LWEIGHT（线宽）	OS	*OSNAP（设置捕捉模式）
UN	*UNITS（图形单位）	PRE	*PREVIEW（打印预览）
ATT	*ATTDEF（属性定义）	TO	*TOOLBAR（工具栏）
ATE	*ATTEDIT（编辑属性）	V	*VIEW（命名视图）
BO	*BOUNDARY（边界创建，包括创建闭合多段线和面域）	AA	*AREA（面积）
AL	*ALIGN（对齐）	DI	*DIST（距离）
EXIT	*QUIT（退出）	LI	*LIST（显示图形数据信息）
EXP	*EXPORT（输出其他格式文件）		

4. 尺寸标注	
DLI	*DIMLINEAR（直线标注）
DAL	*DIMALIGNED（对齐标注）
DRA	*DIMRADIUS（半径标注）
DDI	*DIMDIAMETER（直径标注）
DAN	*DIMANGULAR（角度标注）
DCE	*DIMCENTER（中心标注）
DOR	*DIMORDINATE（点标注）
TOL	*TOLERANCE（标注形位公差）
LE	*QLEADER（快速引出标注）
DBA	*DIMBASELINE（基线标注）
DCO	*DIMCONTINUE（连续标注）
D	*DIMSTYLE（标注样式）
DED	*DIMEDIT（编辑标注）
DVV	*DIMOVERRIDE(替换标注系统变量)

5. 视窗缩放	
P	*PAN（平移）
Z + 空格 + 空格	*实时缩放
Z	*局部放大
Z+P	*返回上一视图
Z + E	*显示全图

6. 常用 CTRL 快捷键	
【CTRL】+ 1	*PROPERTIES(修改特性)
【CTRL】+ 2	*ADCENTER（设计中心）
【CTRL】+ B	*SNAP（栅格捕捉）
【CTRL】+ F	*OSNAP（对象捕捉）
【CTRL】+ G	*GRID（栅格）
【CTRL】+ L	*ORTHO（正交）
【CTRL】+ W	*（对象追踪）
【CTRL】+ U	*（极轴）

7. 常用功能键			
【F1】	*HELP（帮助）	【F7】	*GRIP（栅格）
【F2】	*（文本窗口）	【F8】	*ORTHO（正交）
【F3】	*OSNAP（对象捕捉）		

附件二：3ds Max 快捷键

快捷键 / 所在区域 / 用途	快捷键 / 所在区域 / 用途

Q / 主工具栏 / 选择

Z / 导航栏 / 最大化显示选定对象

W / 主工具栏 / 选择、移动

Alt+ 中键 / 导航栏 / 旋转视图

S / 主工具栏 / 捕捉

Shift+Q / 主工具栏 / 渲染

无 / 命令面板 / 创建

无 / 命令面板 / 修改

用途

Space / 状态栏 / 锁定

左键：激活视图并选择对象
右键：激活视图
中键：平移视图
滚轮：缩放视图

E / 主工具栏 / 旋转

R / 主工具栏 / 缩放

视图 / 主工具栏 / 坐标系

无 / 主工具栏 / 坐标中心

A / 主工具栏 / 角度捕捉

无 / 主工具栏 / 镜像

Alt+A / 主工具栏 / 对齐

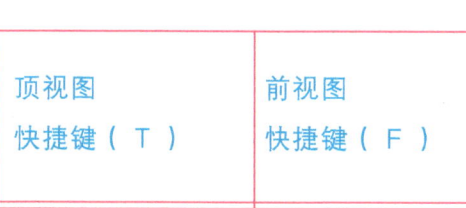

Alt+W / 导航区 / 视图最大化

S / 工具栏 / 高度一致的平面视图

高度不一的平面视图

高度不一的三维视图

活动 1
绘制沙发类家具 —— 布条椅

学习目标

1. 能调用并设置常用修改器命令按钮。
2. 能使用二维线并结合挤出修改器对家具进行绘制。
3. 能参照 CAD 尺寸，完成家具的案例建模。
4. 能使用倒角修改器，完成对物体的圆角处理。
5. 能制作单体弧形场景，并能让背景均匀过渡。
6. 能创建摄像机，并能设置出摄像机的安全框，使得窗口视图显示和摄像机显示的比例一致。
7. 在作业完毕后，能按作业规程清点、整理电子文档，整理工作页，并关闭计算机，清理现场。

参考学习课时：4 课时

 笔记栏

学习任务描述

公司接到任务后，需要对布条椅进行绘制，现需要设计师对布条椅进行建模，甲方期待产品的外观造型，设计时间为 1 天，任务完成后提交休闲沙发的源文件和渲染效果图。

学习准备

工具准备：计算机（含 AutoCAD、3ds Max、VRay 渲染器）、存储器（U 盘、移动硬盘）、签字笔、工作任务单。

引导问题

软体家具有哪些设计特征？

学习过程

 明确工作任务（小组讨论）

阅读设计任务书，填写工作任务单。列出本次任务的工作内容、时间要求及交接工作的相关负责人，并根据实际情况补充完整。

产品效果图表达
任务三
学习活动1：绘制沙发类家具

工作任务单

单位部门	设计部		时间		年　月　日
任务来源	总经办□		项目部□		人事部□
项目名称	软体家具表达		任务目标		绘制沙发类家具
任务执行人	执行人：　　　　其他组员： 组长：				
基本要求	人员要求	遵守纪律、遵守工作场所管理规定，服从安排； 安全意识，责任意识，6S 管理意识； 注重个人形象，注重环境整洁； 注重沟通，能自主学习及相互协作			□确认
	存储设备	USB 存储器 / 移动硬盘			□确认
	自备工具	工作页、签字笔			□确认
	完成数量	单个产品			□确认
	完成时间	240 分钟			□确认
	尺寸规范	准确设置单位			□确认
	形态结构	尺寸准确			□确认
	模型细节	细节表现到位			□确认
	材质表现	材质表达真实			□确认
	操作情况	操作熟练，快速找到相应命令			□确认
	整体风格	效果真实再现，具有一定个人风格			□确认
	作品展示	语言流畅，思路清晰；展示方式富有特色			□确认
已经解决问题的描述：					
成功、成果、失误与问题：					
绩效等级	优□　良□　中□　差□		奖惩制度		
任务执行人签字	 　 年　月　日		审核人签字盖章		 　 年　月　日

产品效果图表达

任务三　120
学习活动1：绘制沙发类家具

2　知识探索

1. 请调用以下修改列表常用按钮，并填写步骤。（参考附件）

步骤：

2. 请利用 [圆角 / 切角] 和 [倒角] 修改器修改器，完成以下内容，并填写操作步骤。

步骤：

3　工作任务的实施

1. 请在查看 CAD 图形，记录相应尺寸大小。

2. 根据准备探索的练习，结合小组讨论，建布条椅子模型。
　（尺寸以工作页提供的 CAD 图为准）

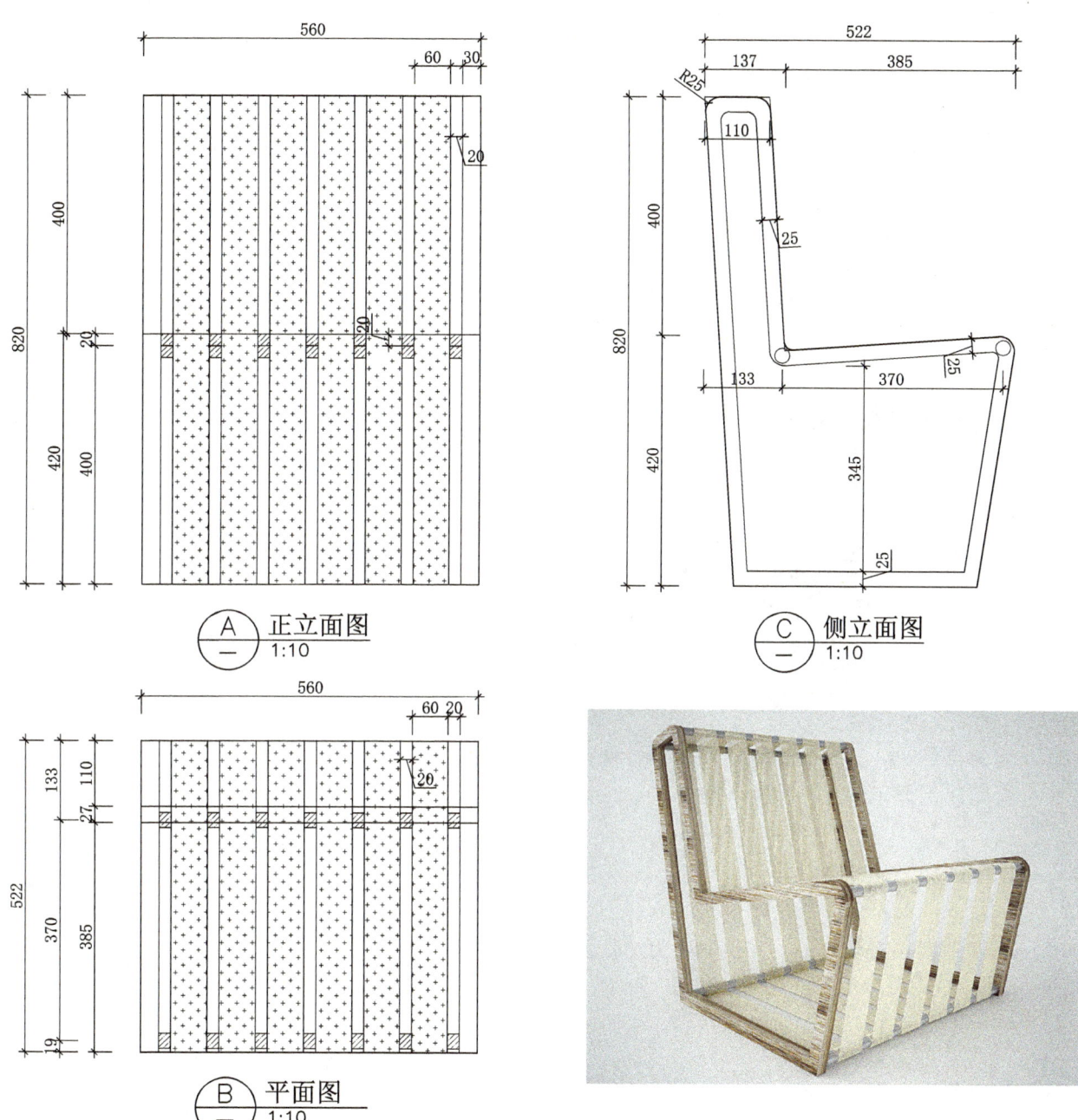

3. 先绘制样条线，并使用修改器进行挤出、圆角和切角修改。

4. 利用倒角工具，对两侧木条进行倒角。

5. 先将VRay渲染器设置为测试渲染参数，以方便材质设置的测试。

6. 通过VRayMtl材质，设置出木纹、布条、不锈钢材质。

7. 设置VRay穹顶灯，对场景进行照明。

8. 营造较好的背景，在场景中绘制弧形背景。（参考附件）

9. 使用VRay渲染器，利用出图渲染设置，渲染较出尺寸为1600×900高质量的效果图。（出图参数可参考附件）

10. 设置摄像机，并让视图显示安全框，使得渲染比例和视图比例显示一致。（参考附件）

11. 保存并归档当前文件，文件命名为"任务三活动一布条椅"。

12. 整理桌面，保持整洁。

4 完成成果交流点评

（1）以组为单位，展示训练成果；
（2）小组互评成绩；
（3）教师点评优秀训练成果；
（4）教师对广泛存在的问题进行总结。

笔记栏

学习拓展

1. 利用车削修改器工具,并参考其布灯和场景设置,完成以下模型。

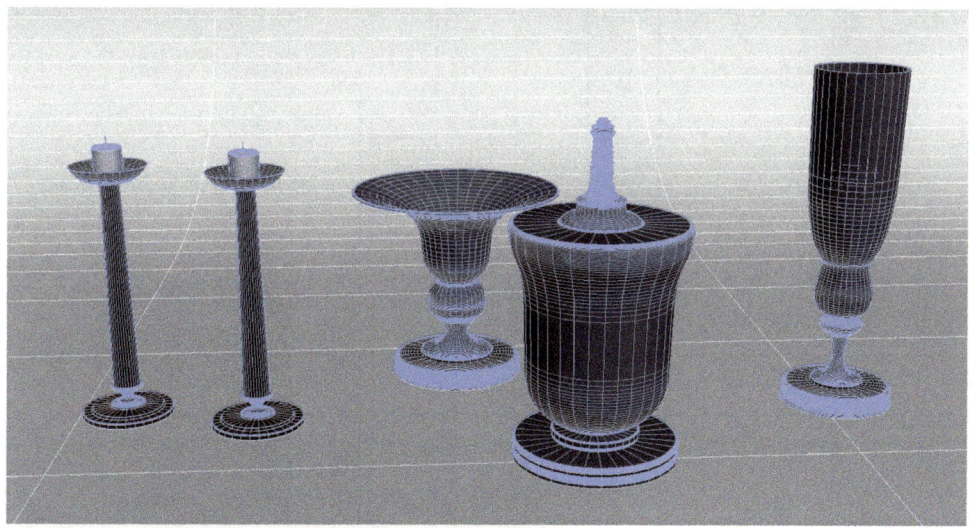

学习活动反馈表

姓名：		学号：				日期：
项目	考核内容		分值	个人评价	组内评价	教师评价	评分标准

项目	考核内容		分值	个人评价	组内评价	教师评价	评分标准
学习态度	1. 遵守学习纪律，不做与课堂无关事情，不迟到早退		10				根据实际课堂表现打分
	2. 着装整齐，不穿拖鞋		10				
	3. 学习积极主动，参与小组讨论，按时提交作业		10				
软件操作	4. 能使用二维样条线下的镜像命令，快速绘制图形	会□/不会□	10				单项技能目标"会"该项得满分，"不会"则根据实际情况得分
	5. 能使用样条线进行实体建模	会□/不会□	10				
	6. 能参照CAD尺寸，完成家具的案例建模	会□/不会□	10				
	7. 能使用VRay穹顶灯和VRay材质对场景和家具进行设置，并渲染最终图像	会□/不会□	10				
作品展示	8. 踊跃发言，思路清晰，展示方法富有特色		20				根据实际课堂表现打分
职业素养	9. 在作业完毕后，能按作业规程清点、整理电子文档，整理工作页，并关闭计算机，清理现场		10				根据实际课堂表现打分
总分			100				

小组评语及建议	优点： 不足： 建议：	组长签名： 日期：
老师评语与建议		评定的等级或分数： 教师签名： 日期：

附件一：调用修改器集按钮

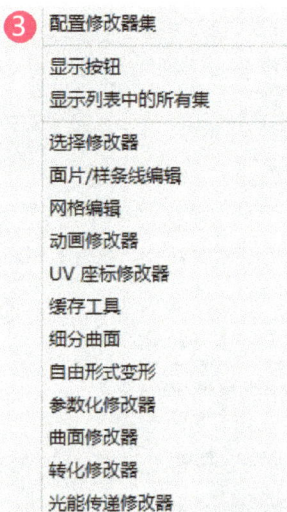

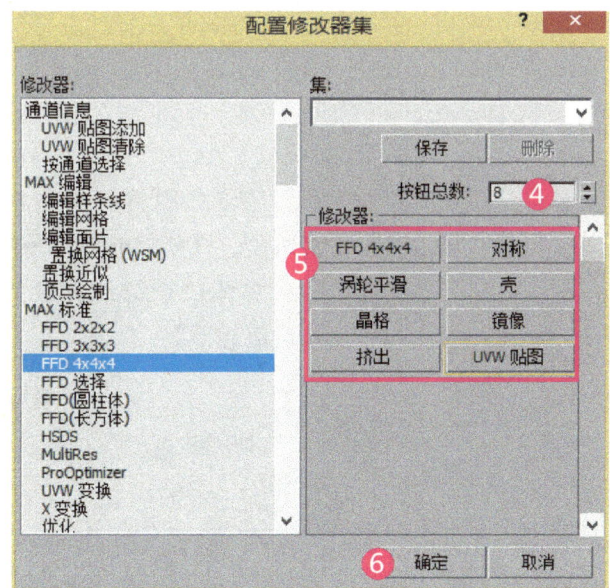
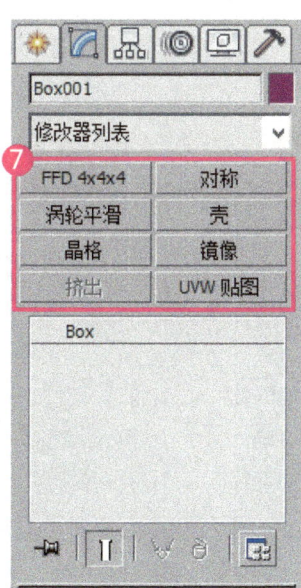

双击或拖动到修改器按钮处

附件二：VRay 渲染器出图渲染的设置

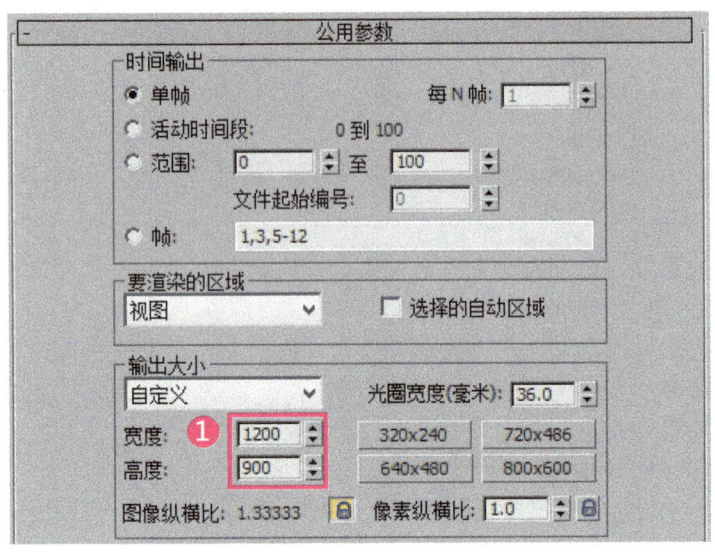

❶ 以较大的尺寸出图，能增加图像的尺寸，从而提高渲染质量。

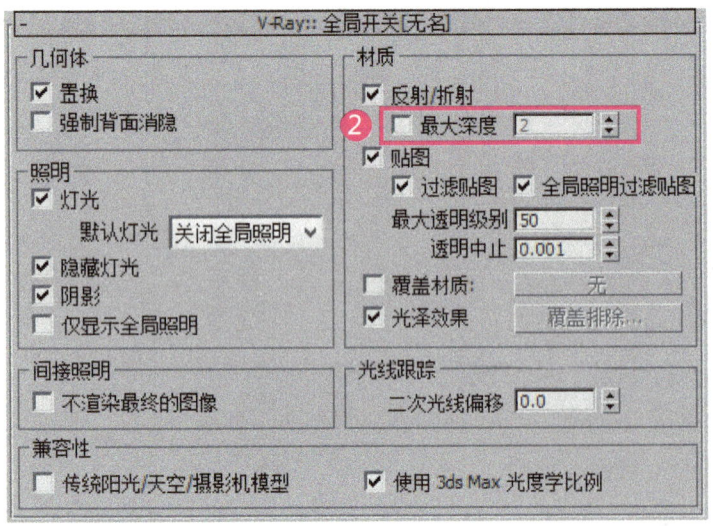

❷ 不勾选最大深度，会根据材质所设定的最大深度，来能控制物体反射次数，高反射、折射物体的渲染质量会更高。（最大深度默认值为 5）

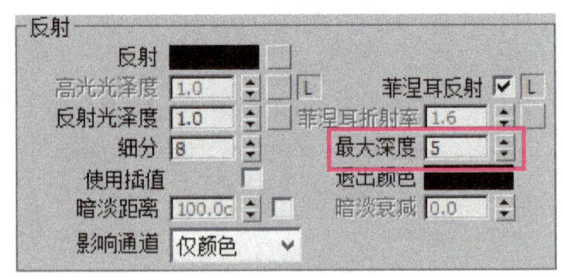

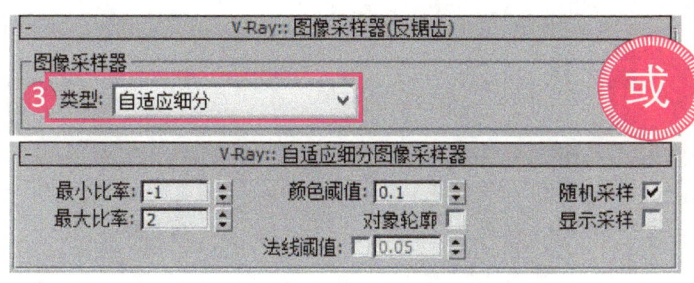 或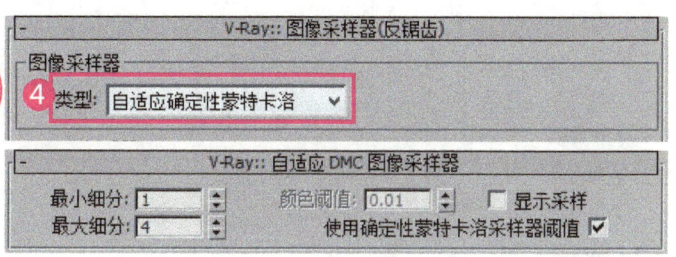

❸ 自适应细分：会根据物体的复杂程度智能地分配采样密集程度，在没有运动模糊的场景下，是速度和效果之间最好的选项。

功能特色：[具有假借采样功能，允许一个采样样本负责多个像素]

❹ 自适应确定性蒙特卡洛：智能分配细分。有很多的模糊（光泽）、毛发效果时常用，常用于动画。

功能特色：[像素亮度差异较大，采用较高采样样本；像素信息较为平坦，设置较低的采样样本]

过滤器：采样后，控制图像的光滑度清晰度和锐利度

❺ 控制图像锯齿状态，打开则使用，在采样后进一步加工采样数据，使渲染效果更出众。

❻ 可得到较平滑的图像。（很常用的过滤器）　　❼ 可得到清晰锐利的图像。（常被用于最终渲染）

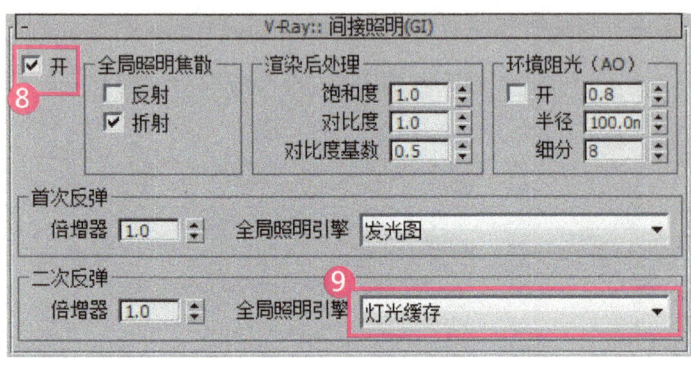
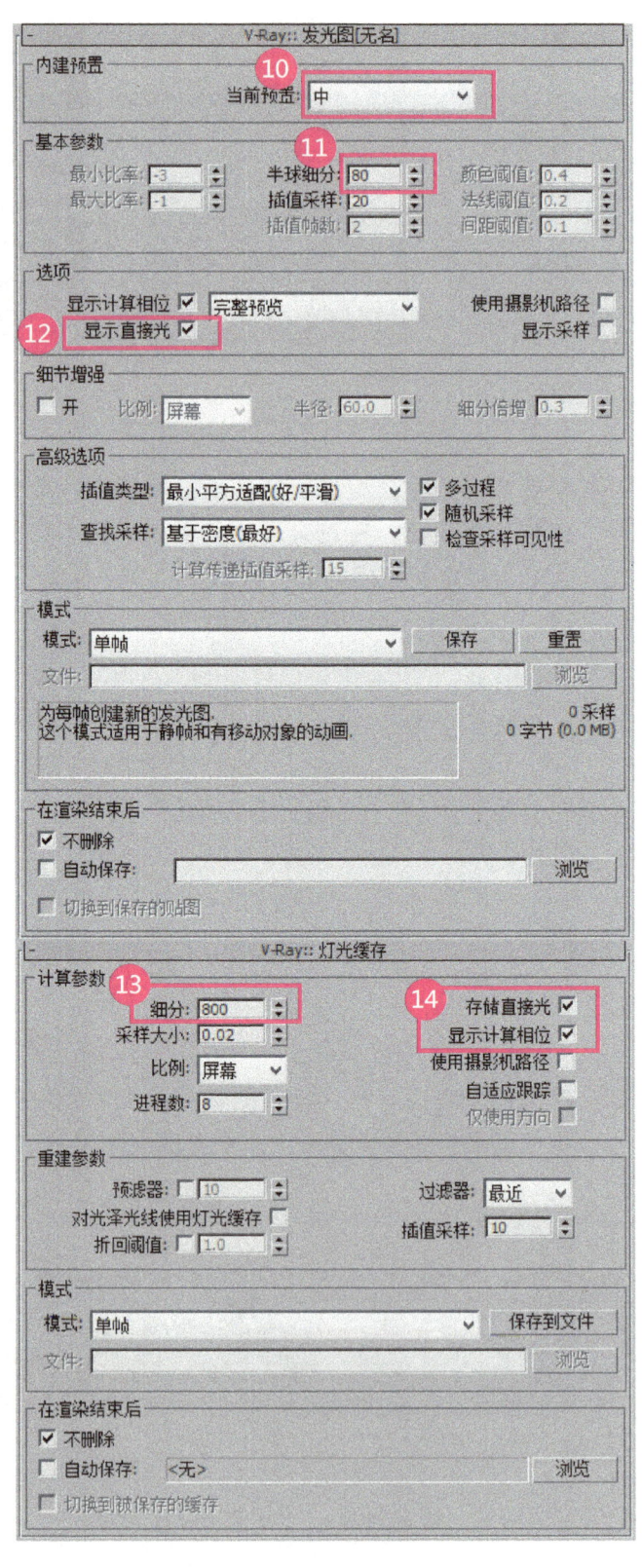

⑧ 开启全局照明，此项为 VRay 主要照明栏，为必须开启项。

⑨ 灯光缓存搭配发光图能很好地增强渲染质量和提高渲染速度，产品级的效果图渲染常使用此搭配。

⑩ 使用预置的中等级别，增加发光图中的最小和最大比率，增加发光图的渲染次数，从而达到更好的渲染效果。

⑪ 决定单个采样点的采样品质，对整图的质量有重要影响，值大能增强渲染效果。

⑫ 此项仅仅是显示渲染的计算过程。对速度影响很小，但能更直观观察出图像所存在的问题。

⑬ 以摄影机进行光线的发散，图像的大小与细分无关，细分值代表发出多少光线。值越大渲染效果越好。

⑭ 此项仅仅是显示渲染的计算过程。对速度影响很小，但能更直观观察出图像所存在的问题。

附件三：制作单体弧形场景

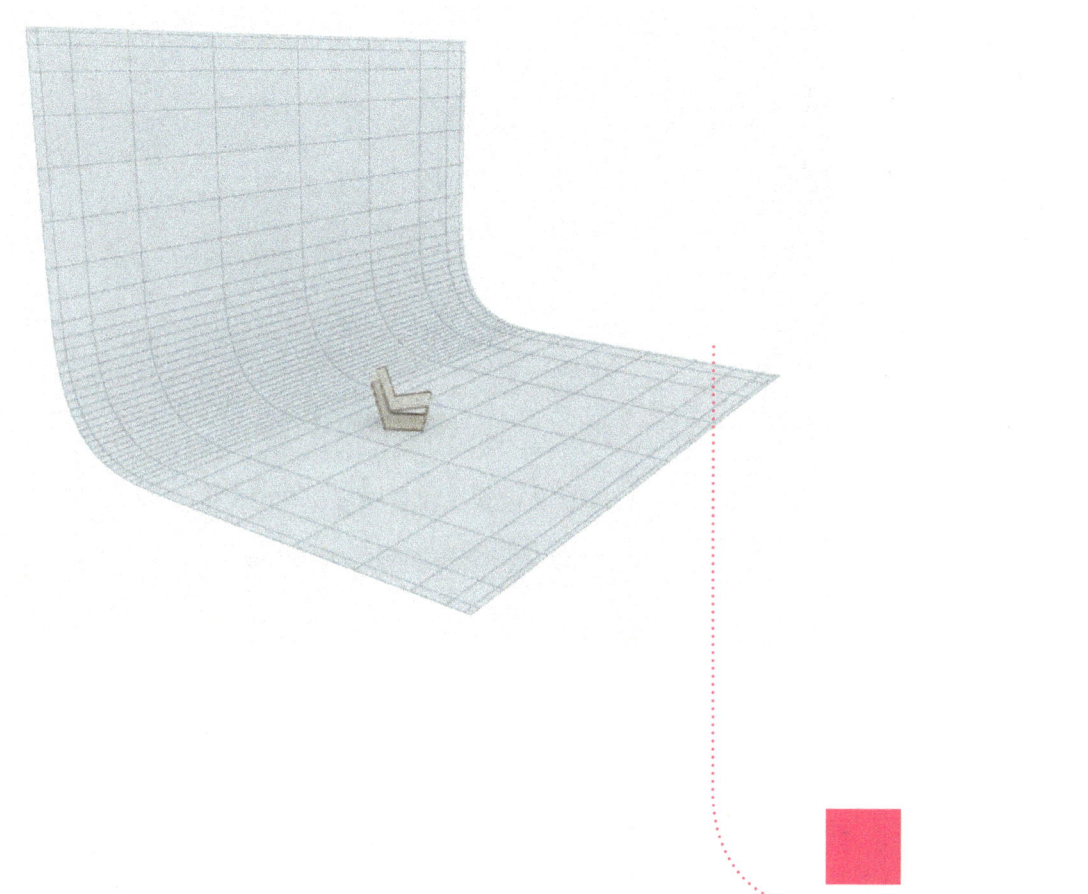

主要作用：
①背景表现完整；
②背景均匀过渡；
③整体表现更真实。

附件四：如何定位构图

❶ 在透视图中选中合适的透视角度。

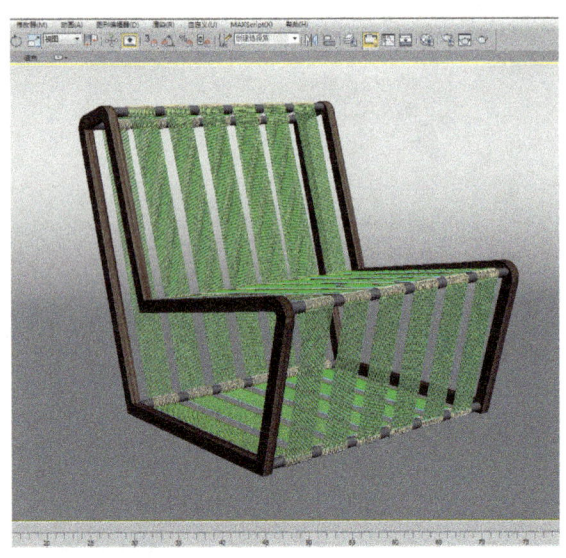

❷ 使用摄像机 Ctrl+C。

❸ 选择合适镜头参数值。

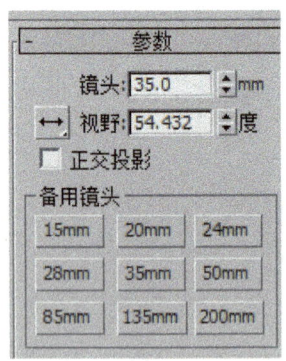

❹ 视图中右键选择显示安全框 Shift+F。

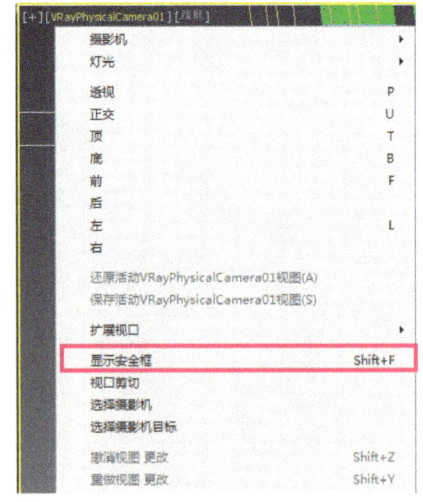

❺ 在视图中会显示渲染时的比例样式。

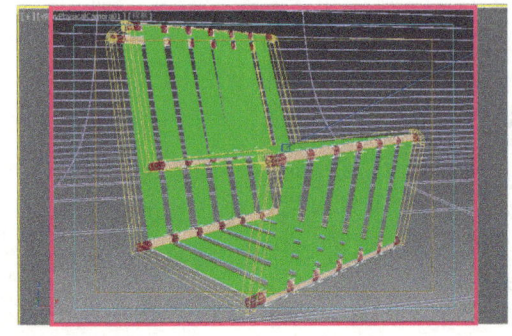

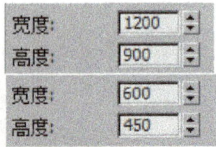

长宽比：4:3

长宽比：16:9

活动 1

绘制沙发类家具 —— 休闲沙发椅

学习目标

1. 能使用 FFD 修改器对家具部件进行变形调整。
2. 能使用 VRay 灯光对物体四周进行布灯。
3. 能使用摄像机辅助效果图的渲染表达。
4. 能参照 CAD 尺寸，完成家具的案例建模。
5. 能总结修改器和灯光的种类、参数特点。
6. 在作业完毕后，能按作业规程清点、整理电子文档，整理工作页，并关闭计算机，清理现场。

参考学习课时：4 课时

学习任务描述

公司接到任务后，需要对休闲沙发进行绘制，公司安排设计人员完成该任务，设计师需要根据家具特征，选择适合的建模方法和材质表现，完成沙发的绘制，设计时间为 1 天，任务完成后提交休闲沙发的源文件和渲染效果图。

学习准备

工具准备：计算机（含 AutoCAD、3ds Max 软件、VRay 渲染器）、存储器（U 盘、移动硬盘）、签字笔、工作任务单。

引导问题

怎么让长方体均匀变弯，以辅助建模？

学习过程

1 明确工作任务（小组讨论）

阅读设计任务书，填写工作任务单。列出本次任务的工作内容、时间要求及交接工作的相关负责人，并根据实际情况补充完整。

产品效果图表达

任务三　132

学习活动1：绘制沙发类家具

工作任务单

单位部门		设计部		时间		年　月　日	
任务来源		总经办□		项目部□		人事部□	
项目名称		软体家具表达		任务目标		绘制沙发类家具	
任务执行人		执行人：　　　　　其他组员： 组长：					
基本要求	人员要求	遵守纪律、遵守工作场所管理规定，服从安排； 安全意识，责任意识，6S管理意识； 注重个人形象，注重环境整洁； 注重沟通，能自主学习及相互协作				□确认	
	存储设备	USB 存储器 / 移动硬盘				□确认	
	自备工具	工作页、签字笔				□确认	
	完成数量	单个产品				□确认	
	完成时间	240 分钟				□确认	
	尺寸规范	准确设置单位				□确认	
	形态结构	尺寸准确				□确认	
	模型细节	细节表现到位				□确认	
	材质表现	材质表达真实				□确认	
	操作情况	操作熟练，快速找到相应命令				□确认	
	整体风格	效果真实再现，具有一定个人风格				□确认	
	作品展示	语言流畅，思路清晰；展示方式富有特色				□确认	

已经解决问题的描述：

成功、成果、失误与问题：

绩效等级	优□　良□　中□　差□	奖惩制度	
任务执行人签字		审核人签字盖章	
	年　月　日		年　月　日

2 知识探索

1. 请使用长方体结合 FFD 修改命令绘制以下图形，并找出使用 FFD 的技巧，填写使用 FFD 修改器的必要条件（参考附件）

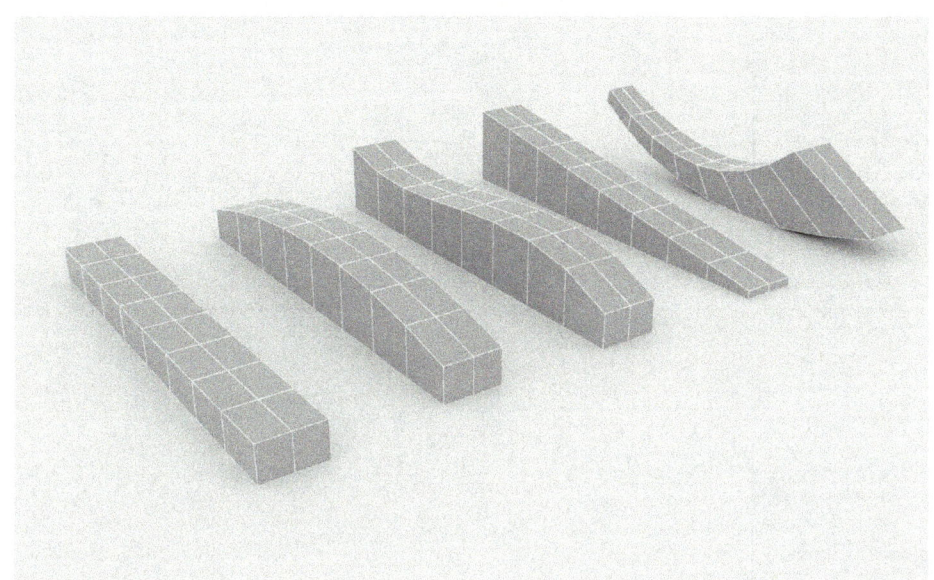

必要条件：

2. 请试述，使用修改器命令进行建模的优点？

优点：

3. 请根据表达物体的灯光需要，为灯光的强弱排序，并在右图尝试为其分配强度系数（n 为统一变数，需要在括号内分配系数）。

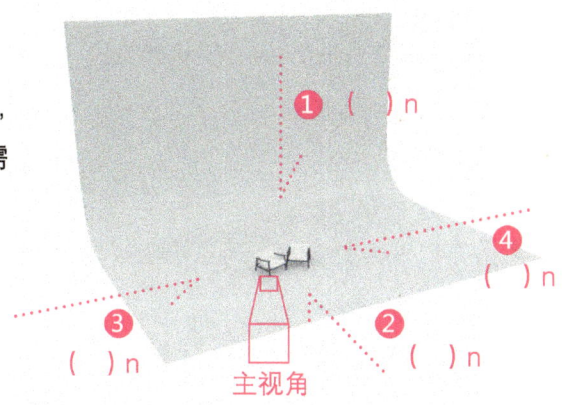

>　　　>　　　>　　　>

3 工作任务的实施

1. 先设置 3ds Max 软件的系统单位为毫米（mm）。

2. 请打开 CAD 图形，记录相应尺寸大小。

3. 根据 CAD 提供的尺寸，在 3ds Max 内进行绘制。

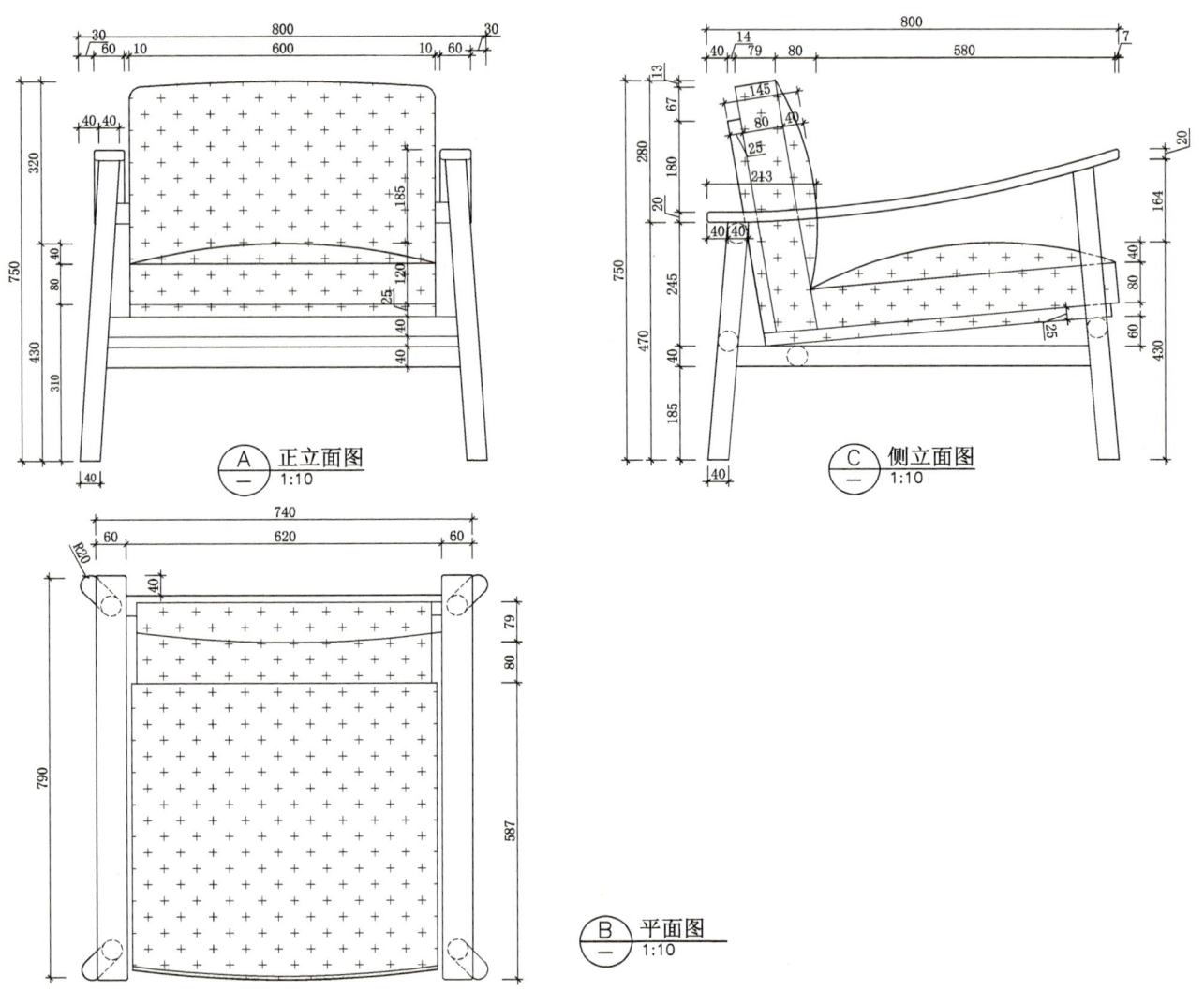

4. 根据知识探索的练习，通过小组讨论总结，创建休闲沙发椅的模型结构。

5. 在充分了解模型结构后，利用长方体、圆柱体和 FFD 工具对图形进行绘制。

6. 尝试使用涡轮平滑修改器，对沙发部分进行平滑优化。

7. 在透视图中选择合适的角度，创建摄像机。

8. 调整 VRay 渲染器为测图参数，加快材质和灯光的渲染测试速度。

9. 通过 VRayMtl 材质，设置出木纹、布艺材质。

10. 根据知识探索，在场景中添加 VRay 灯光，并调整 VRay 灯光的强度。

11. 使用 VRay 渲染器，利用出图渲染设置，渲染较高质量的效果图。

12. 保存并归档当前文件，文件命名为"任务三活动一休闲沙发椅"。

13. 整理桌面，保持整洁。

④ 完成成果交流点评

（1）以组为单位，展示训练成果；
（2）小组互评成绩；
（3）教师点评优秀训练成果；
（4）教师对广泛存在的问题进行总结。

产品效果图表达
任务三
学习活动 1：绘制沙发类家具

学习活动反馈表

姓名：		学号：				日期：
项目	考核内容		分值	个人评价	组内评价	教师评价	评分标准

项目	考核内容		分值	个人评价	组内评价	教师评价	评分标准
学习态度	1. 遵守学习纪律，不做与课堂无关事情，不迟到早退		10				根据实际课堂表现打分
	2. 着装整齐，不穿拖鞋		10				
	3. 学习积极主动，参与小组讨论，按时提交作业		10				
软件操作	4. 能使用 FFD 工具对家具进行绘制	会□ / 不会□	10				单项技能目标"会"该项得满分，"不会"则根据实际情况得分
	5. 能使用 VRay 灯光对物体四周进行布灯	会□ / 不会□	10				
	6. 能使用摄像机帮助效果图的内容表达	会□ / 不会□	10				
	7. 能使用 VRay 灯光和 VRay 材质对场景和家具进行设置，并渲染最终图像	会□ / 不会□	10				
作品展示	8. 踊跃发言，思路清晰，展示方法富有特色		20				根据实际课堂表现打分
职业素养	9. 在作业完毕后，能按作业规程清点、整理电子文档，整理工作页，并关闭计算机，清理现场		10				根据实际课堂表现打分
总分			100				

小组评语及建议	优点： 不足： 建议：	组长签名： 日期：
老师评语与建议		评定的等级或分数： 教师签名： 日期：

学习拓展

1. 利用车削修改器工具、圆角工具和平滑修改器工具，参考灯光和场景设置，完成以下模型。

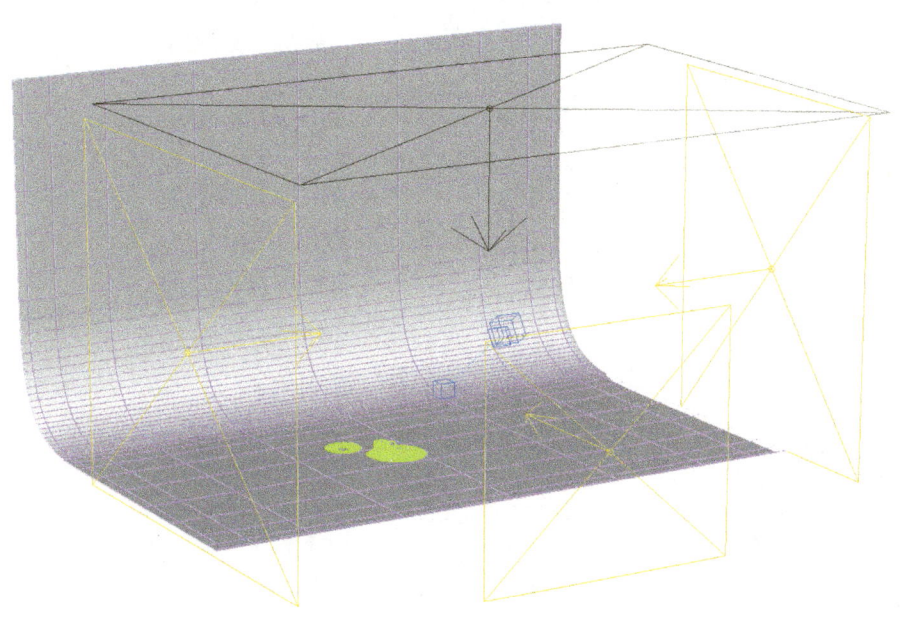

附件一：修改器建模

修改器名称	主要作用	重要程度
❶ 挤出	为二维图形添加深度	高
❷ 倒角	将图形挤出为3D对象，并应用倒角效果	高
❸ 车削	绕轴旋转一个图形或NURBS曲线来创建3D对象	高
❹ 弯曲	在任意轴上控制物体的弯曲角度和方向	高
❺ 扭曲	在任意轴上控制物体的扭曲角度和方向	高
❻ 对称	围绕特定的轴向镜像对象	高
置换	重塑对象的几何外形	中
噪波	使对象表面的顶点随机变动	中
❼ FFD	自由变形物体的外形	高
晶格	将图形的线段或边转化为圆柱形结构	高
平滑	平滑几何体	高
优化	减少对象中面和顶点的数目	中
融化	将现实生活中的融化效果应用到对象上	中
❽ 倒角剖面	使用另一个图形路径作为倒角的截剖面来挤出一个图形	中

❺ 二、三维可用

"扭曲"修改器可以在对象几何体中产生一个旋转效果（就像拧湿抹布），并且可以控制任意3个轴上的扭曲角度，同时也可以对几何体的一段限制扭曲效果。

❻ 三维可用

"对称"修改器可以围绕特定的轴向镜像对象，并进行缝焊接。在构建角色模型、船只或飞行器时特别有用。

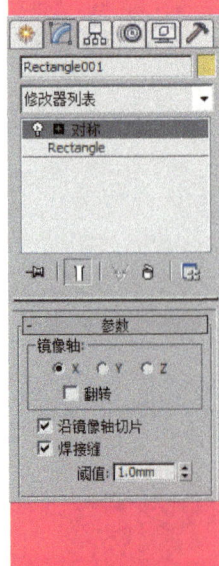

❼ 二、三维可用

FFD是"自由变形"。这种修改器是使用晶格框包围住选中的几何体，然后通过调整晶格的控制点来改变封闭几何体的形状。

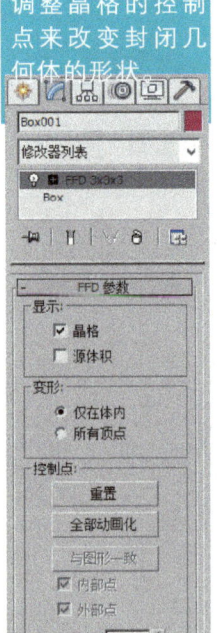

❽ 二维可用

"倒角剖面"修改器可以使用另一个图形路径作为倒角的截剖面来挤出一个图形。

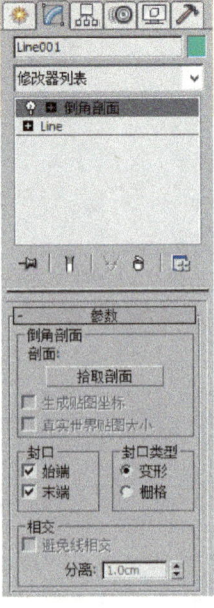

附件二：其他修改器建模

❶ 二维可用

"挤出"修改器可以将深度添加到二维图形中，并且可以将对象转换成一个参数化对象。

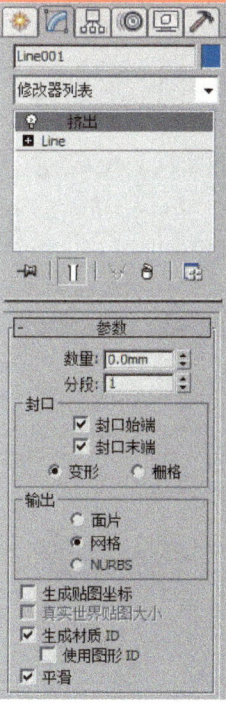

❷ 二维可用

"倒角"修改器可以将图形挤出为 3D 对象，并在边缘应用平滑的倒角效果。

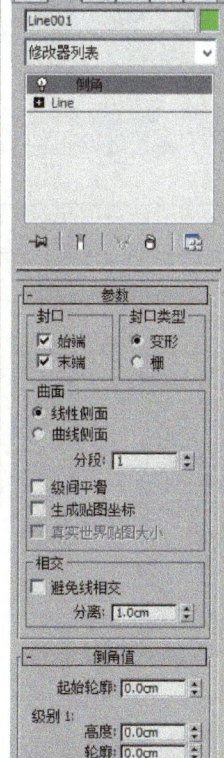

❸ 二维可用

"车削"修改器可以通过围绕坐标轴旋转一个图形或 NURBS 曲线来生成 3D 对象。

❹ 二、三维可用

"弯曲"修改器可以使物体在任意 3 个轴上控制弯曲的角度和方向，也可以对几何体的一段限制弯曲效果。

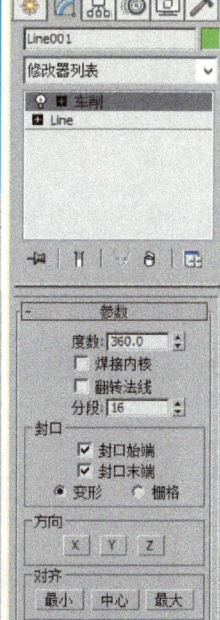

A 二、三维可用

"镜像"修改器可以围绕特定的轴向镜像对象。

B 三维可用

"涡轮平滑"可以用来平滑几何体，但运算时容易发生错误。在实际工作中"涡轮平滑"修改器是其中最常用的一种。

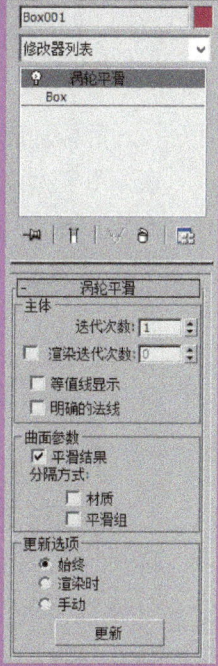

附件三：灯光的作用和种类

有光才有影，才能让物体呈现出三维立体感，不同的灯光效果营造的视觉感受各不一样。灯光是视觉画面的一部分，其功能主要有以下3点。

第1点：提供一个完整的整体氛围，展现出影像实体，营造空间的氛围。
第2点：为画面着色，以塑造空间和形式。
第3点：可以让人们集中注意力。

标准灯光种类

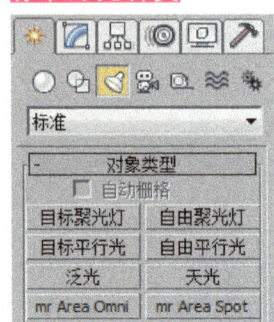

光度学灯光种类

VRay灯光种类

光度学 "光度学"灯光是3ds Max默认的灯光，共有3种类型，分别是"目标灯光""自由灯光"和"mr天空入口"。

灯光名称	主要作用	重要程度
目标灯光	模拟筒灯、射灯、壁灯等	高
自由灯光	模拟发光球、台灯等	中
mr天空入口	模拟天空照明	低

目标灯光带有一个目标点，用于指向被照明物体。目标灯光主要用来模拟现实中的筒灯、射灯和壁灯等。

灯光参数

mr天空入口是一种Mental Ray灯光，与VRay灯光比较相似，不过mr天空入口灯光必须配合天光才能使用。

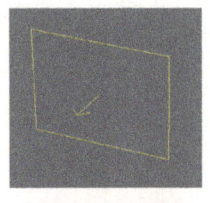

mr天空入口

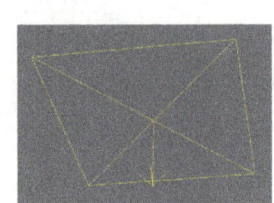

VRay灯光

标准

"标准"灯光包括8种类型,分别是"目标聚光灯""自由聚光灯""目标平行光""自由平行光""泛光""天光""mr Area Omni"和"mr Area Spot"。

灯光名称	主要作用	重要程度
① 目标聚光灯	模拟吊灯、手电筒等	高
自由聚光灯	模拟动画灯光	低
② 目标平行光	模拟自然光	高
自由平行光	模拟太阳光	中
③ 泛光	模拟烛光	中
④ 天光	模拟天空光	低
⑤ mr Area Omni	与泛光灯类似	低
⑥ mr Area Spot	与聚光灯类似	低

① 目标聚光灯可以产生一个锥形的照射区域,区域以外的对象不会受到灯光的影响,主要用来模拟吊灯、手电筒等发出的灯光。目标聚光灯由透射点和目标点组成,其方向性非常好,对阴影的塑造能力也很强。

自由聚光灯特别适合用来模拟一些动画灯光,比如舞台上的射灯。

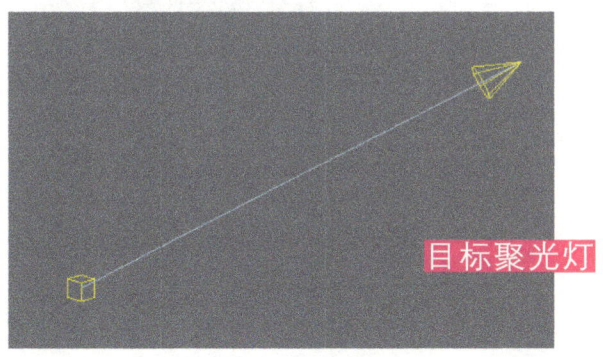
目标聚光灯

自由聚光灯

② 目标平行光可以产生一个照射区域,主要用来模拟自然光线的照射效果。如果将目标平行光作为体积光来使用的话,那么可以用它模拟出激光束等效果。

自由平行光能产生一个平行的照射区域,常用来模拟太阳光。

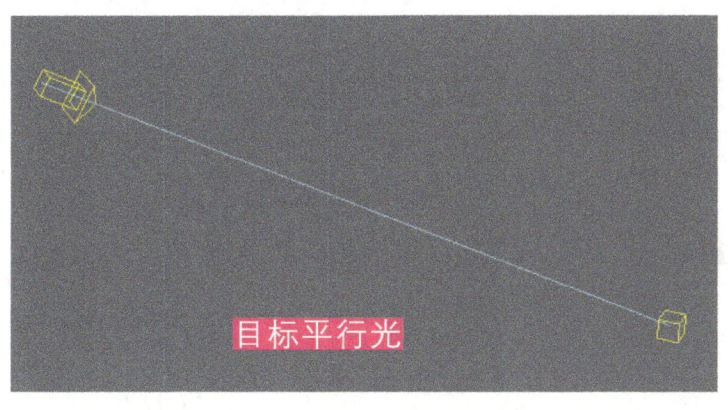
目标平行光

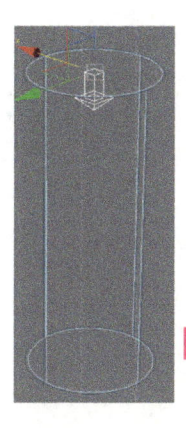
自由平行光

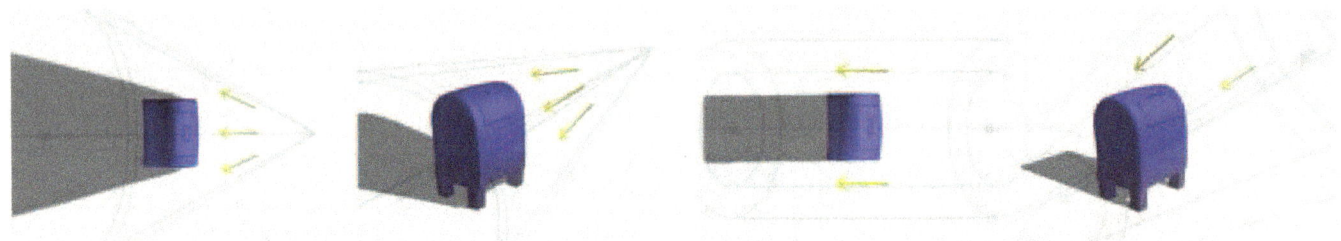

聚光灯照射特点　　　　　　　　平行光照射特点

虽然目标平行光可以用来模拟太阳光，但是它与目标聚光灯的灯光类型却不相同。从外形上看，目标聚光灯更像锥形，而目标平行光更像筒形。

自由平行光和自由聚光灯一样，没有目标点，当勾选"目标"选项时，自由平行光会自动变成目标平行光。因此这两种灯光之间是相互关联的。

❸ 泛光灯可以向周围发散光线，其光线可以到达场景中无限远的地方。泛光灯比较容易创建和调节，能够均匀地照射场景，但是在一个场景中如果使用太多泛光灯可能会导致场景明暗层次不分明，缺乏对比。

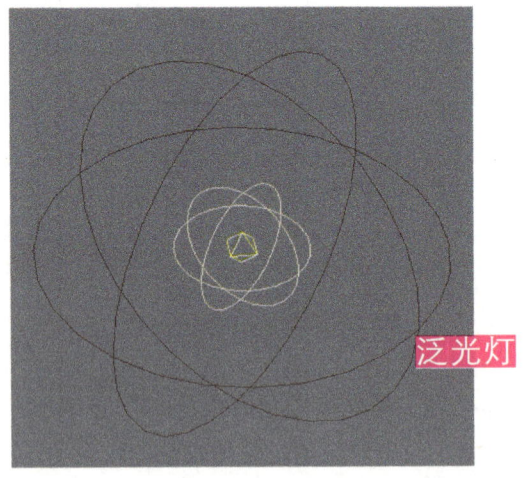

泛光灯

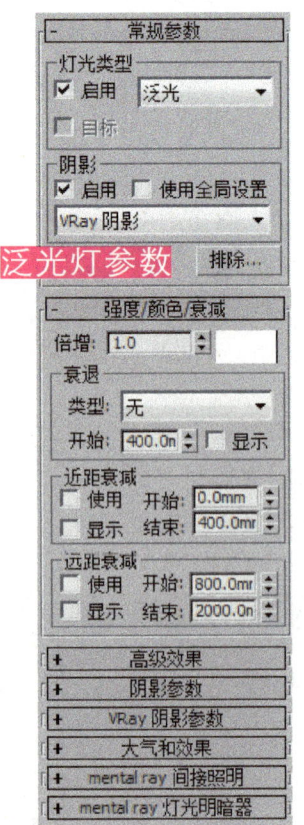

泛光灯参数

泛光灯照射特点

在泛光灯的参数中，"强度 / 颜色 / 衰减"卷展栏是比较重要的。

❹ 天光主要用来模拟天空光，以穹顶方式发光。天光可以作为场景唯一的灯光，也可以与其他灯光配合使用，实现高光和投射锐边阴影。天光的参数比较少，只有一个"天光参数"卷展栏。

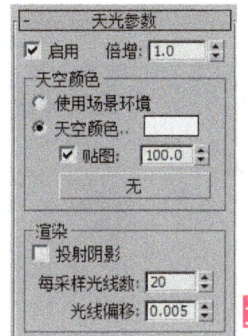

天光参数

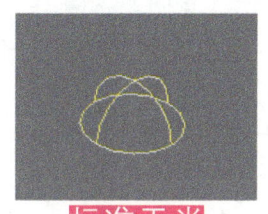
标准天光

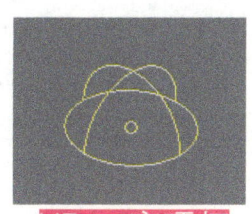
VRay 穹顶灯

❺ 使用 mental ray 渲染器渲染场景时，mr Area Omni（mr 区域泛光）可以从球体或圆柱体区域发射光线，而不是从点发射光线。如果使用的是默认扫描线渲染器，mr Area Omni 会像泛光灯一样发射光线。

mr 区域泛光相对于泛光灯的渲染速度要慢一些，它与泛光灯的参数基本相同，只是在 mr 区域泛光增加了一个"区域灯光参数"卷展栏。

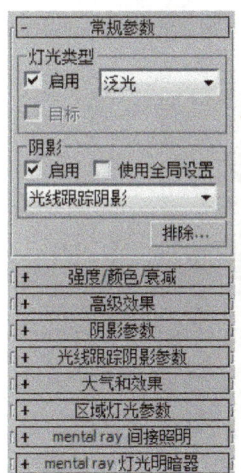

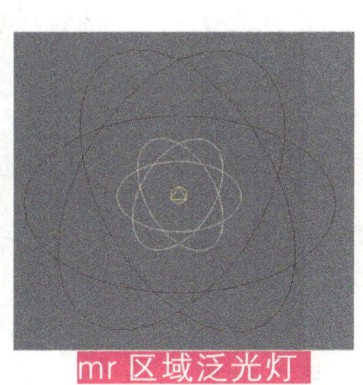
mr 区域泛光灯

mr 区域聚光灯

❻ 使用 mental ray 渲染器渲染场景时，mr Area Spot（mr 区域聚光灯）可以从矩形或蝶形区域发射光线，而不是从点发射光线。如果使用 mental ray 渲染器渲染场景时。如果使用的是默认扫描线渲染器，mr Area Spot（mr 区域聚光灯）会像其他默认聚光灯一样发射光线。

mr 区域聚光灯和 mr 区域泛光的参数很相似，只是 mr 区域泛光的灯光类型为"聚光灯"，因此它增加了一个"聚光灯参数"卷展栏。

VRay

安装好 VRay 渲染器后,在"灯光"创建面板中就可以选择 VRay 灯光。VRay 灯光包含 4 种类型,分别是"VRay 灯光""VRayIES""VRay 环境灯光"和"VRay 太阳"。

灯光名称	主要作用	重要程度
VRay灯光	模拟室内环境的任何灯光	高
VRay太阳	模拟真实的室外太阳光	高

VRay 灯光和 VRay 太阳都是灯光内容的重点,另外两种灯光在实际工作中一般都不会用到。

VRay 灯光主要用来模拟室内灯光,是效果图制作中使用频率最高的一种灯光。

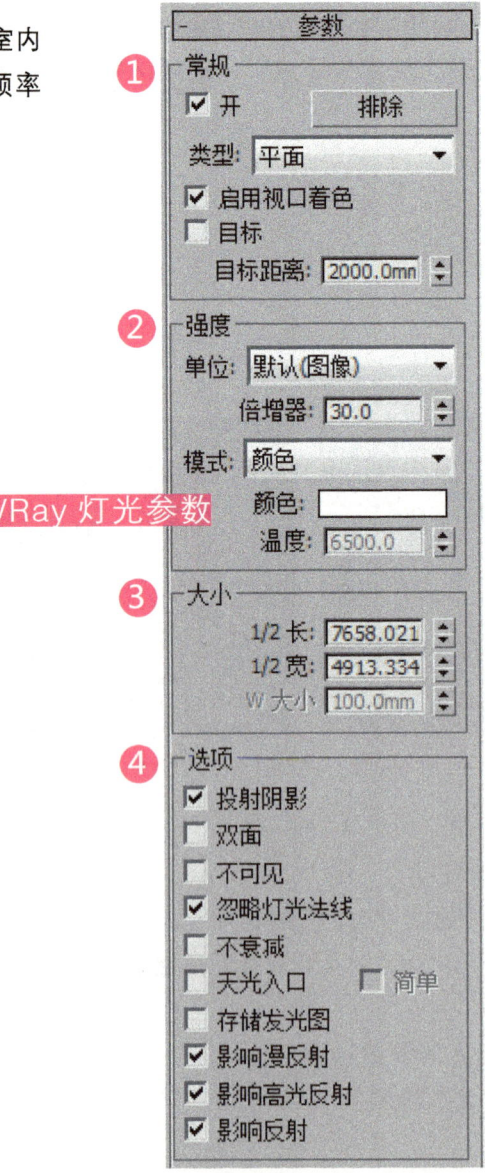
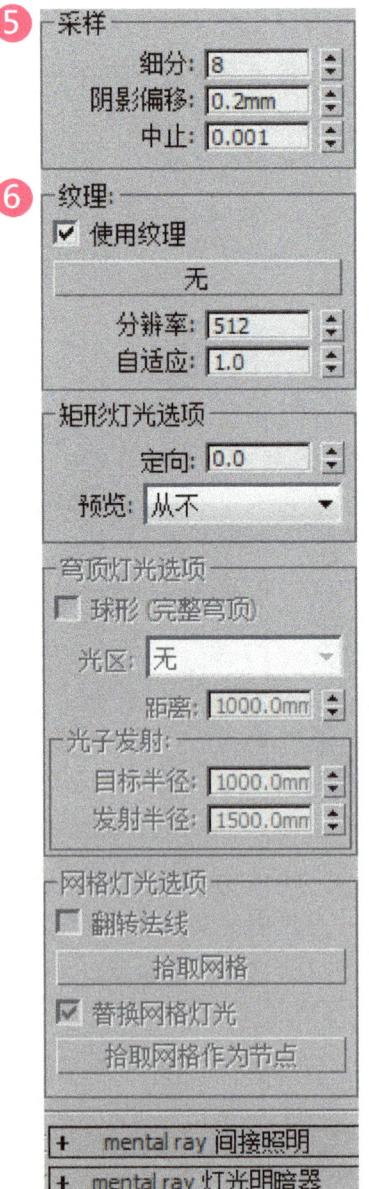

VRay 灯光参数

VRay 灯光 | 常规选项组

开：控制是否开启 VRay 灯光。

排除：用来排除灯光对物体的影响。

类型：
平面：将 VRay 灯光设置成平面形状。
穹顶：将 VRay 灯光设置成边界盒形状。
球体：将 VRay 灯光设置成穹顶状，类似于 3ds Max 的天光，光线来自于位于灯光 z 轴的半球体状圆顶。
网格：这种灯光是一种以网格为基础的灯光。

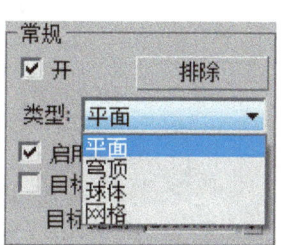
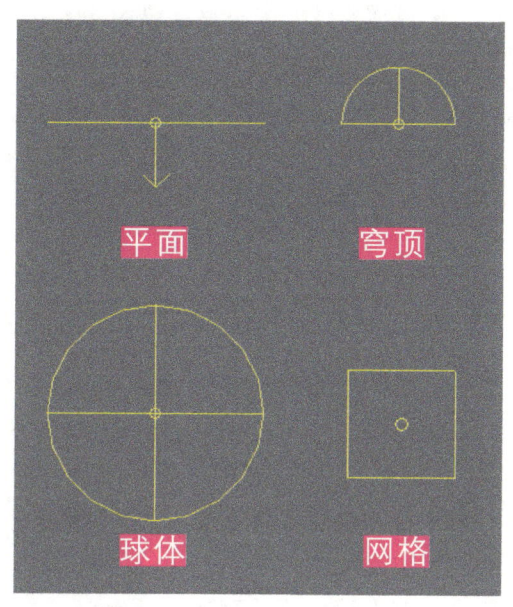

VRay 灯光 | 强度选项组

单位：

默认（图像）：VRay 默认单位，依靠灯光的颜色和亮度来控制灯光的最后强弱，如果忽略曝光类型的因素，灯光色彩将是物体表面受光的最终色彩。
发光率（lm）：当选择这个单位时，灯光的亮度将和灯光的大小无关（100 W 的亮度大约等于 1500 lm）。
亮度（lm/m2/sr）：当选择这个单位时,灯光的亮度和它的大小有关系。
辐射率（W）：当选择这个单位时,灯光的亮度和灯光的大小无关。注意，这里的瓦特和物理上的瓦特不一样，比如这里的 100 W 大约等于物理上的 2~3 W。
辐射量（W/m2/sr）：当选择这个单位时，灯光的亮度和它的大小有关系。

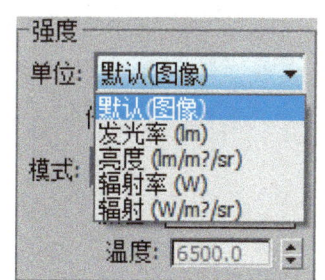

倍增：设置 VRay 灯光的强度。
模式：设置 VRay 灯光的颜色模式，共有"颜色"和"色温"两种。
颜色：指定灯光的颜色。
温度：以温度模式来设置 VRay 灯光的颜色。

VRay 灯光 | 大小选项组

1/2 长：设置灯光的长度。
1/2 宽：设置灯光的宽度。
W 大小：当前这个参数还没有被激活（即不能使用）。
另外，这 3 个参数会随着 VRay 灯光类型的改变而发生变化。

大小选项参数

VRay 灯光 | 选项选项组

选项选项参数

投射阴影：控制是否对物体的光照产生阴影。

双面：用来控制是否让灯光的双面都产生照明效果。（当灯光类型设置为"平面"时有效，其他灯光类型无效）

不可见：这个选项用来控制最终渲染时是否显示 VRay 灯光的形状。

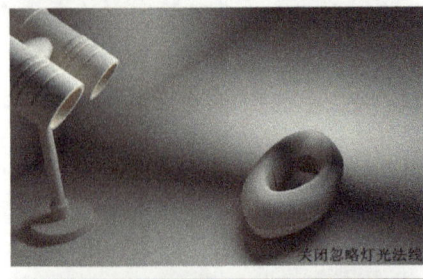

忽略灯光法线：这个选项控制灯光的发射是否按照灯光的法线进行发射。

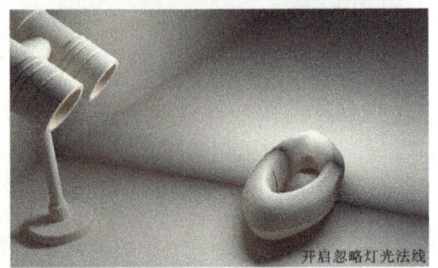

不衰减：在物理世界中，所有的光线都是有衰减的。如果勾选这个选项，VRay 将不计算灯光的衰减效果。

天光入口：这个选项是把 VRay 灯光转换为天光，这时的 VRay 灯光就变成了"间接照明（GI）"，失去了直接照明。当勾选这个选项时，"投射影阴影""双面""不可见"等参数将不可用，这些参数将被 VRay 的天光参数所取代。

存储发光图：勾选这个选项，同时将"间接照明（GI）"里的"首次反弹"引擎设置为"发光图"时，VRay 灯光的光照信息将保存在"发光图"中。在渲染光子的时候将变得更慢，但是在渲染出图时，渲染速度会提高很多。当渲染完光子的时候，可以关闭或删除这个 VRay 灯光，它对最后的渲染效果没有影响，因为它的光照信息已经保存在了"发光贴图"中。

影响漫反射：这选项决定灯光是否影响物体材质属性的漫反射。
影响高光反射：这选项决定灯光是否影响物体材质属性的高光。
影响反射：这项决定物体是否可以将灯光进行反射。

VRay 灯光 | 采样选项组

细分：这个参数控制 VRay 灯光的采样细分。当设置比较低的值时，会增加阴影区域的杂点，但是渲染速度比较快；当设置比较高的值时，会减少阴影区域的杂点，但是会减慢渲染速度。

阴影偏移：这个参数用来控制物体与阴影的偏移距离，较高的值会使阴影向灯光的方向偏移。

中止：设置采样的最小阈值，小于这个数值采样将结束。

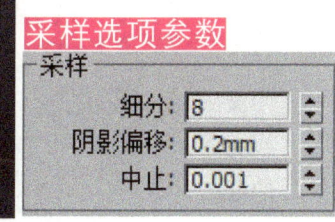

采样选项参数

VRay 灯光 | 纹理选项组

使用纹理：控制是否用纹理贴图作为半球灯光。

无：选择纹理贴图。

分辨率：设置纹理贴图的分辨率，最高为 2048。

自适应：设置数值后，系统会自动调节纹理贴图的分辨率。

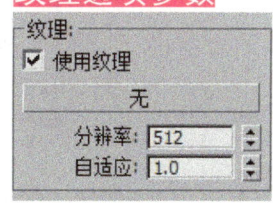

纹理选项参数

VRay 太阳

VRay 太阳主要用来模拟真实的室外太阳光。VRay 太阳的参数比较简单，只包含一个"VRay 太阳参数"卷展栏。

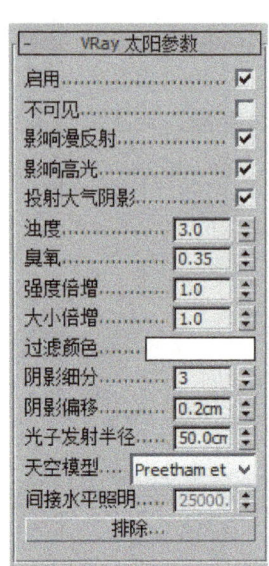
VRay 太阳参数

启用：阳光开关。

不可见：开启该选项后，在渲染的图像中将不会出现太阳的形状。

影响漫反射：这选项决定灯光是否影响物体材质属性的漫反射。

影响高光：这选项决定灯光是否影响物体材质属性的高光。

投射大气阴影：开启该选项以后，可以投射大气的阴影，以得到更加真实的阳光效果。

浊度：这个参数控制空气的混浊度，它影响 VRay 太阳和 VRay 天空的颜色。比较小的值表示晴朗干净的空气，此时 VRay 太阳和 VRay 天空的颜色比较蓝；较大的值表示灰尘含量重的空气（比如沙尘暴），此时 VRay 太阳和 VRay 天空的颜色呈现为黄色甚至橘黄色。

浊度 2

浊度 3
浊度 5

浊度 10

当阳光穿过大气层时，一部分冷光被空气中的浮尘吸收，照射到大地上的光就会变暖。

臭氧：这个参数是指空气中臭氧的含量，较小的值的阳光比较黄，较大的值的阳光比较蓝。

臭氧 0

臭氧 0.5

臭氧 1

强度倍增：这个参数是指阳光的亮度，默认值为 1。

"浊度"和"强度倍增"是相互影响的，因为当空气中的浮尘多的时候，阳光的强度就会降低。

"大小倍增"和"阴影细分"也是相互影响的，这主要是因为影子虚边越大，所需的细分就越多，也就是说"大小倍增"值越大，"阴影细分"的值就要适当增大，因为当影子为虚边阴影（面阴影）的时候，就会需要一定的细分值来增加阴影的采样，不然就会有很多杂点。

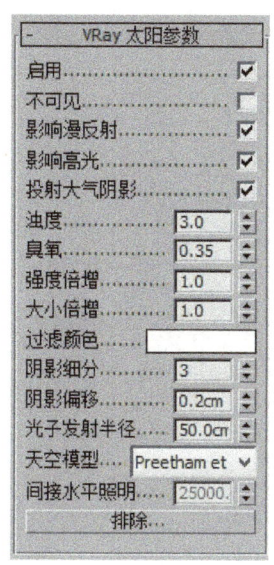

大小倍增：这个参数是指太阳的大小，它的作用主要表现在阴影的模糊程度上，较大的值可以使阳光阴影比较模糊。

过滤颜色：用于自定义太阳光的颜色。

阴影细分：这个参数是指阴影的细分，较大的值可以使模糊区域的阴影产生比较光滑的效果，并且没有杂点。

阴影偏移：用来控制物体与阴影的偏移距离，较高的值会使阴影向灯光的方向偏移。

光子发射半径：这个参数和"光子贴图"计算引擎有关。

天空模型：选择天空的模型，可以选晴天，也可以选阴天。

间接水平照明：该参数目前不可用。

排除：将物体排除于阳光照射范围之外。

VRay 天空（属 VRay 太阳参数）

VRay 天空是 VRay 系统中一个程序贴图，主要用来作为环境贴图或作为天光来照亮场景。在创建 VRay 太阳时，3ds Max 会弹出对话框，提示是否将"VRay 天空"环境贴图自动加载到环境中。

VRay 天空是 VRay 灯光系统中的一个非常重要的照明系统。VRay 没有真正的天光引擎，只能用环境光来代替，如图是在"环境贴图"通道中加载了一张"VRay 天空"环境贴图，这样就可以得到 VRay 的天光，再使用鼠标左键将"VRay 天空"环境贴图拖曳到一个空白的材质球上就可以调节 VRay 天空的相关参数。

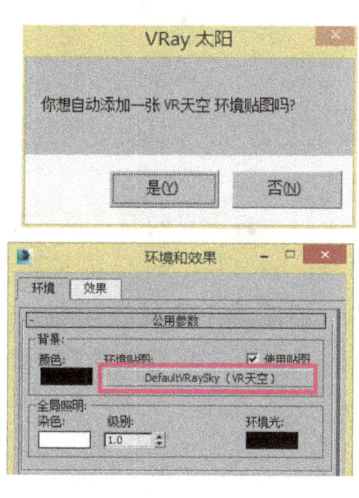

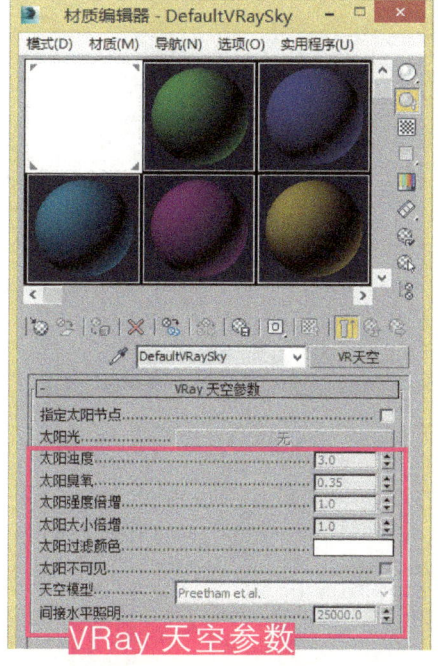

VRay 天空参数

指定太阳节点：当关闭该选项时，VRay 天空的参数将从场景中的 VRay 太阳的参数里自动匹配；当勾选该选项时，用户就可以从场景中选择不同的灯光，在这种情况下，VRay 太阳将不再控制 VRay 天空的效果，VRay 天空将用它自身的参数来改变天光的效果。

太阳光：单击后面的"无"按钮可以选择太阳灯光，这里除了可以选择 VRay 太阳之外，还可以选择其他的灯光。

其余内容与"VRay 太阳参数"卷展栏下的选项的含义相同。

活动 1

绘制沙发类家具 —— 沙发餐椅

学习目标  笔记栏

1. 能使用 FFD、倒角、涡轮平滑修改器辅助建模。
2. 能使用编辑多边形完成餐椅靠背。
3. 能结合多种建模方法绘制餐椅靠背顶部装饰。
4. 能使用 VRay 灯光对物体四周进行布灯。
5. 能使用摄像机辅助渲染效果图。
6. 能参照 CAD 尺寸，完成家具的案例建模。
7. 在作业完毕后，能按作业规程清点、整理电子文档，整理工作页，并关闭计算机，清理现场。

参考学习课时：4 课时

学习任务描述

公司接到任务后，需要对餐椅进行绘制，公司安排设计人员完成该任务，设计师需要根据家具特征，选择适合的建模方法和材质表现，完成餐椅的绘制，设计时间为 1 天，任务完成后提交餐椅的源文件和渲染效果图。

学习准备

工具准备：计算机（含 AutoCAD、3ds Max 软件、VRay 渲染器）、存储器（U 盘、移动硬盘）、签字笔、工作任务单。

引导问题

建模中，体块类的家具能否像编辑样条线一样对点、线、线段进行编辑？

学习过程

 明确工作任务（小组讨论）

阅读设计任务书，填写工作任务单。列出本次任务的工作内容、时间要求及交接工作的相关负责人，并根据实际情况补充完整。

工作任务单

单位部门		设计部	时间	年　月　日
任务来源		总经办□	项目部□	人事部□
项目名称		软体家具表达	任务目标	绘制沙发类家具
任务执行人		执行人：　　　　　其他组员： 组长：		
基本要求	人员要求	遵守纪律、遵守工作场所管理规定，服从安排； 安全意识，责任意识，6S 管理意识； 注重个人形象，注重环境整洁； 注重沟通，能自主学习及相互协作		□确认
	存储设备	USB 存储器 / 移动硬盘		□确认
	自备工具	工作页、签字笔		□确认
	完成数量	单个产品		□确认
	完成时间	240 分钟		□确认
	尺寸规范	准确设置单位		□确认
	形态结构	尺寸准确		□确认
	模型细节	细节表现到位		□确认
	材质表现	材质表达真实		□确认
	操作情况	操作熟练，快速找到相应命令		□确认
	整体风格	效果真实再现，具有一定个人风格		□确认
	作品展示	语言流畅，思路清晰；展示方式富有特色		□确认

已经解决问题的描述：

成功、成果、失误与问题：

绩效等级	优□　良□　中□　差□	奖惩制度	
任务执行人签字	 　 年　月　日	审核人签字盖章	 　 年　月　日

② 知识探索

1. 请利用车削、补洞、编辑多边形修改器绘制以下图形，并写出各个修改器的作用。

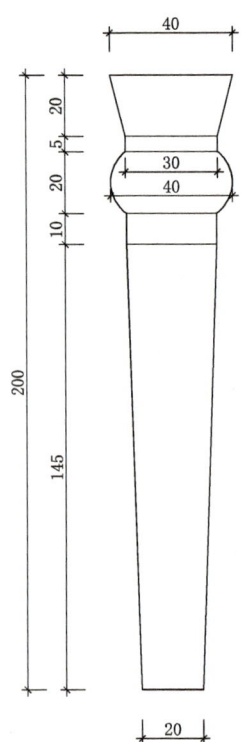 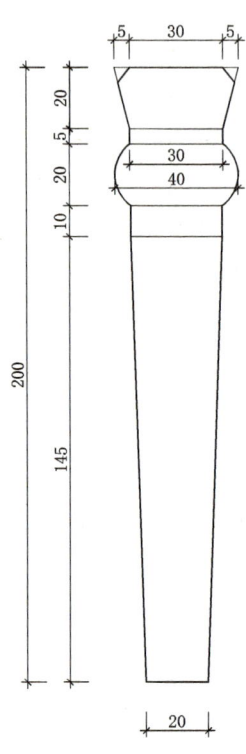 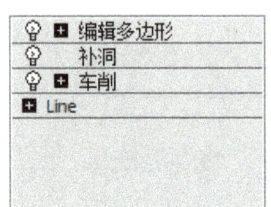

请根据练习，用自己的语言描述出以下修改器的作用

车削修改器：

补洞修改器：

编辑多边形修改器：

③ 工作任务的实施

1. 先设置 3ds Max 软件的系统单位为毫米（mm）。

2. 根据 CAD 提供的尺寸，在 3ds Max 内进行绘制。

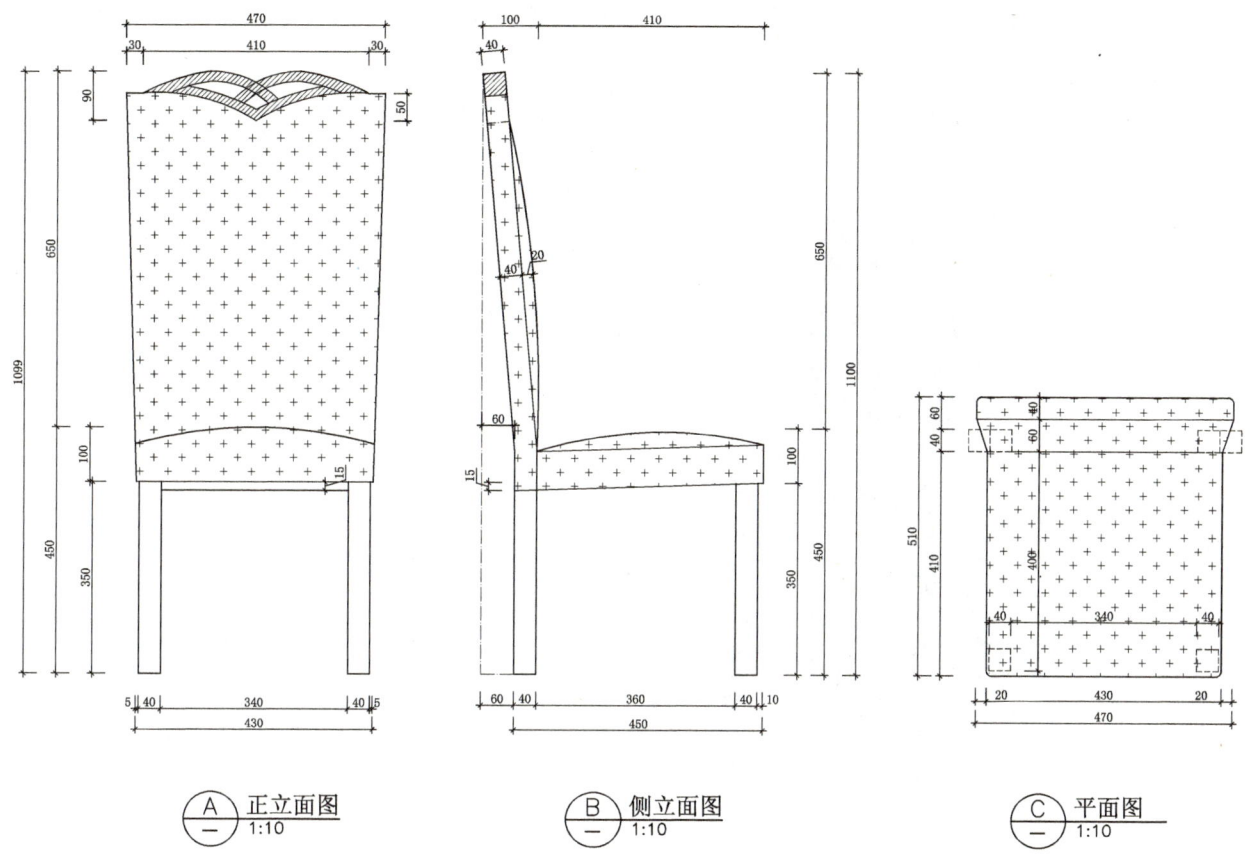

3. 根据知识探索做出的椅脚，适当拉伸局部长度，替换到当前椅脚位置。

4. 使用切角长方体、FFD 修改器、编辑多边形修改器做出倾斜的椅面造型。

5. 使用编辑多边形修改器，创建休闲餐椅的靠背。

6. 使用二维线、倒角修改器、涡轮平滑修改器绘制出椅子顶面部分的结构。
（参考建模方法：二维线 + 挤出 + 编辑多边形 + 切角 + 涡轮平滑）

7. 尝试使用涡轮平滑工具，对餐椅软体部分进行平滑优化。

8. 在透视图中选择合适的角度，创建摄像机。

9. 调整 VRay 渲染器为测图参数，加快材质和灯光渲染测试。

10. 通过 VRayMtl 材质，设置出布纹、黑色烤漆、银箔材质。

11. 在场景中添加 4 盏 VRay 灯光，并调整 VRay 灯光的强度和冷暖色调。

12. 使用 VRay 渲染器，利用出图渲染设置，渲染较高质量的效果图。

13. 保存并归档当前文件，文件命名为"任务三活动一餐椅"。

14. 整理桌面，保持整洁。

4 完成成果交流点评

（1）以组为单位，展示训练成果；
（2）小组互评成绩；
（3）教师点评优秀训练成果；
（4）教师对广泛存在的问题进行总结。

学习活动反馈表

姓名：		学号：				日期：	
项目	考核内容		分值	个人评价	组内评价	教师评价	评分标准
学习态度	1. 遵守学习纪律，不做与课堂无关事情，不迟到早退		10				根据实际课堂表现打分
	2. 着装整齐，不穿拖鞋		10				
	3. 学习积极主动，参与小组讨论，按时提交作业		10				
软件操作	4. 能使用车削、补洞、编辑多边形修改器绘制椅脚	会□ / 不会□	10				单项技能目标"会"该项得满分，"不会"则根据实际情况得分
	5. 能使用修改器正确绘制餐椅顶部结构	会□ / 不会□	10				
	6. 能使用 VRay 灯光对物体四周进行布灯	会□ / 不会□	10				
	7. 能使用 VRay 灯光和 VRay 材质对场景和家具进行设置，并渲染最终图像	会□ / 不会□	10				
作品展示	8. 踊跃发言，思路清晰，展示方法富有特色		20				根据实际课堂表现打分
职业素养	9. 在作业完毕后，能按作业规程清点、整理电子文档，整理工作页，并关闭计算机，清理现场		10				根据实际课堂表现打分
总分			100				

小组评语及建议	优点： 不足： 建议：	组长签名： 日期：
老师评语与建议		评定的等级或分数： 教师签名： 日期：

学习拓展

1. 利用调节多边形的顶点、FFD3×3×3修改器、涡轮平滑修改器、壳修改器，并参考其布灯和场景设置，完成以下模型。

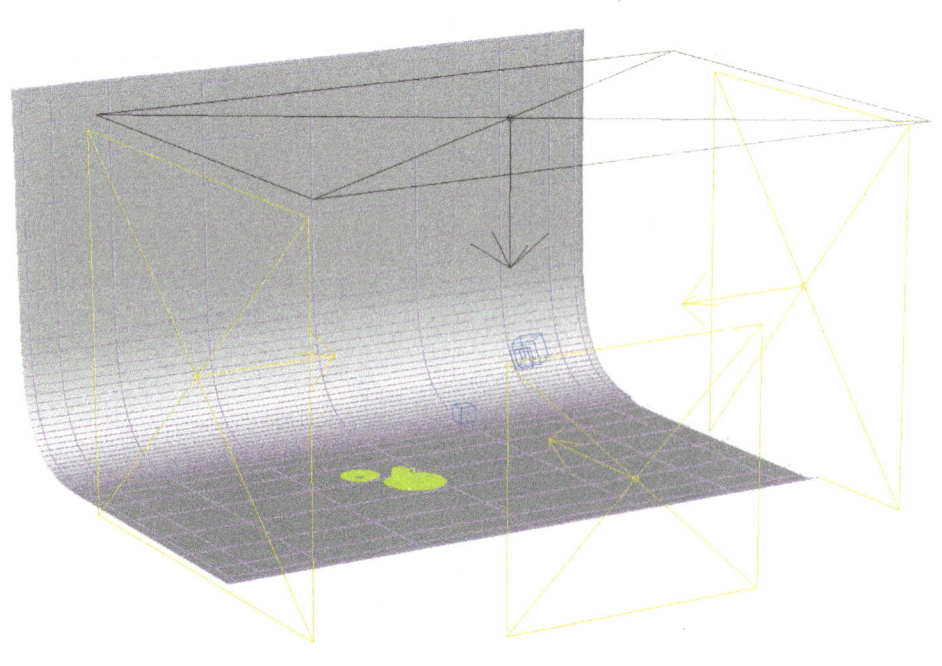

活动 1

绘制沙发类家具 —— 巴塞罗那椅

学习目标

1. 能使用 CAD 文件，导入 3ds Max 后，通过修改直接引用线段。
2. 能使用编辑多边形完成巴塞罗那椅扪皮、钮扣和豆角线部分。
3. 能使用 VRay 灯光对物体四周进行布灯。
4. 能使用摄像机辅助渲染效果图。
5. 能参照 CAD 尺寸，完成家具的案例建模。
6. 能总结编辑多边形的参数特点。
7. 在作业完毕后，能按作业规程清点、整理电子文档，整理工作页，并关闭计算机，清理现场。

参考学习课时：8 课时

学习任务描述

公司接到任务后，需要对巴塞罗那椅进行绘制，公司安排设计人员完成该任务，设计师需要根据家具特征，选择适合的建模方法和材质表现，完成巴塞罗那椅的绘制，设计时间为 1 天，任务完成后提交巴塞罗那椅的源文件和渲染效果图。

学习准备

工具准备：计算机（含 AutoCAD、3ds Max 软件、VRay 渲染器）、存储器（U 盘、移动硬盘）、签字笔、工作任务单。

引导问题

要跟随多边形外形，绘制一条线条，在 3ds Max 中有没有特殊的技巧？请试述你所认为的方法。

学习过程

1 明确工作任务（小组讨论）

阅读设计任务书，填写工作任务单。列出本次任务的工作内容、时间要求及交接工作的相关负责人，并根据实际情况补充完整。

笔记栏

产品效果图表达
任务三　158
学习活动 1：绘制沙发类家具

工作任务单

单位部门		设计部	时间	年　月　日
任务来源		总经办□	项目部□	人事部□
项目名称		软体家具表达	任务目标	绘制沙发类家具
任务执行人		执行人：　　　　其他组员： 组长：		
基本要求	人员要求	遵守纪律、遵守工作场所管理规定，服从安排； 安全意识，责任意识，6S 管理意识； 注重个人形象，注重环境整洁； 注重沟通，能自主学习及相互协作		□确认
	存储设备	USB 存储器 / 移动硬盘		□确认
	自备工具	工作页、签字笔		□确认
	完成数量	单个产品		□确认
	完成时间	240 分钟		□确认
	尺寸规范	准确设置单位		□确认
	形态结构	尺寸准确		□确认
	模型细节	细节表现到位		□确认
	材质表现	材质表达真实		□确认
	操作情况	操作熟练，快速找到相应命令		□确认
	整体风格	效果真实再现，具有一定个人风格		□确认
	作品展示	语言流畅，思路清晰；展示方式富有特色		□确认

已经解决问题的描述：

成功、成果、失误与问题：

绩效等级	优□　良□　中□　差□	奖惩制度	
任务执行人签字		审核人签字盖章	
	年　　月　　日		年　　月　　日

产品效果图表达
任务三　159
学习活动 1：绘制沙发类家具

② 知识探索

1. 请使用提供的 CAD 文件直接导入到 3ds Max 软件中，使用编辑样条线工具将多余的图形删除，并用挤出修改器加入到指定样条线中，以验证图形是否封闭。（参考附件）

请填写出绘制的具体步骤：

2. 请利用可编辑多边形、切角（点级别下）、倒角（面级别下）、连接（线级别下）、利用所选内容创建图形（线级别下）等编辑多边形命令绘制以下图形，并写出具体步骤。（参考附件）

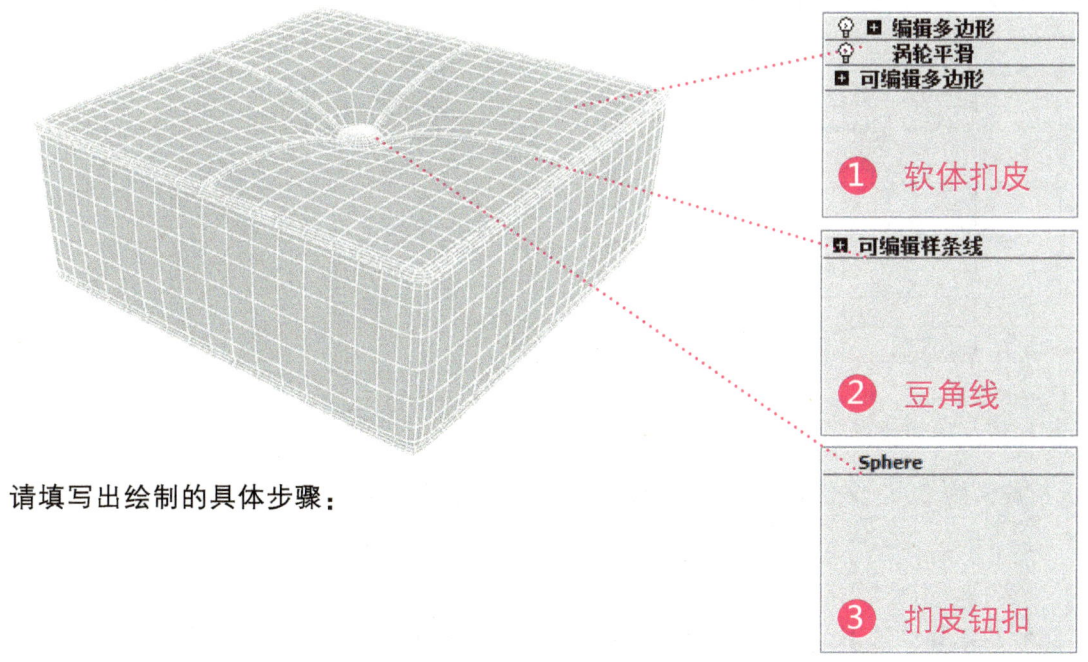

请填写出绘制的具体步骤：

③ 工作任务的实施

1. 先设置 3ds Max 软件的系统单位为毫米（mm）。

2. 根据 CAD 提供的尺寸，在 3ds Max 内进行绘制。

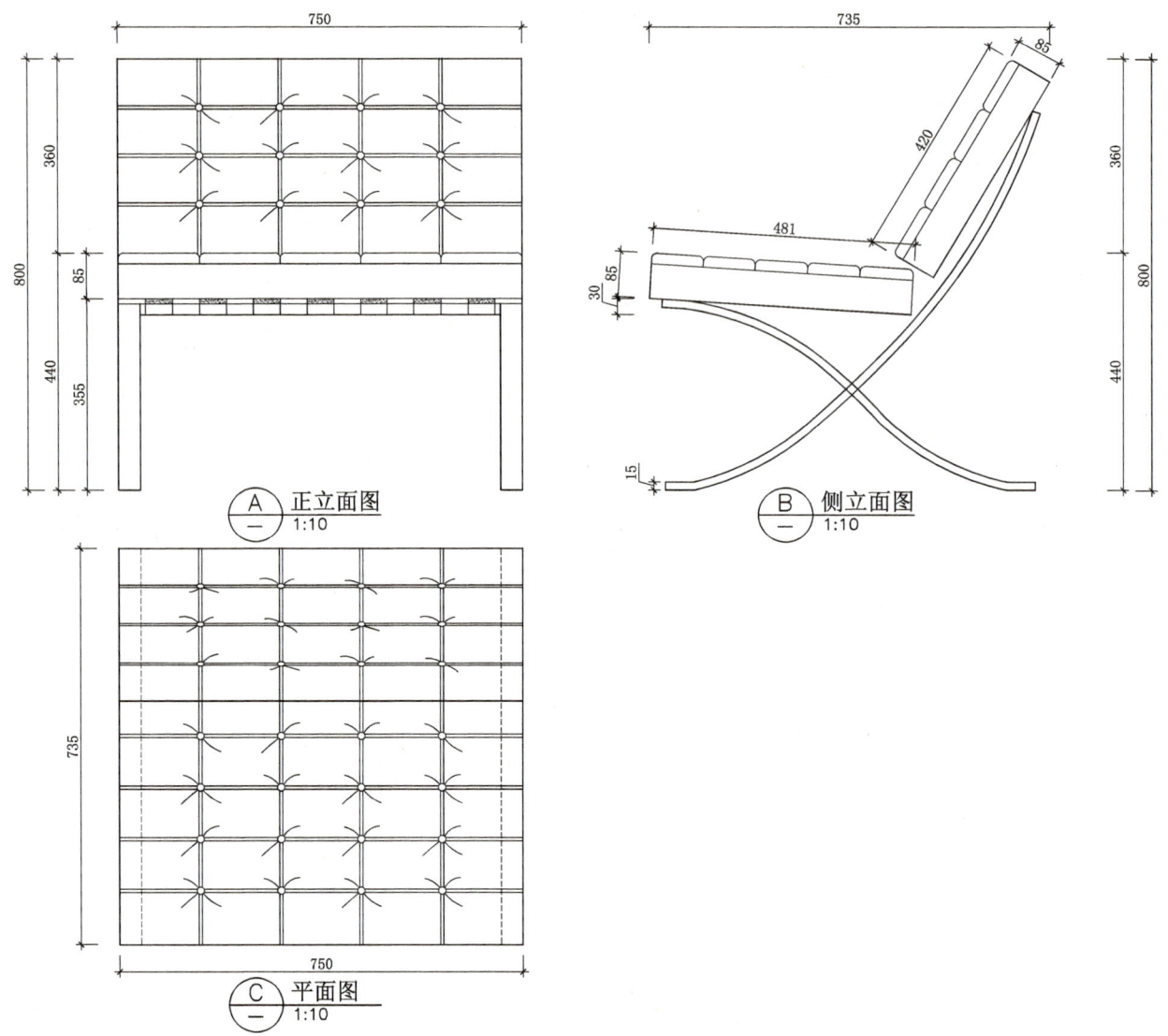

3. 根据知识探索，把提供的 CAD 文件导入 3ds Max，绘制出巴塞罗那椅不锈钢部分内容。

4. 根据知识探索，请利用编辑多边形、切角（点级别下）、倒角（面级别下）、连接（线级别下）等绘制扣皮软垫部分。

5. 利用所选内容创建图形（线级别下）绘制豆角线部分内容。

6. 利用球体，通过缩放，使其成为扣皮的纽扣。

7. 使用涡轮平滑工具，对巴塞罗那椅软体部分进行平滑优化。

8. 在透视图中选择合适的角度，创建摄像机。

9. 调整 VRay 渲染器为测图参数，加快材质和灯光渲染测试。

10. 通过 VRayMtl 材质，设置出扣皮、不锈钢材质。

11. 在场景中添加 4 盏 VRay 灯光，并调整 VRay 灯光的强度和冷暖色调。

12. 使用 VRay 渲染器，利用出图渲染设置，渲染较高质量的效果图。

13. 保存并归档当前文件，文件命名为"任务三活动一巴塞罗那椅"。

14. 整理桌面，保持整洁。

4 完成成果交流点评

（1）以组为单位，展示训练成果；
（2）小组互评成绩；
（3）教师点评优秀训练成果；
（4）教师对广泛存在的问题进行总结。

学习活动反馈表

姓名：		学号：				日期：	
项目	考核内容		分值	个人评价	组内评价	教师评价	评分标准
学习态度	1. 遵守学习纪律，不做与课堂无关事情，不迟到早退		10				根据实际课堂表现打分
	2. 着装整齐，不穿拖鞋		10				
	3. 学习积极主动，参与小组讨论，按时提交作业		10				
软件操作	4. 能使用导入的 CAD 文件，通过修改后直接引用线段	会□ / 不会□	10				单项技能目标"会"该项得满分，"不会"则根据实际情况得分
	5. 能使用编辑多边形完成巴塞罗那椅扣皮软垫	会□ / 不会□	10				
	6. 能使用 VRay 灯光对物体四周进行布灯	会□ / 不会□	10				
	7. 能使用 VRay 灯光和 VRay 材质对场景和家具进行设置，并渲染最终图像	会□ / 不会□	10				
作品展示	8. 踊跃发言，思路清晰，展示方法富有特色		20				根据实际课堂表现打分
职业素养	9. 在作业完毕后，能按作业规程清点、整理电子文档，整理工作页，并关闭计算机，清理现场		10				根据实际课堂表现打分
总分			100				

小组评语及建议	优点： 不足： 建议：	组长签名： 日期：
老师评语与建议		评定的等级或分数： 教师签名： 日期：

附件一：案例教程

❶ CAD 文件导入到 3ds Max 内，并适当旋转视图观察二维线，并对多余的线型进行删减。

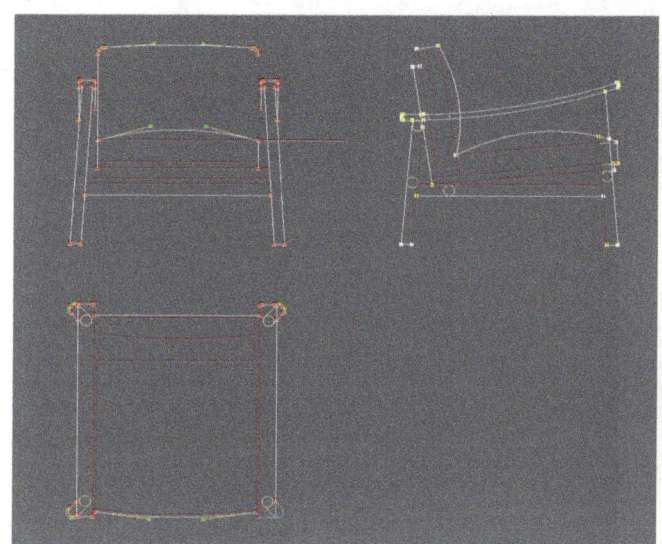
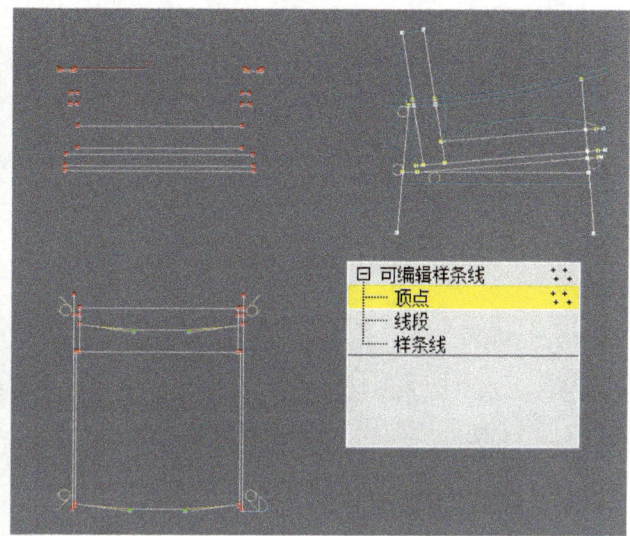

❷ 通过附加工具，附加图形，使不同图层的线型合并。

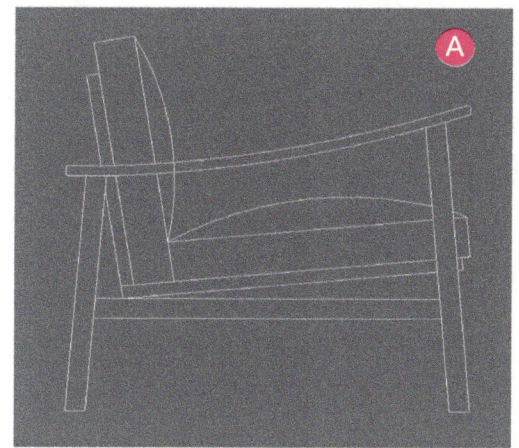
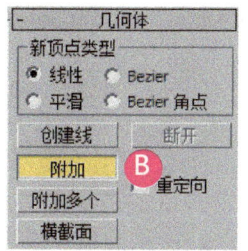
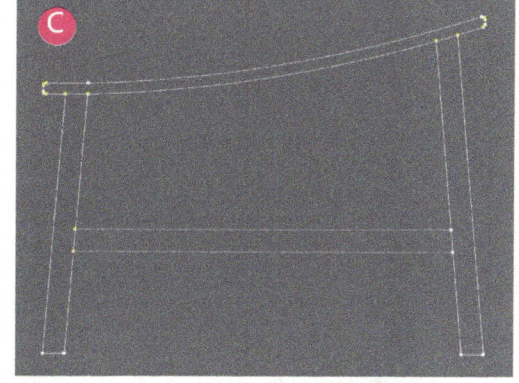

❸ 通过增加点、删除线、焊接点等工具，使相连部分贯通，顶点结合密实。

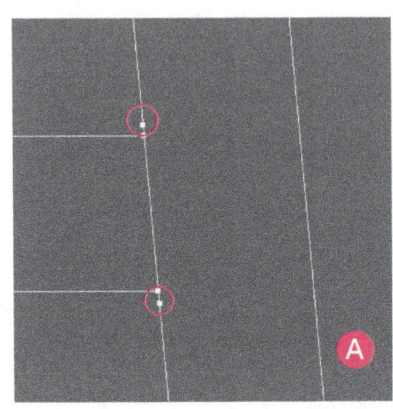 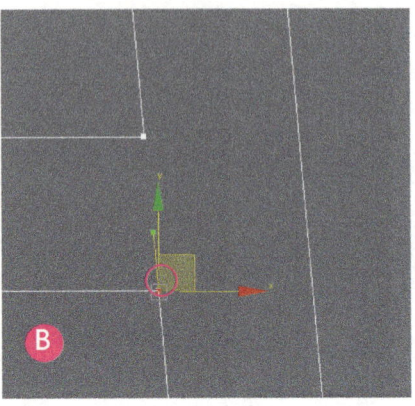 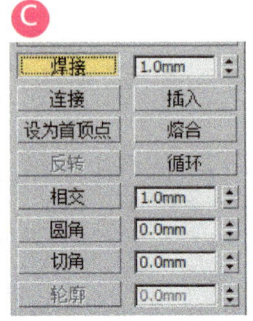

❹ 每个封闭的图形有且仅有一个黄色顶点。

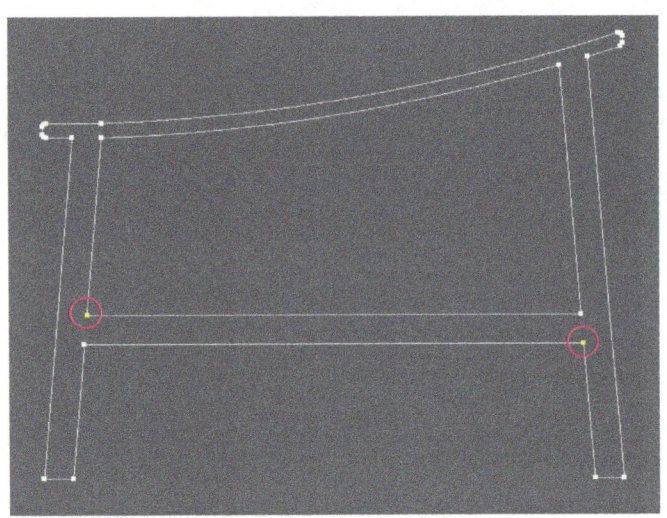

❺ 加入挤出修改器，使其成型。

附件二：案例教程

❶ 编辑多边形——点级别，对点进行 [切角]。

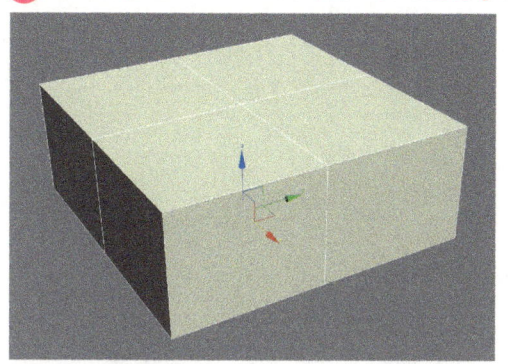 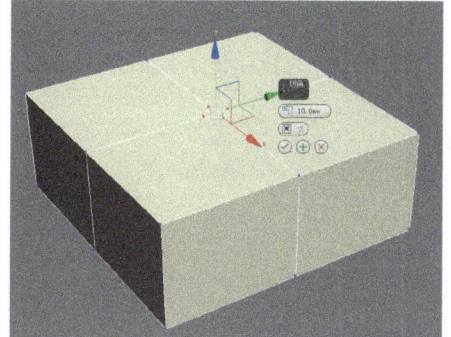

❷ 编辑多边形——面级别，对面进行 [倒角]。

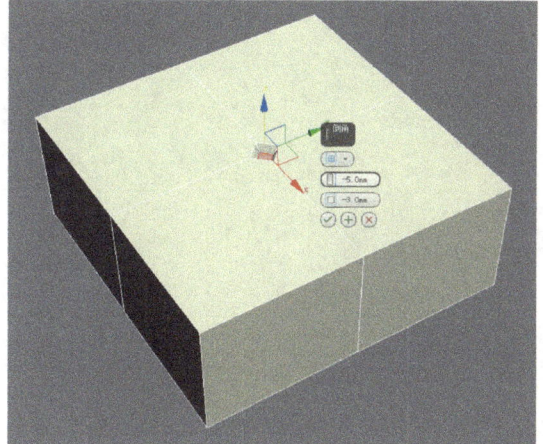

❸ 编辑多边形——线级别，对线进行 [连接]，以增加分段。

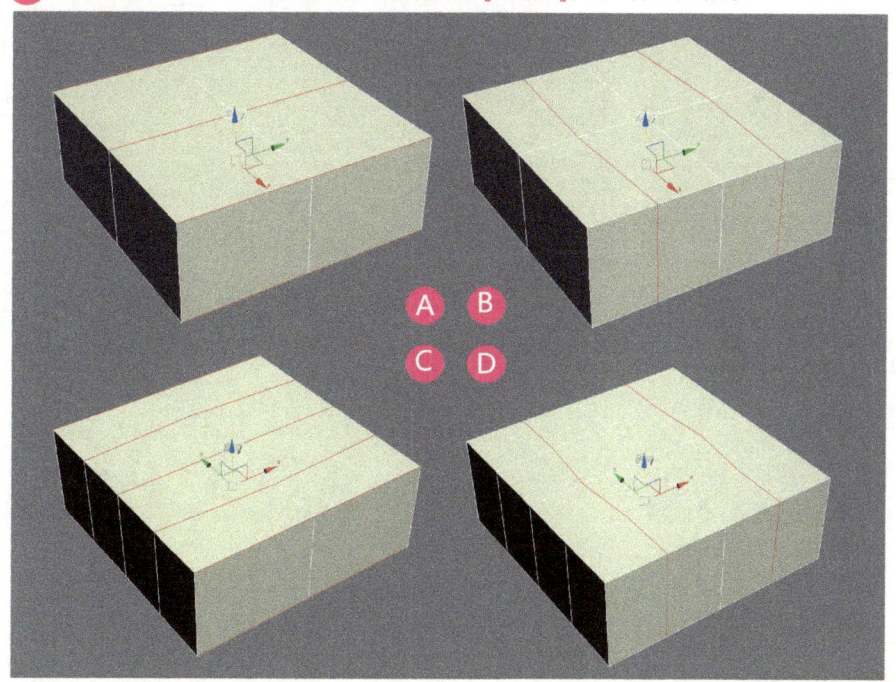

❹ 编辑多边形——点级别,对点进行移动,表现下凹。

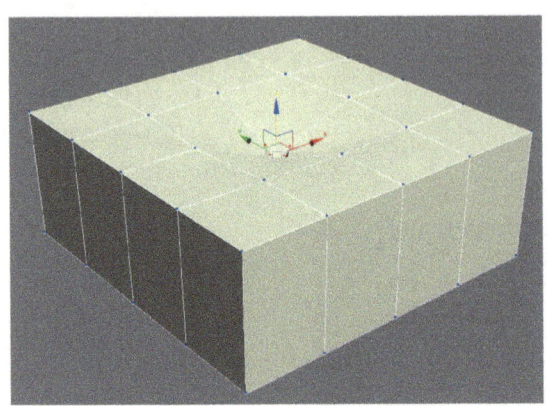

❺ 编辑多边形——线级别,每个面选择一条线,利用[循环]选择工具达到 C 图效果。

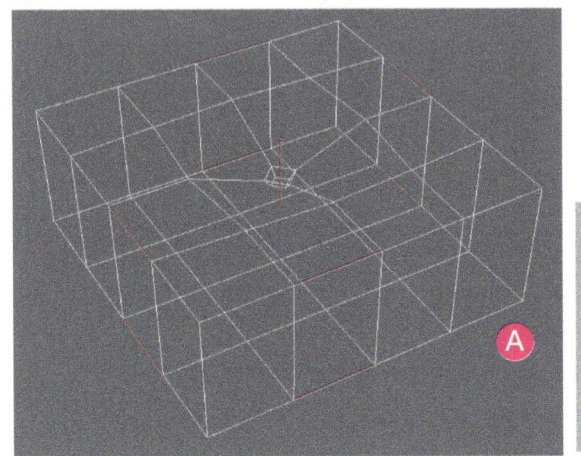 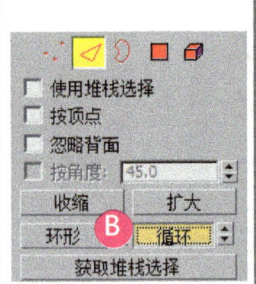 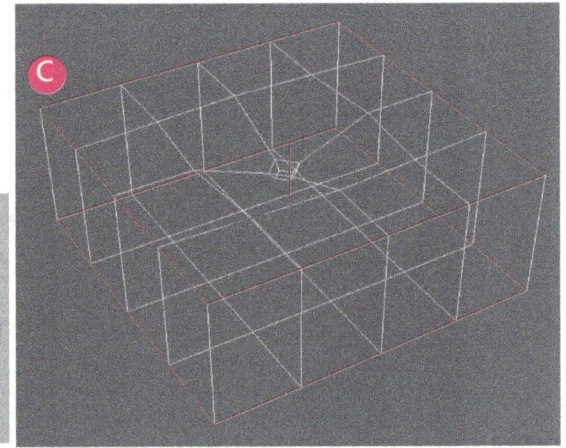

❻ 编辑多边形——线级别,对选中的边使用[切角],使得[涡轮平滑]有骨架,不松垮。

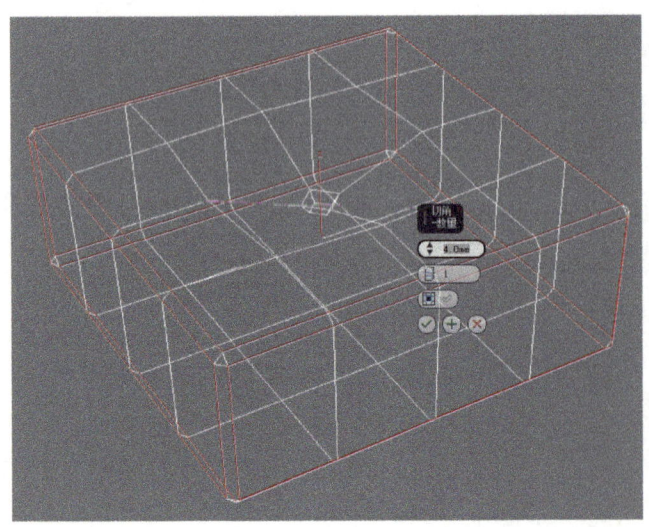 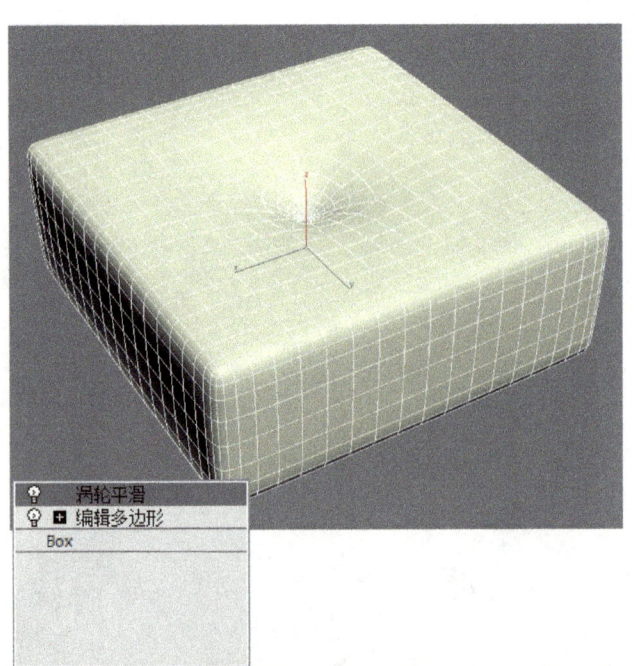

7 编辑多边形——线级别,选中多边形边线,利用[创建图形]方法创建[线性]图形。

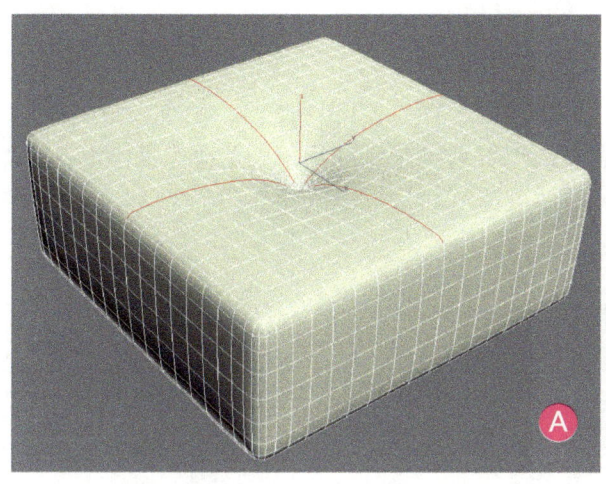
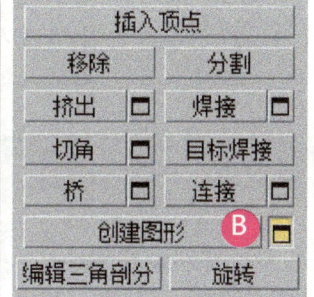
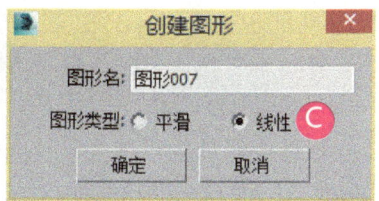

8 编辑样条线,在试图和渲染中启用样条线。

9 创建球体并压扁,用作纽扣。

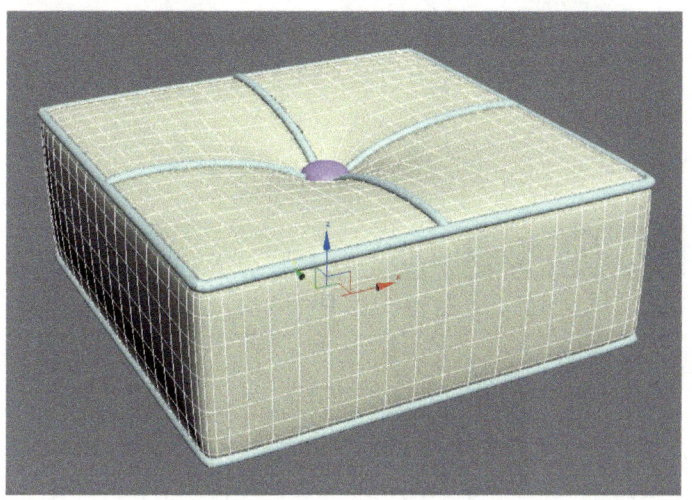

附件三：编辑多边形

编辑多边形　在编辑多边形对象之前首先要明确多边形对象不是创建出来的，而是塌陷（转换）出来的。将物体塌陷为多边形的方法主要有 4 种。

方法 ❶
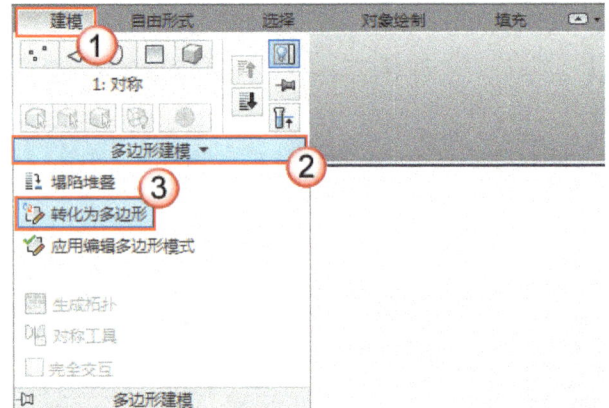

方法 ❷
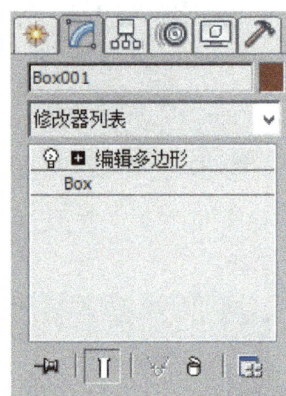

方法 ❸
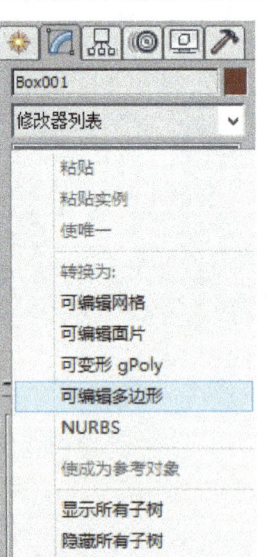

方法 ❹
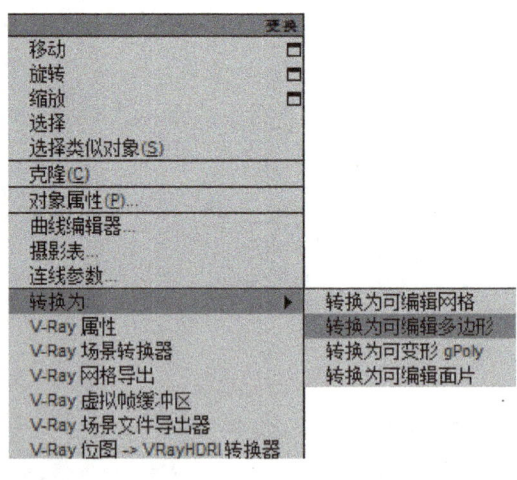

可编辑多边形的重点分层

卷展栏名称	主要作用	重要程度
选择	访问多边形子对象级别以及快速选择子对象	高
软选择	部分选择子对象，变换子对象时以平滑方式过渡	中
编辑几何体	全局修改多边形对象，适用于所有子对象级别	高
编辑顶点	编辑可编辑多边形的顶点子对象	高
编辑边	编辑可编辑多边形的边子对象	高
编辑多边形	编辑可编辑多边形的多边形子对象	高

编辑多边形 | 选择卷展栏

"选择"卷展栏下的工具与选项主要用来访问多边形子对象级别以及快速选择子对象。

❶ 顶点：用于访问"顶点"子对象级别。

❷ 边：用于访问"边"子对象级别。

❸ 边界：用于访问"边界"子对象级别，可从中选择构成网格中孔洞边框的一系列边。边界总是由仅在一侧带有面的边组成，并总是为完整循环。

❹ 多边形：用于访问"多边形"子对象级别。

❺ 元素：用于访问"元素"子对象级别，可从中选择对象中的所有连续多边形。

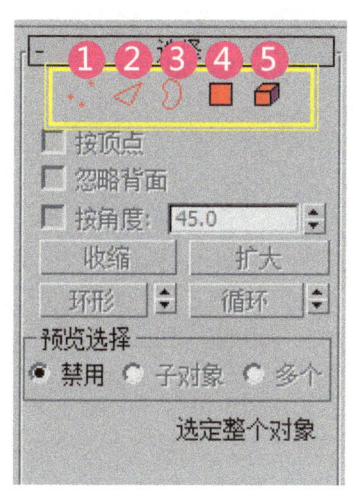

点级别　　　边级别　　　边界级别　　　面级别　　　体级别

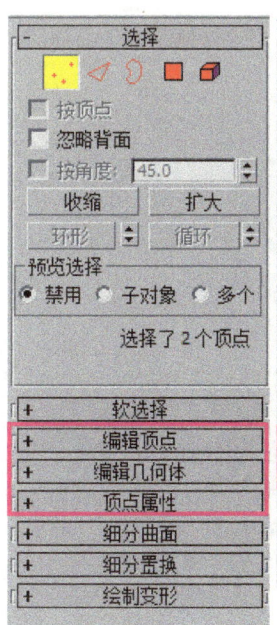 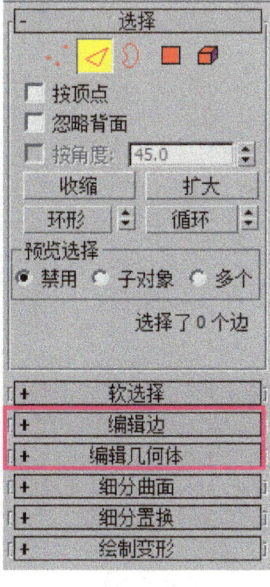 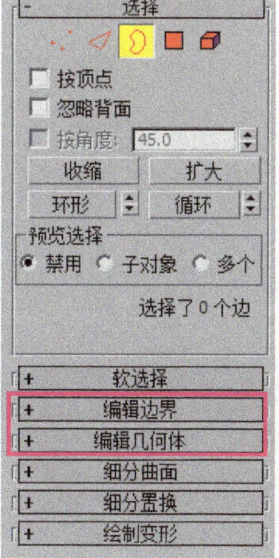 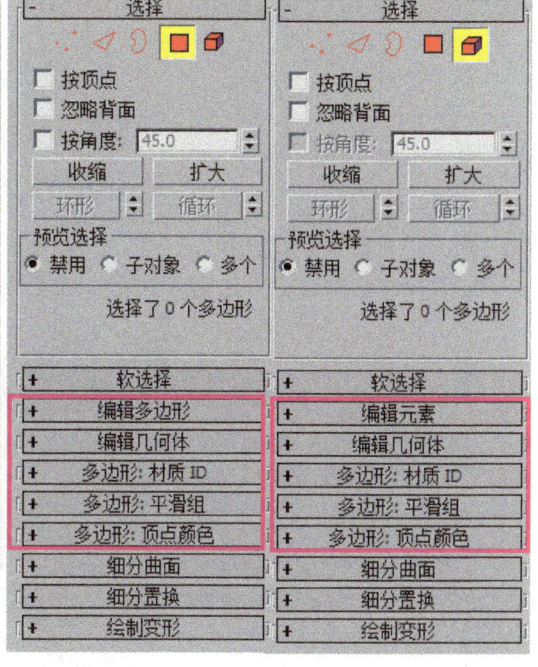

❶ 按顶点：除了"顶点"级别外，该选项可以在其他4种级别中使用。启用该选项后，只有选择所用的顶点才能选择子对象。

❷ 忽略背面：启用该选项后，只能选中法线指向当前视图的子对象。（只能选择正面的顶点，而背面不会被选择到。）如果关闭该选项，在前视图中同样框选相同区域的顶点，则背面的顶点也会被选择。

❸ 按角度：该选项只能用在"多边形"级别中。启用该选项时，如果选择一个多边形，3ds Max 会基于设置的角度自动选择相邻的多边形。

忽略背面的用法

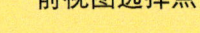
前视图选择点

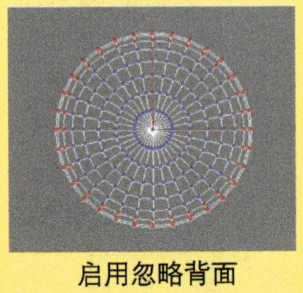
启用忽略背面

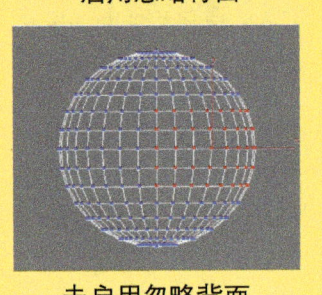
未启用忽略背面

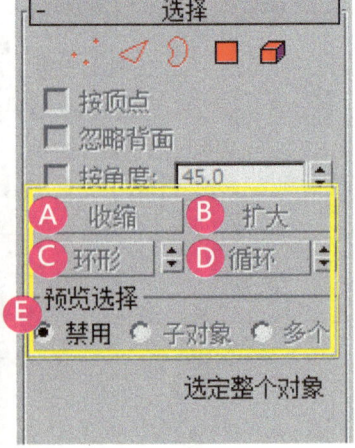
编辑多边形选择参数

Ⓐ 收缩：单击一次该按钮，可以在当前选择范围中向内减少一圈对象。

Ⓑ 扩大：与"收缩"相反，单击一次该按钮，可以在当前选择范围中向外增加一圈对象。

Ⓔ 预览选择：在选择对象之前，通过这里的选项可以预览光标滑过处的子对象。

Ⓒ 环形：该工具只能在"边"和"边界"级别中使用。在选中一部分子对象后，单击该按钮可以自动选择平行于当前对象的其他对象。

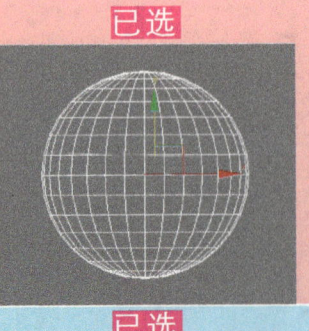
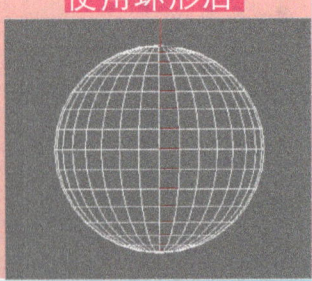

Ⓓ 循环：该工具同样只能在"边"和"边界"级别中使用。在选中一部分子对象后，单击该按钮可以自动选择与当前对象在同一曲线上的其他对象。

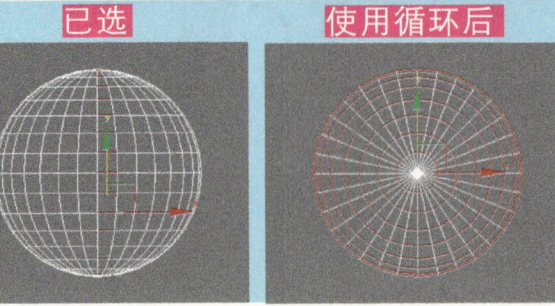

编辑多边形 | 软选择卷展栏

"软选择"是以选中的子对象为中心向四周扩散，以放射状方式来选择子对象。在对选择的部分子对象进行变换时，可以让子对象以平滑的方式进行过渡。另外，可以通过控制"衰减""收缩"和"膨胀"的数值来控制所选子对象区域的大小及对子对象控制力的强弱，并且"软选择"卷展栏还包含了绘制软选择的工具。

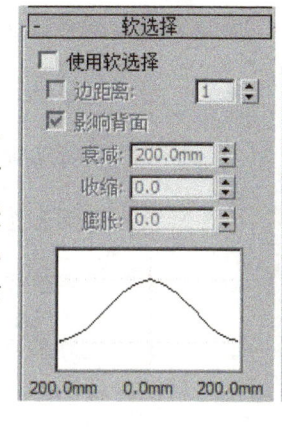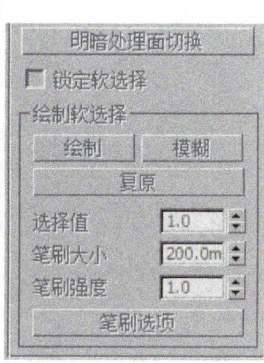

编辑多边形 | 编辑几何体卷展栏

"编辑几何体"卷展栏下的工具适用于所有子对象级别，主要用来全局修改多边形几何体。

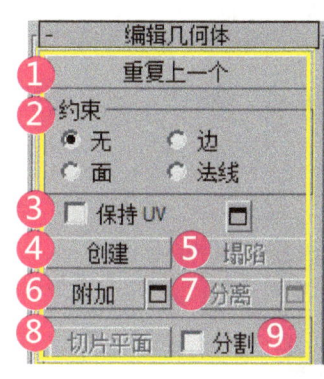

① 重复上一个：单击该按钮可以重复使用上一次使用的命令。

② 约束：使用现有的几何体来约束子对象的变换，共有"无""边""面"和"法线"4种方式可供选择。

③ 保持UV：启用该选项后，可以在编辑子对象的同时不影响该对象的UV贴图。设置：在该对话框中可以指定要保持的顶点颜色通道或纹理通道（贴图通道）。

④ 创建：创建新的几何体。

⑤ 塌陷：通过将顶点与选择中心的顶点焊接，使连续选定子对象的组产生塌陷。

⑥ 附加：使用该工具可以将场景中的其他对象附加到选定的可编辑多边形中。

⑦ 分离：将选定的子对象作为单独的对象或元素分离出来。

⑧ 切片平面：使用该工具可以沿某一平面分开网格对象。

⑨ 分割：启用该选项后，可以通过"快速切片"工具和"切割"工具在划分边的位置处创建出两个顶点集合。

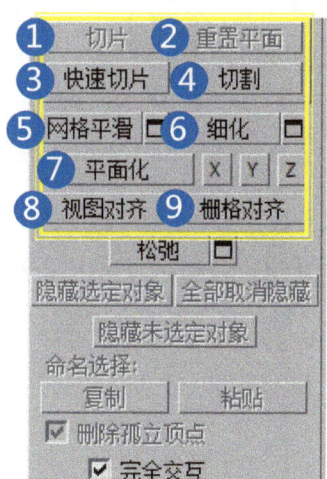

① 切片：可以在切片平面位置处执行切割操作。

② 重置平面：将执行过"切片"的平面恢复到之前的状态。

③ 快速切片：可以将对象进行快速切片，切片线沿着对象表面，所以可以更加准确地进行切片。

④ 切割：可以在一个或多个多边形上创建出新的边。

⑤ 网格平滑：使选定的对象产生平滑效果。

⑥ 细化：增加局部网格的密度，从而方便处理对象的细节。

⑦ 平面化：强制所有选定的子对象成为共面。

⑧ 视图对齐：使对象中的所有顶点与活动视图所在的平面对齐。

⑨ 栅格对齐：使选定对象中的所有顶点与活动视图所在的平面对齐。

A 松弛：使当前选定的对象产生松弛现象。

B 隐藏选定对象：隐藏所选定的子对象。

C 全部取消隐藏：将所有的隐藏对象还原为可见对象。

D 隐藏未选定对象：隐藏未选定的任何子对象。

E 命名选择：用于复制和粘贴子对象的命名选择集。

F 删除孤立顶点：启用该选项后，选择连续子对象时会删除孤立顶点。

G 完全交互：启用该选项后，如果更改数值，将直接在视图中显示最终的结果。

编辑多边形 | 编辑顶点卷展栏

进入可编辑多边形的"顶点"级别以后，在"修改"面板中会增加一个"编辑顶点"卷展栏。这个卷展栏下的工具全部是用来编辑顶点的。

① 移除：选中一个或多个顶点以后，单击该按钮可以将其移除，然后接合起使用它们的多边形。

② 断开：选中顶点以后，单击该按钮可以在与选定顶点相连的每个多边形上都创建一个新顶点，这可以使多边形的转角相互分开，使它们不再相连于原来的顶点上。

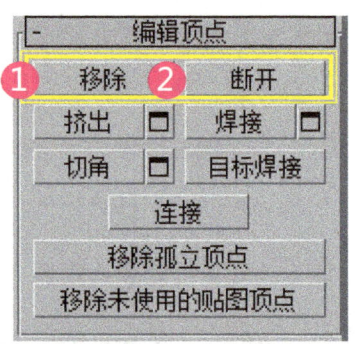

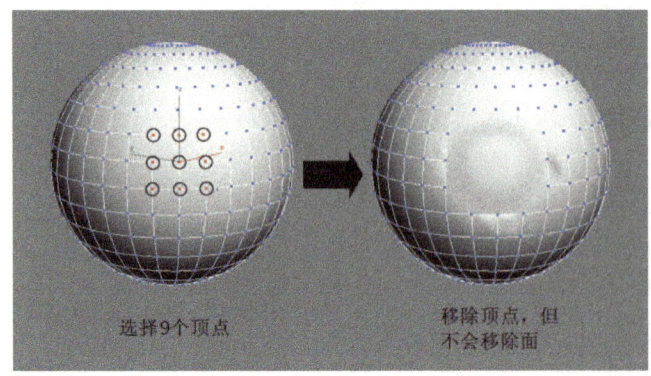

选择9个顶点　　移除顶点，但不会移除面

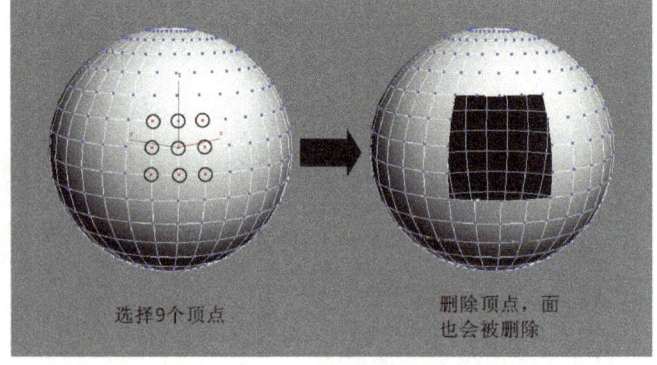

选择9个顶点　　删除顶点，面也会被删除

移除顶点：选中一个或多个顶点以后，单击"移除"按钮 或按 Backspace 键即可移除顶点，但也只能是移除了顶点，而面仍然存在。注意，移除顶点可能导致网格形状发生严重变形。

删除顶点：选中一个或多个顶点以后，按 Delete 键可以删除顶点，同时也会删除连接到这些顶点的面。

❶ 挤出：直接使用这个工具可以手动在视图中挤出顶点。如果要精确设置挤出的高度和宽度，可以单击后面的"设置"按钮，然后在视图中的"挤出顶点"对话框中输入数值即可。

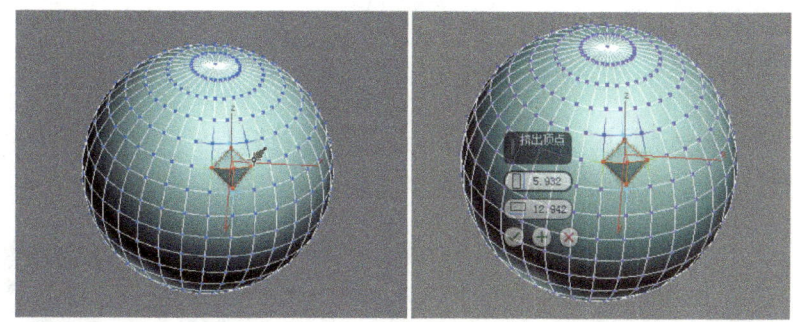

❷ 焊接：对"焊接顶点"对话框中指定的"焊接阈值"范围之内连续的选中的顶点进行合并，合并后所有边都会与产生的单个顶点连接。

❸ 切角：选中顶点以后，使用该工具在视图中拖曳光标，可以手动为顶点切角。

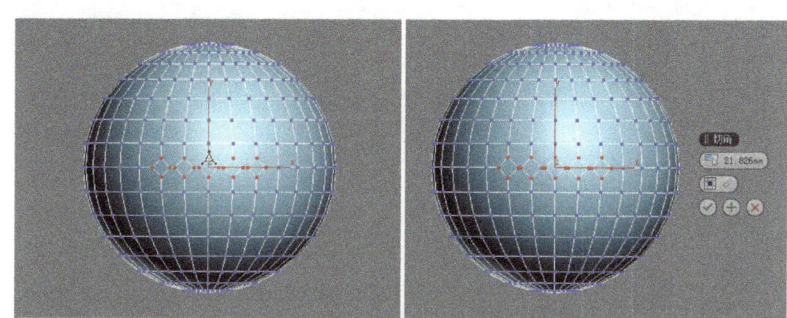

❹ 目标焊接：选择一个顶点后，使用该工具可以将其焊接到相邻的目标顶点。

"目标焊接"工具只能焊接成对的连续顶点。也就是说，选择的顶点与目标顶点有一个边相连。

❺ 连接：在选中的对角顶点之间创建新的边。

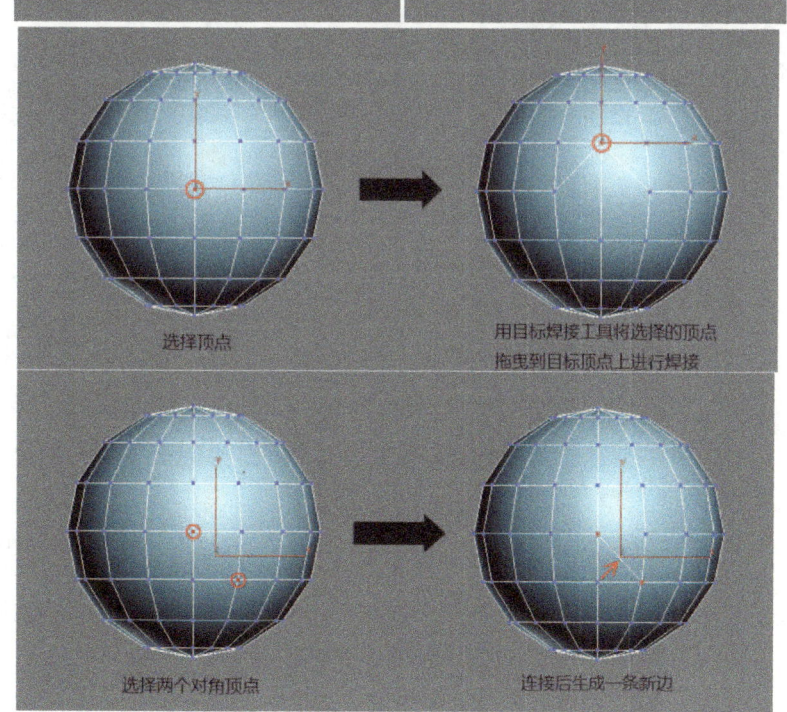

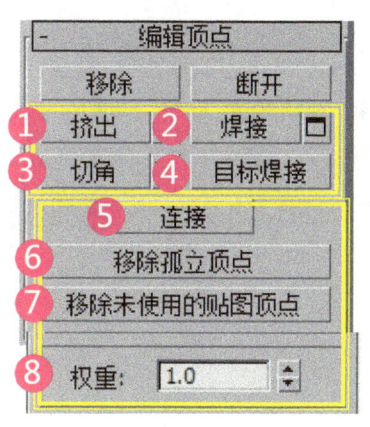

❻ 移除孤立顶点：删除不属于任何多边形的所有顶点。

❼ 移除未使用的贴图顶点：某些建模操作会留下未使用的（孤立）贴图顶点，它们会显示在"展开UVW"编辑器中，但是不能用于贴图，单击该按钮就可以自动删除这些贴图顶点。

❽ 权重：设置选定顶点的权重，供NURMS细分选项和"网格平滑"修改器使用。

编辑多边形 | 编辑边选项组

进入可编辑多边形的"边"级别以后,在"修改"面板中会增加一个"编辑边"卷展栏。这个卷展栏下的工具全部是用来编辑边的。

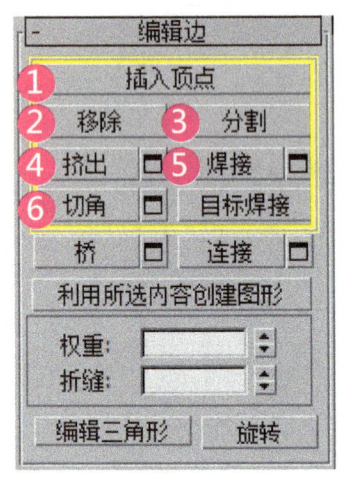

❶ 插入顶点:在"边"级别,使用该工具在边上单击鼠标左键,可以在边上添加顶点。

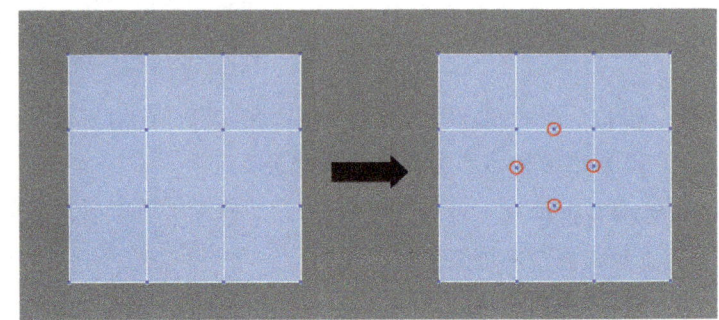

❷ 移除:选择边以后,单击该按钮或按Backspace键可以移除边。如果按Delete键,将删除边以及与边连接的面。

❸ 分割:沿着选定边分割网格。对网格中心的单条边应用时,不会起任何作用。

❹ 挤出:直接使用这个工具可以手动在视图中挤出边。如果要精确设置挤出的高度和宽度,在对话框中输入数值即可。

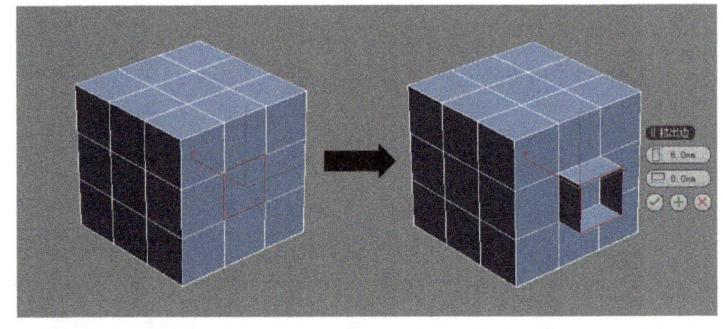

❺ 焊接:组合"焊接边"对话框指定的"焊接阈值"范围内的选定边。只能焊接仅附着一个多边形的边,也就是边界上的边。

❻ 切角:这是多边形建模中使用频率最高的工具之一,可以为选定边进行切角处理,从而生成平滑的棱角。

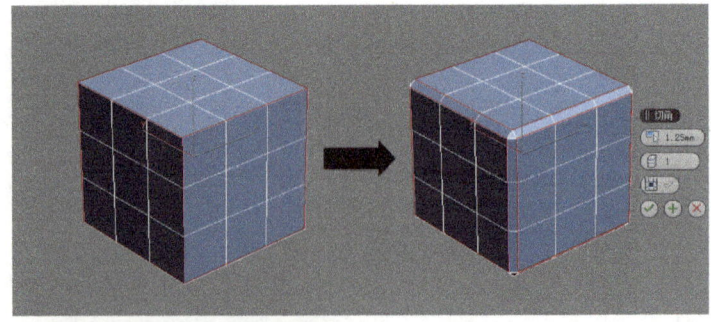

在很多时候为边进行切角处理以后,都需要模型加载"网格平滑"修改器,以生成非常平滑的模型。

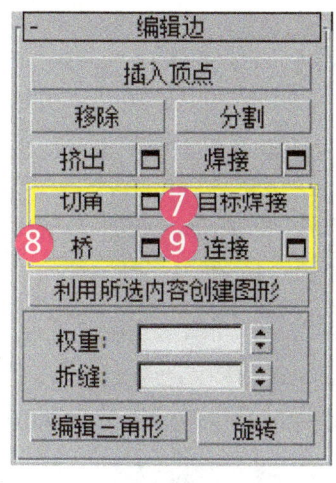

❼ 目标焊接：用于选择边并将其焊接到目标边。只能焊接仅附着一个多边形的边，也就是边界上的边。

❽ 桥：使用该工具可以连接对象的边，但只能连接边界边，也就是只在一侧有多边形的边。

❾ 连接：这是多边形建模中使用频率最高的工具之一，可以在每对选定边之间创建新边，对于创建或细化边循环特别有用。

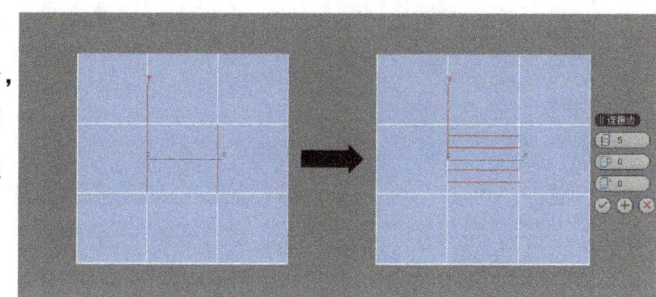

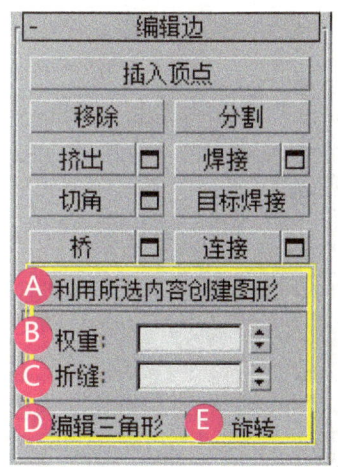

Ⓐ 利用所选内容创建新图形：这是多边形建模中使用频率最高的工具之一，可以将选定的边创建为样条线图形。如果选择"平滑"类型，则生成的平滑的样条线；如果选择"线性"类型，则样条线的形状与选定边的形状保持一致。

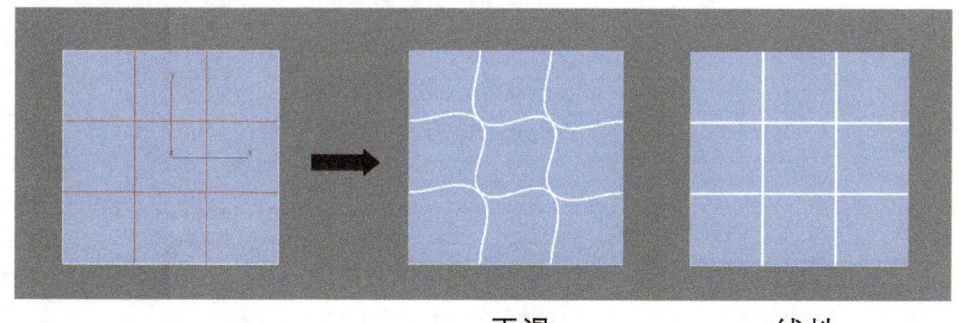

平滑　　　　　线性

Ⓑ 权重：设置选定边的权重，供 NURMS 细分选项和"网格平滑"修改器使用。

Ⓒ 拆缝：指定对选定边或边执行的折缝操作量，供 NURMS 细分选项和"网格平滑"修改器使用。

Ⓓ 编辑三角形：用于修改绘制内边或对角线时多边形细分为三角形的方式。

Ⓔ 旋转：用于通过单击对角线修改多边形细分为三角形的方式。使用该工具时，对角线可以在线框和边面视图中显示为虚线。

编辑多边形 | 编辑多边形选项组

进入可编辑多边形的"多边形"级别以后,在"修改"面板中会增加一个"编辑多边形"卷展栏。这个卷展栏下的工具全部是用来编辑多边形的。

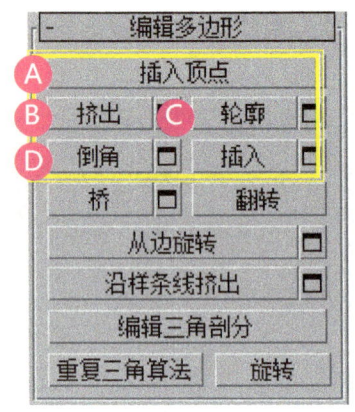

A 插入顶点:用于手动在多边形上插入顶点(单击即可插入顶点),以细化多边形。

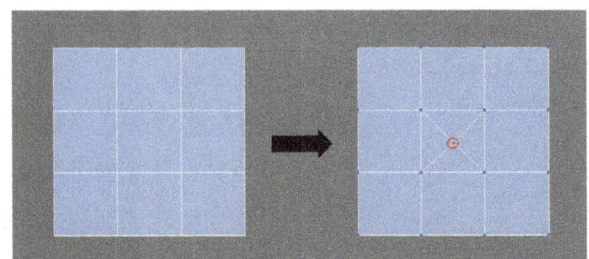

B 挤出:这是多边形建模中使用频率最高的工具之一,可以挤出多边形。"高度"为正值时可向外挤出多边形,为负值时可向内挤出多边形。

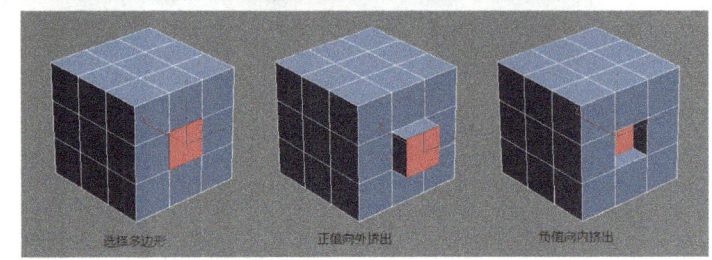

C 轮廓:用于增加或减小每组连续的选定多边形的外边。

D 倒角:这是多边形建模中使用频率最高的工具之一,可以挤出多边形,同时为多边形进行倒角。

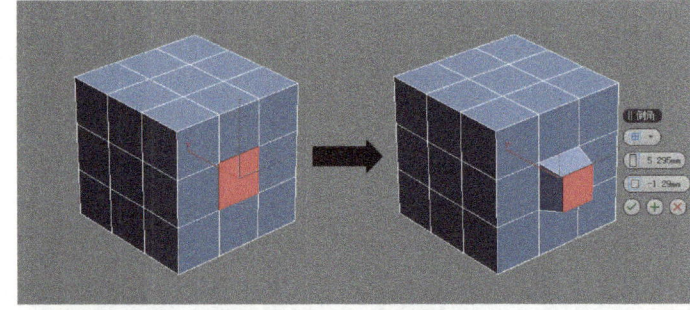

1 插入:执行没有高度的倒角操作,即在选定多边形的平面内执行该操作。

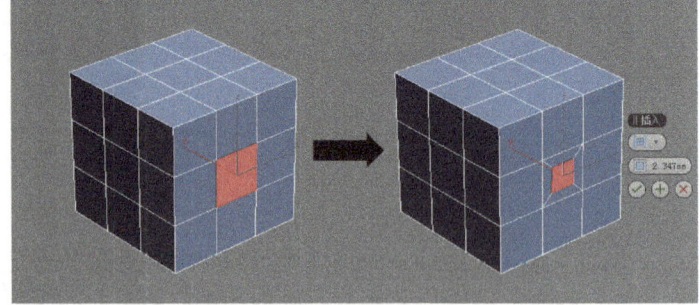

2 桥:使用该工具可以连接对象上的两个多边形或多边形组。

3 翻转:反转选定多边形的法线方向,从而使其面向用户的正面。

4 从边旋转:选择多边形后,使用该工具可以沿着垂直方向拖动任何边,以便旋转选定多边形。

5 沿样条线挤出:沿样条线挤出当前选定的多边形。

6 编辑三角剖分:通过绘制内边修改多边形细分为三角形的方式。

7 重复三角算法:在当前选定的一个或多个多边形上执行最佳三角剖分。

8 旋转:使用该工具可以修改多边形细分为三角形的方式。

附件四：石墨建模工具

建模工具选项卡

在 3ds Max 2010 之前的版本中，"建模工具"选项卡就是 3ds Max 的 PolyBoost 插件，在 3ds Max 2010~3ds Max 2013 中称为"石墨建模工具"，而在 3ds Max 2014 版本中则称为"建模工具"选项卡。从某种意义上来讲，"建模工具"选项卡其实就是多边形建模。

建模工具卡 | 调出选项卡

"建模工具"选项卡包含"建模""自由形式""选择""对象绘制"和"填充"5 大选项卡，其中每个选项卡下都包含许多工具。"建模"选项卡比较常用，在下面的内容中，将主要讲解该选项卡下的参数用法。

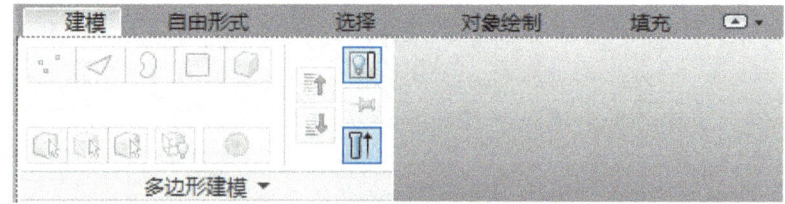

"填充"选项卡主要主要用于制作数量众多的人物随机行走、交谈等动画效果。

"建模工具"选项卡的界面具有 3 种不同的状态，单击选项卡右侧的按钮，在弹出的菜单中即可选择相应的显示状态。

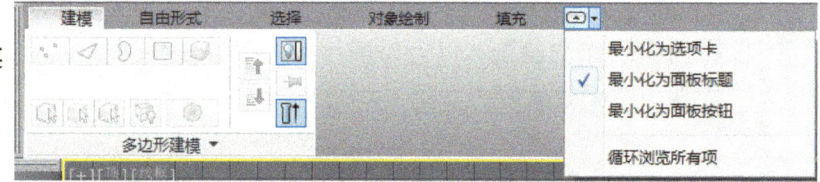

建模工具卡 | 参数

"建模"选项卡下包含了多边形建模的大部分常用工具，它们被分成若干个不同的面板。

当切换不同的子对象级别时，"建模"选项卡下的参数面板也会跟着发生相应的变化，下图分别是"顶点"级别、"边"级别、"边界"级别、"多边形"级别和"元素"级别的面板。

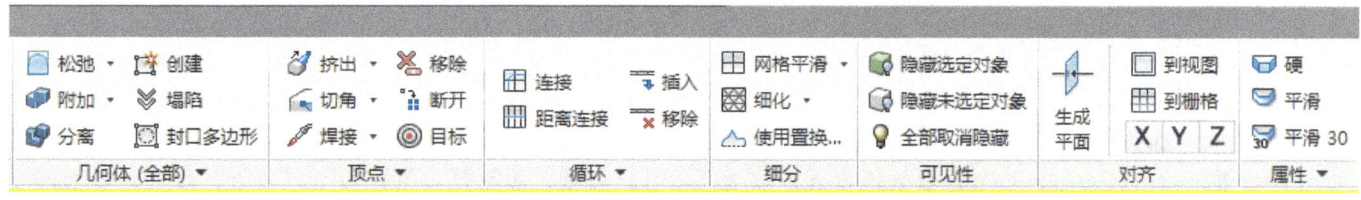

活动 2 绘制床类家具 —— 现代简约床

学习目标

1. 能使用 MassFX 工具，完成简单重力建模。
2. 能使用 Simcloth3 插件结合动画、修改器方式完成被子褶皱的建模。
3. 能使用编辑多边形和修改器综合完成床的软体结构部分。
4. 能使用 CC 颜色校正插件对材质贴图进行调整。
5. 能使用 VRay 灯光对物体四周进行布灯。
6. 能使用摄像机辅助渲染效果图。
7. 能参照 CAD 尺寸，完成家具的案例建模。
8. 在作业完毕后，能按作业规程清点、整理电子文档，整理工作页，并关闭计算机，清理现场。

参考学习课时：12 课时

学习任务描述

公司接到任务后，需要对简约床进行绘制，公司安排设计人员完成该任务，设计师需要根据家具特征，选择适合的建模方法和材质表现，完成简约床的绘制，设计时间为 1.5 天，任务完成后提交简约床的源文件和渲染效果图。

学习准备

工具准备：工作页、学习附件、计算机（含 AutoCAD、3ds Max 软件、VRay 渲染器、SimCloth3 插件、ColorCorrect 插件）、存储器（U 盘、移动硬盘）、签字笔、工作任务单。

引导问题

你认为 3ds Max 软件最难掌握的是什么（样条线 / 修改器 / 多边形）建模？建柔软多边形物体时，若要加入重力或风力因素，可寻找什么物体作参考？

学习过程

1 明确工作任务（小组讨论）

阅读设计任务书，填写工作任务单。列出本次任务的工作内容、时间要求及交接工作的相关负责人，并根据实际情况补充完整。

产品效果图表达
任务三
学习活动 2：绘制床类家具

179

工作任务单

单位部门	设计部		时间		年　月　日
任务来源	总经办□		项目部□		人事部□
项目名称	软体家具表达		任务目标		绘制床类家具
任务执行人	执行人： 组长：		其他组员：		
基本要求	人员要求	遵守纪律、遵守工作场所管理规定，服从安排； 安全意识，责任意识，6S 管理意识； 注重个人形象，注重环境整洁； 注重沟通，能自主学习及相互协作			□确认
	存储设备	USB 存储器 / 移动硬盘			□确认
	自备工具	工作页、签字笔			□确认
	完成数量	单个产品			□确认
	完成时间	240 分钟			□确认
	尺寸规范	准确设置单位			□确认
	形态结构	尺寸准确			□确认
	模型细节	细节表现到位			□确认
	材质表现	材质表达真实			□确认
	操作情况	操作熟练，快速找到相应命令			□确认
	整体风格	效果真实再现，具有一定个人风格			□确认
	作品展示	语言流畅，思路清晰；展示方式富有特色			□确认

已经解决问题的描述：

成功、成果、失误与问题：

绩效等级	优□　良□　中□　差□	奖惩制度	
任务执行人签字		审核人签字盖章	
	年　月　日		年　月　日

产品效果图表达

任务三　180
学习活动2：绘制床类家具

② 知识探索

1. 请使用 3ds Max 软件动力学工具，完成平面在切角长方体上的重力运动，使其形成以下图形。（参考附件）

请填写出绘制的具体步骤：

2. 请利用编辑多边形、切角（边级别下）、倒角（面级别下）、对称修改器、涡轮平滑修改器、FFD 修改器等命令绘制以下图形，并写出具体步骤。（参考附件）

请填写出绘制的具体步骤：

③ 工作任务的实施

1. 先设置 3ds Max 软件的系统单位为毫米（mm）。

2. 根据 CAD 提供的尺寸，在 3ds Max 内进行绘制。

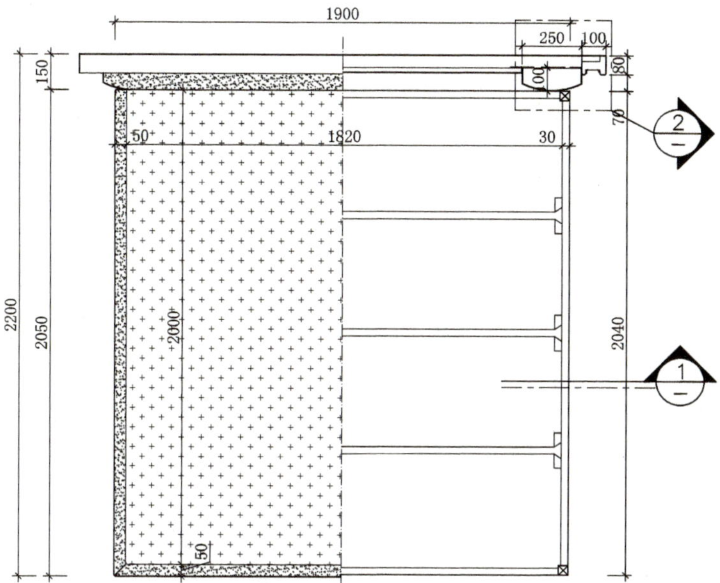

产品效果图表达

任务三　　181
学习活动2：绘制床类家具

Ⓐ 平面图　1:25

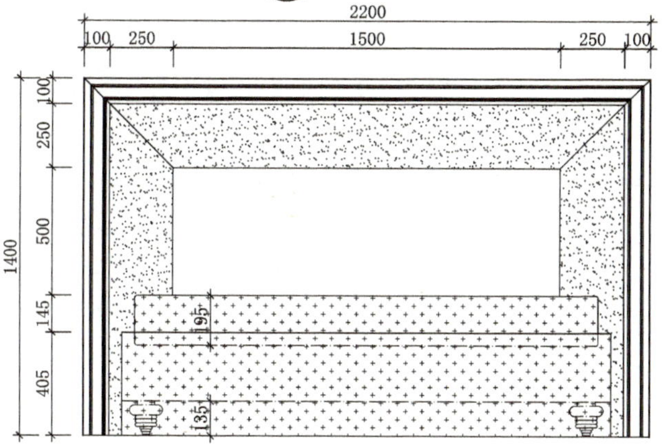

Ⓑ 正立面图　1:25

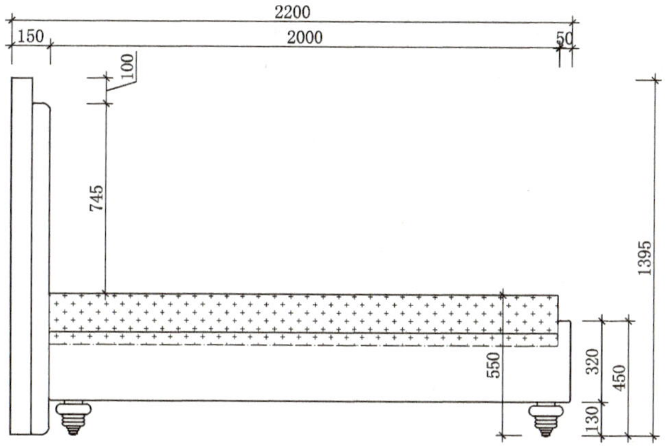

Ⓒ 侧立面图　1:25

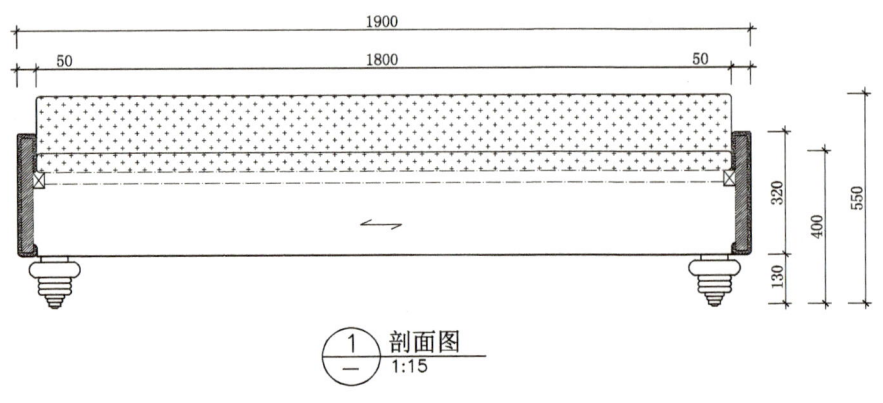

① 剖面图
 1:15

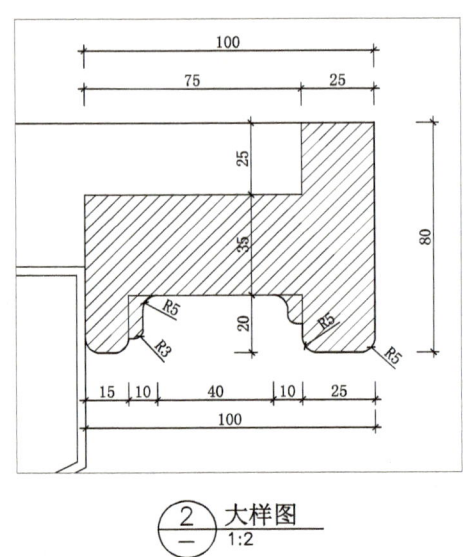

② 大样图
 1:2

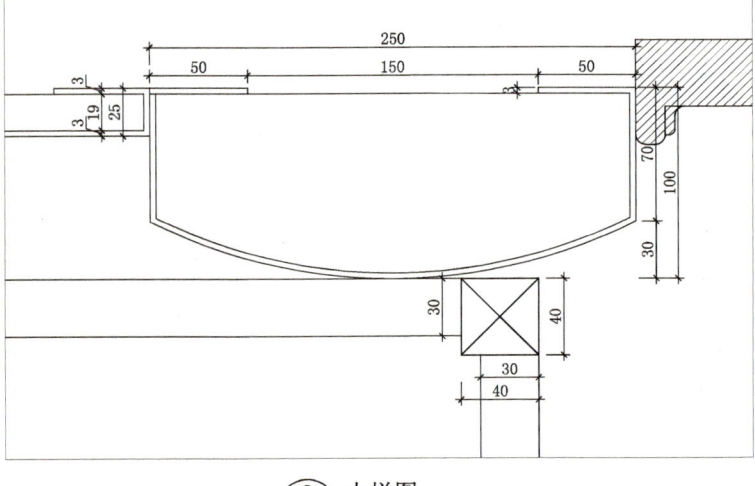

② 大样图
 1:3

3. 绘制 CAD 图形，并将文件导入 3ds Max，绘制出实木线条的内容。

4. 根据知识探索，请利用编辑多边形、切角（线级别下）、倒角（面级别下）、对称修改器、涡轮平滑修改器、FFD 修改器等绘制褶皱软包部分。

5. 根据知识探索，尝试使用动力学绘制出蓬松布艺覆盖床架的内容。

6. 使用编辑多边形绘制床垫。

7. 适合附件，使用 SimCloth3 和动力学工具，绘制带褶皱的被单。

8. 使用涡轮平滑工具，对床软体部分适当进行平滑优化。

9. 在透视图中选择合适的角度，创建摄像机。

10. 调整 VRay 渲染器为测图参数，加快材质和灯光渲染测试。

11. 通过 VRayMtl 材质，设置出扣皮、不锈钢材质。

12. 在场景中添加 4 盏 VRay 灯光，并调整 VRay 灯光的强度和冷暖色调。

13. 使用 VRay 渲染器，利用出图渲染设置，渲染较高质量的效果图。

14. 保存并归档当前文件，文件命名为"任务三活动二现代简约床"。

15. 整理桌面，保持整洁。

4 完成成果交流点评

（1）以组为单位，展示训练成果；
（2）小组互评成绩；
（3）教师点评优秀训练成果；
（4）教师对广泛存在的问题进行总结。

学习活动反馈表

项目	考核内容		分值	个人评价	组内评价	教师评价	评分标准
姓名：		学号：				日期：	
学习态度	1. 遵守学习纪律，不做与课堂无关事情，不迟到早退		10				根据实际课堂表现打分
	2. 着装整齐，不穿拖鞋		10				
	3. 学习积极主动，参与小组讨论，按时提交作业		10				
软件操作	4. 能使用 3ds Max 软件动力学工具，完成简单重力建模	会□ / 不会□	10				单项技能目标"会"该项得满分，"不会"则根据实际情况得分
	5. 能使用编辑多边形和修改器综合完成床的软体结构部分	会□ / 不会□	10				
	6. 能使用 CC 颜色校正插件对材质贴图进行调整	会□ / 不会□	10				
	7. 能使用 VRay 灯光和 VRay 材质对场景和家具进行设置，并渲染最终图像	会□ / 不会□	10				
作品展示	8. 踊跃发言，思路清晰，展示方法富有特色		20				根据实际课堂表现打分
职业素养	9. 在作业完毕后，能按作业规程清点、整理电子文档，整理工作页，并关闭计算机，清理现场		10				根据实际课堂表现打分
总分			100				

小组评语及建议	优点： 不足： 建议：	组长签名： 日期：
老师评语与建议		评定的等级或分数： 教师签名： 日期：

附件一：MassFX 工具栏
（动力学系统）

动力学系统　在 max2012 之后，autodesk 把动力学改成了一个 MassFX 工具栏。使用 MassFX，设计师可以利用多线程 NVIDIA PhysX 引擎，直接在 3ds Max 视口中创建更形象的动力学刚体模拟。

❶ 如何调出 MassFX 工具栏？

右键主工具栏空白处，选择 MassFX 工具栏。

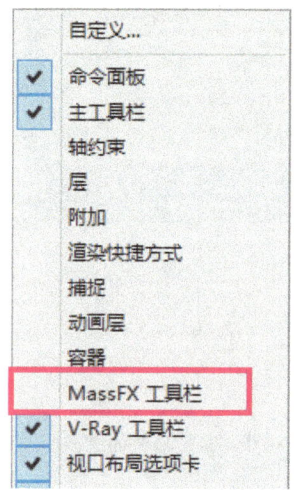

❷ 布类重力表现的主要工具：刚体工具、布料工具和计算工具。

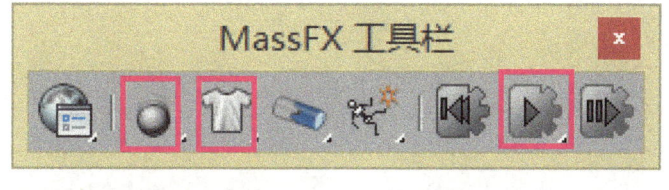

❸ MaxFX 计算时后会结合使用动画轴作呈现，因此可以选择时间轴上的点来确认最终图案。

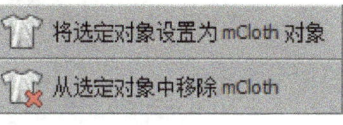

附件二：MassFX 案例教程

❶ 先创建需要发生动力学的几何体

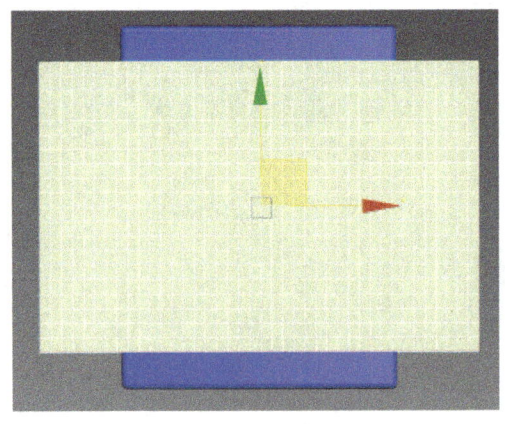

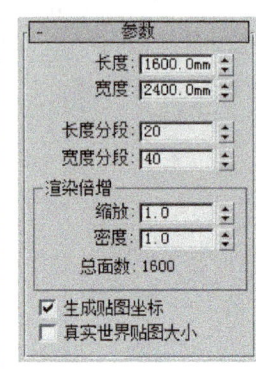

❷ 在不同的物体下赋予不同的动力学特征

　　（1）长方体添加刚体特征；

　　（2）床单添加 mCloth 对象。

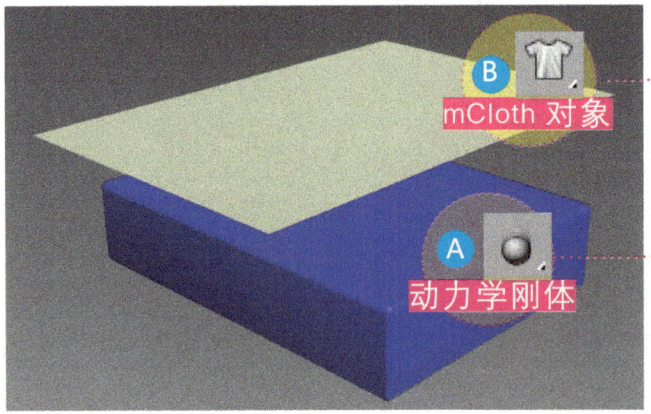
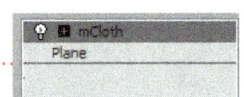

通过 mCloth 参数下的"纺织物物理特性"可以调节纺织物重力比、密度、延展性、弯曲度等参数

❸ 点击 MassFX 工具栏上的开始模拟，在动画轴上选择要形成样式对应的帧数

❹ 确认后转换为可编辑多边形

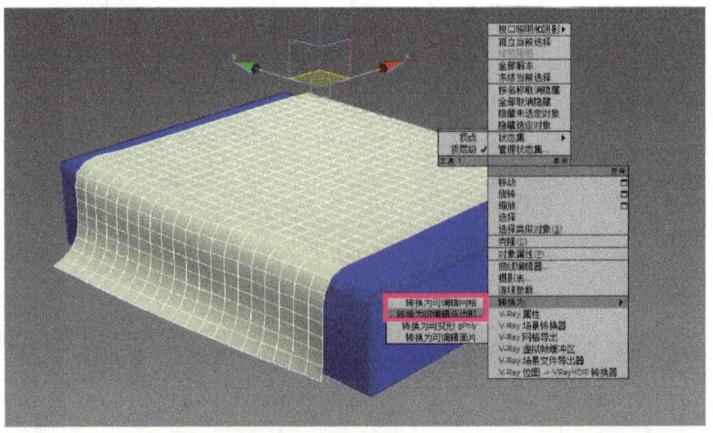

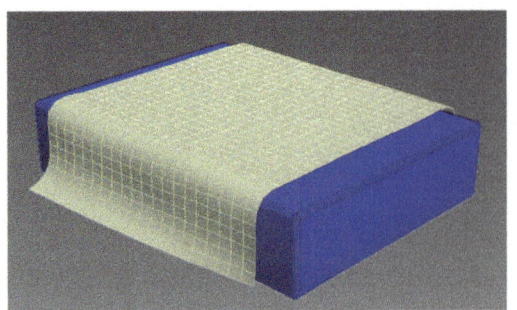

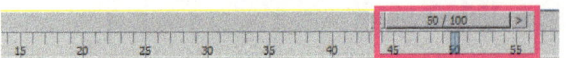

附件三：安装 Simcloth3

❶ 打开安装文件

CH_SimCloth3_v1.8(64bit)_setup_reconditeness.exe　　CH_SimCloth3_v1.8(64bit)_setup_reconditeness-0.bin　　CH_SimCloth3_v1.8(64bit)_setup_reconditeness-1.bin

❷ 软件提示信息

❸ 同意软件许可协议

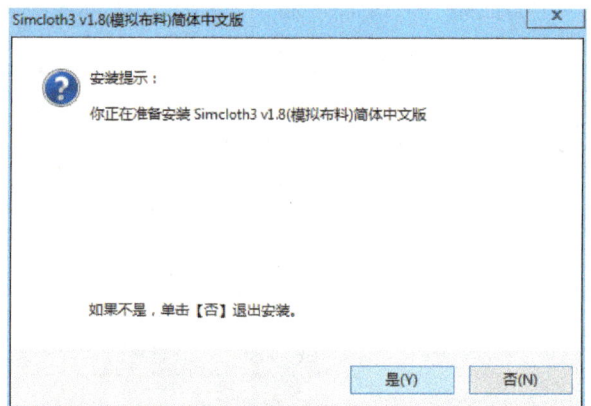

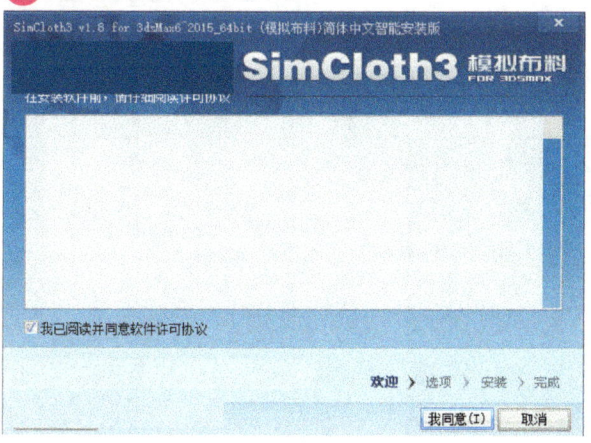

❹ 检查安装路径

❺ 选择相应版本文件

❻ 安装成功后打开软件，在修改器列表里面有 SimCloth3 修改器

附件四:Simcloth3 的作用

❶ 加入 SimCloth3 修改器

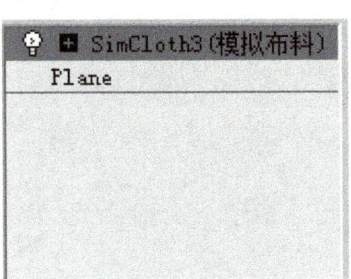

❷ 选择对象基础类型

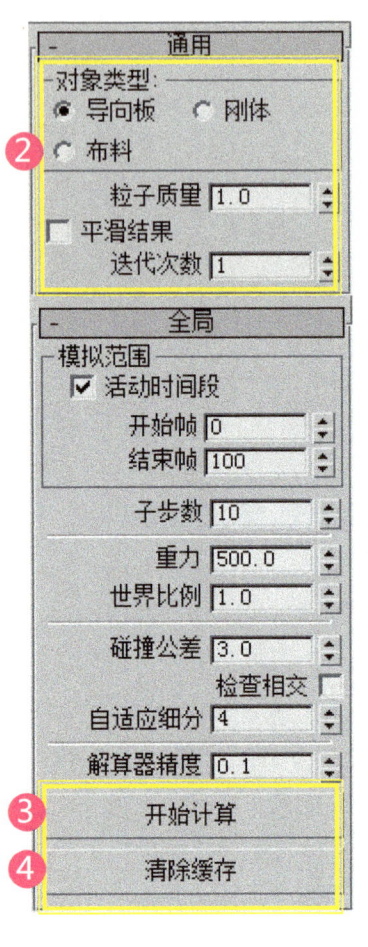

❸ 对场景进行动力学计算

❹ 清除缓存，重新计算

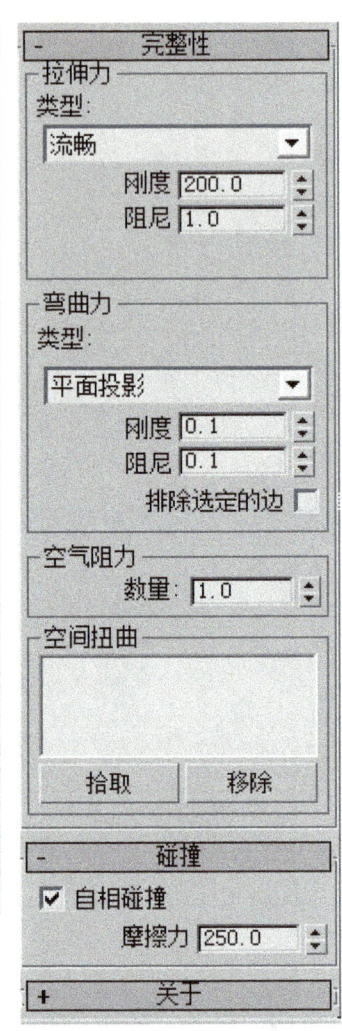

❺ 可以对特定顶点进行锁定不变化，从而达到更丰富的变化效果

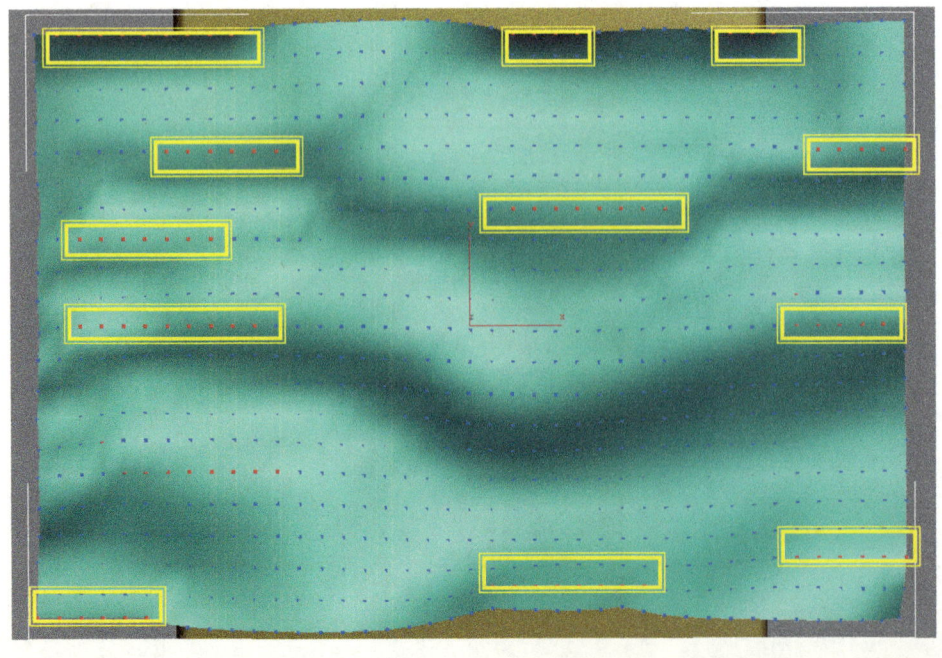

产品效果图表达
任务三　189
附件

附件五：使用 SimCloth3 制作被子

❶ 新建切角长方体和平面

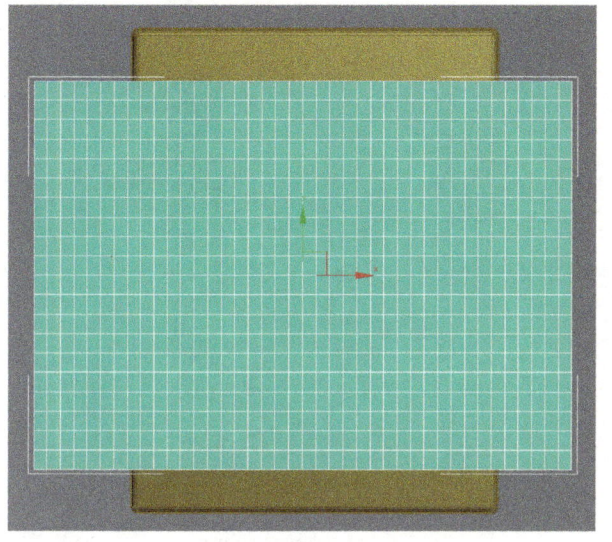
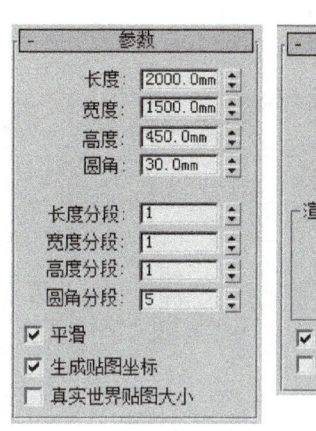

❷ 将已经分段的平面转为可编辑多边形

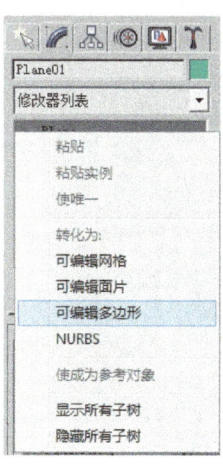

❸ 设置关键帧，使动力学具有缩放功能

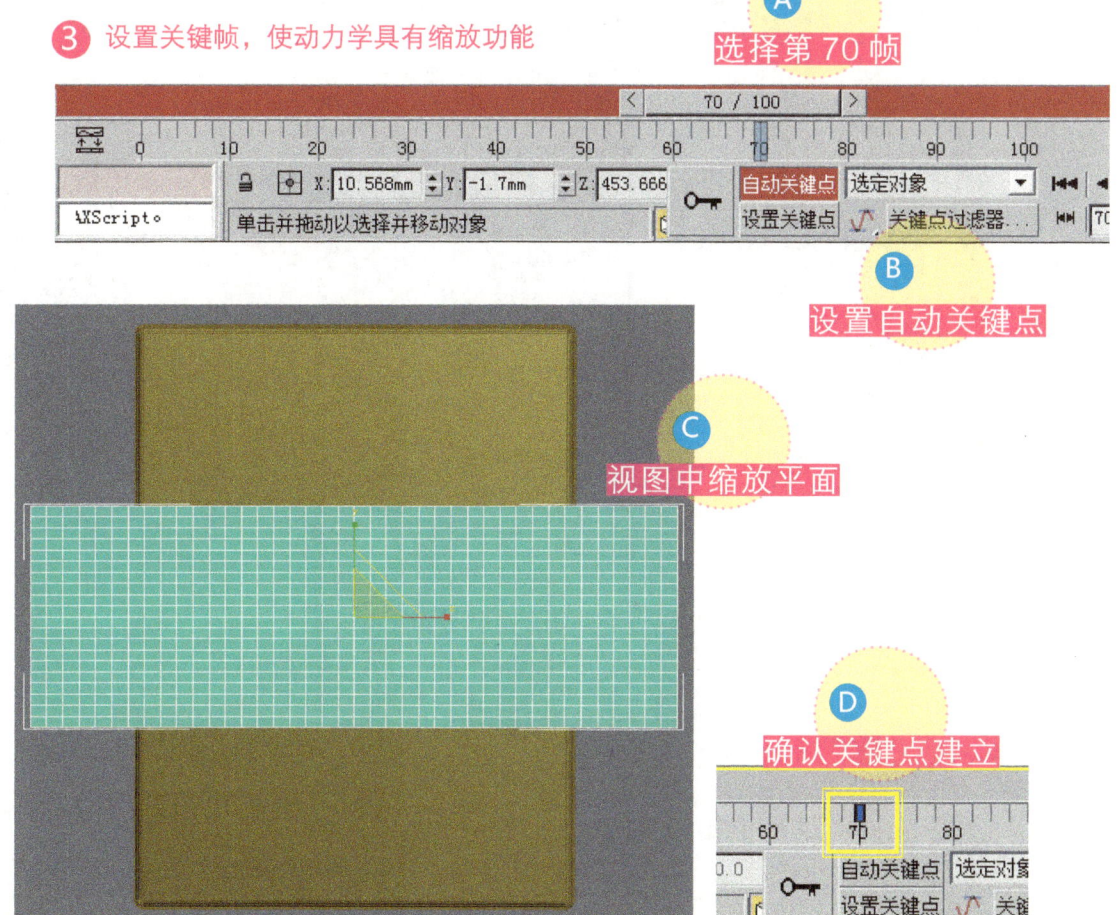

Ⓐ 选择第 70 帧

Ⓑ 设置自动关键点

Ⓒ 视图中缩放平面

Ⓓ 确认关键点建立

④ 回到第一点关键帧

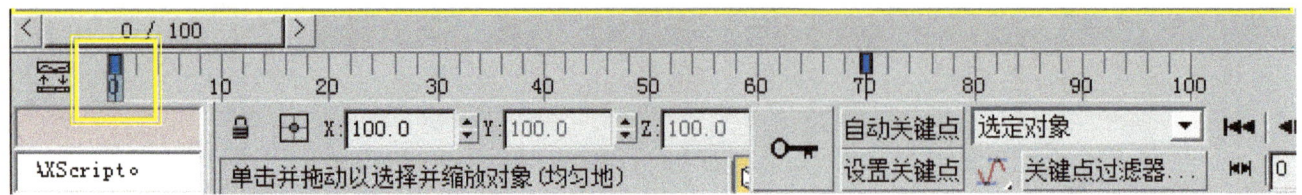

⑤ 选择需要不分散的顶点，设置参数并开始计算褶皱

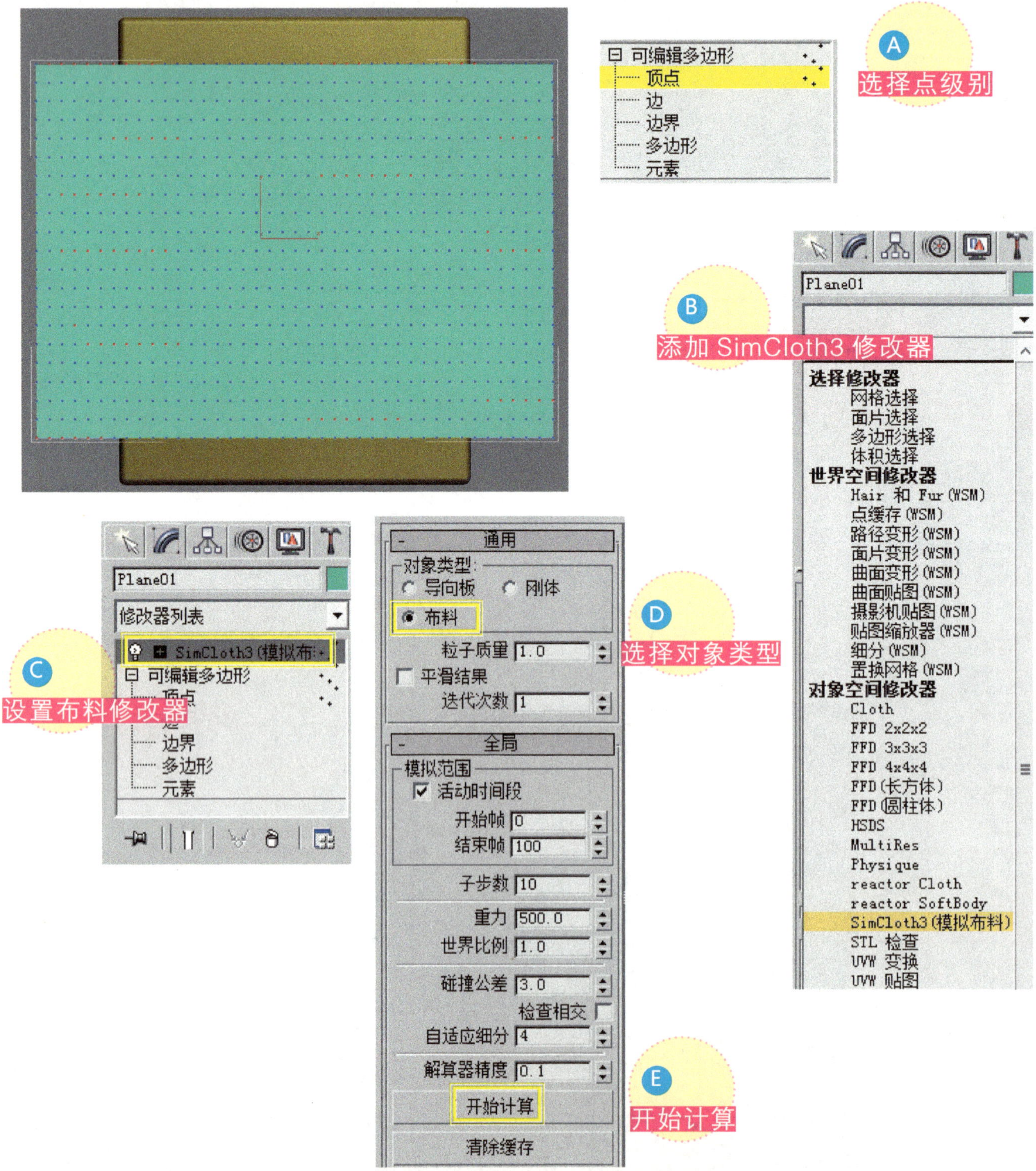

A 选择点级别

B 添加 SimCloth3 修改器

C 设置布料修改器

D 选择对象类型

E 开始计算

❻ 计算过程和最终计算效果

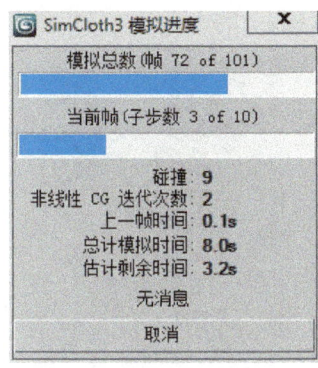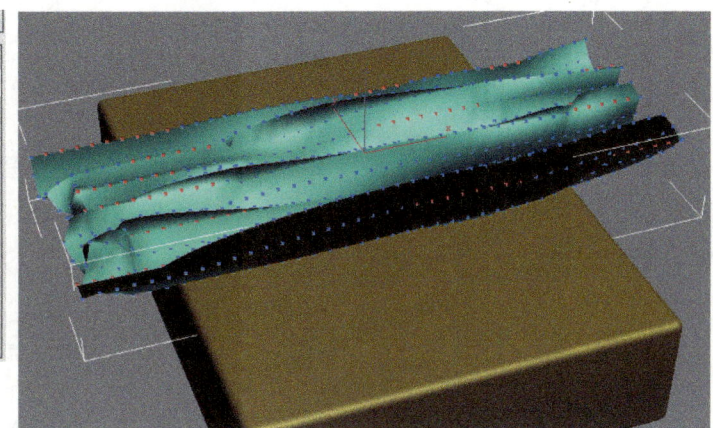

❼ 删除已经使用完毕的关键点

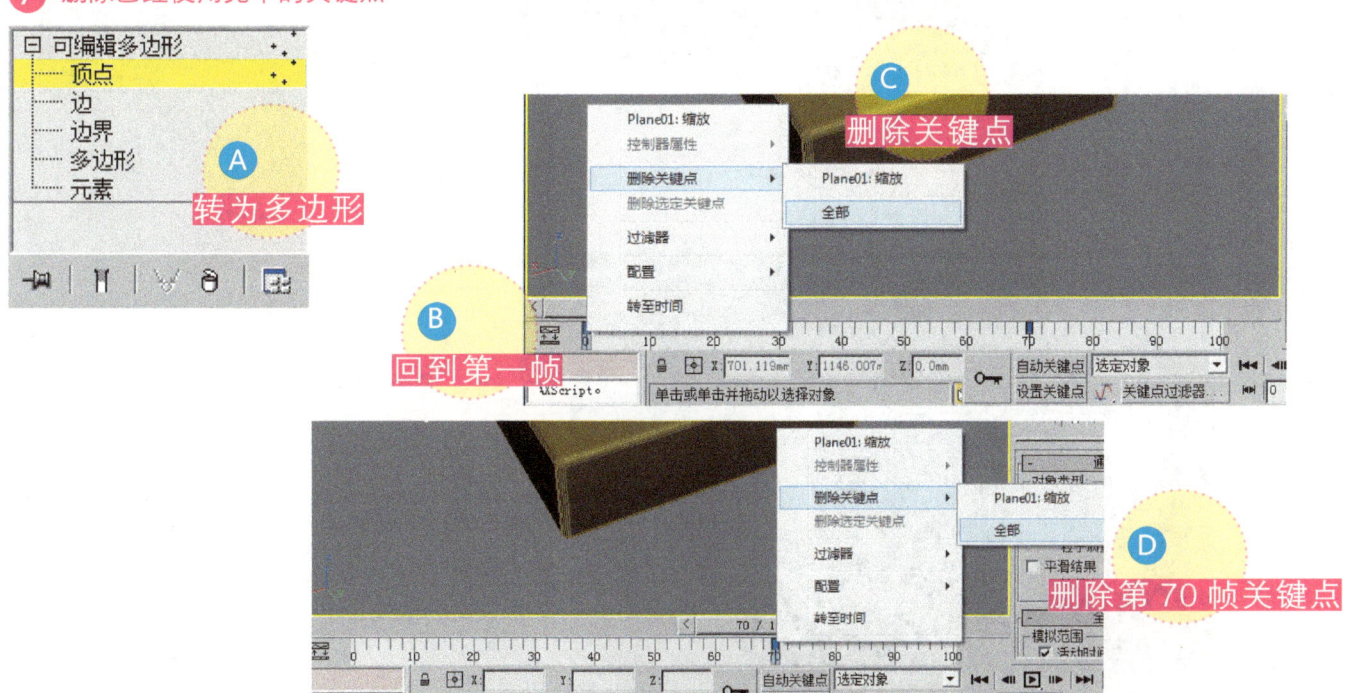

❽ 在不同的物体下赋予不同的动力学特征
  （1）长方体添加刚体特征；
  （2）床单添加 mCloth 对象。

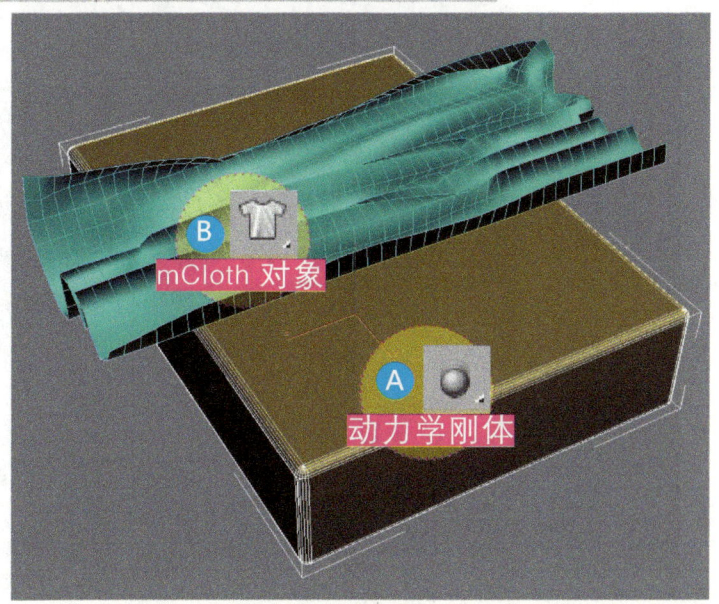

❾ 修改 mCloth 参数

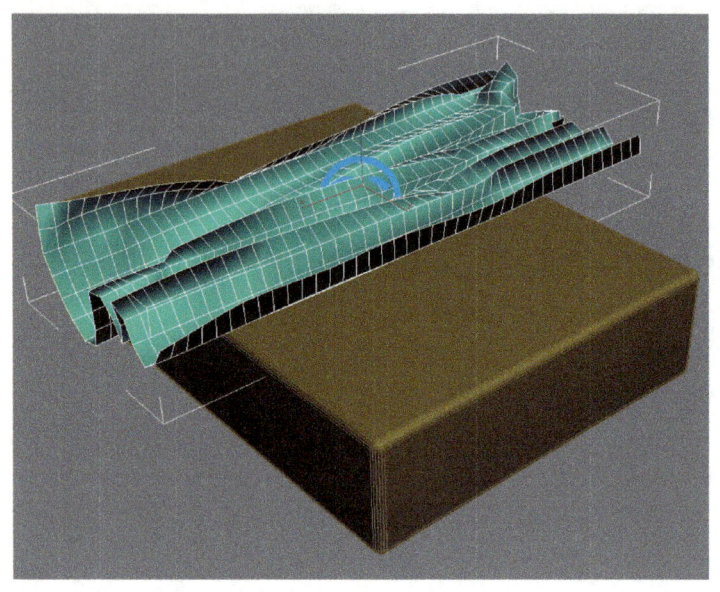

❿ 点击 MassFX 工具栏上的开始模拟，在动画轴上选择要形成样式对应的帧数，并将被子转为可编辑多边形

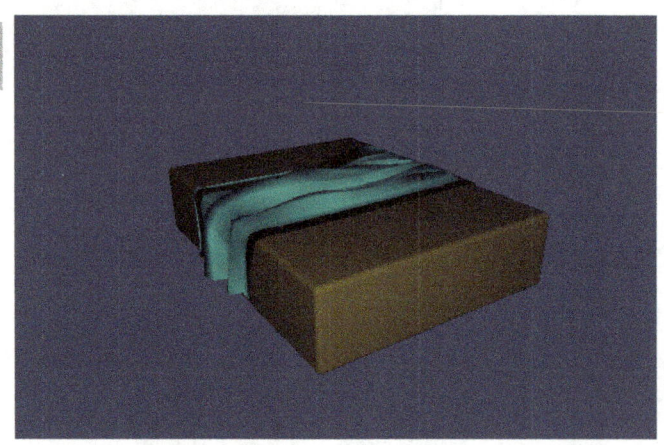

⓫ 添加壳和涡轮平滑修改器以完成模型

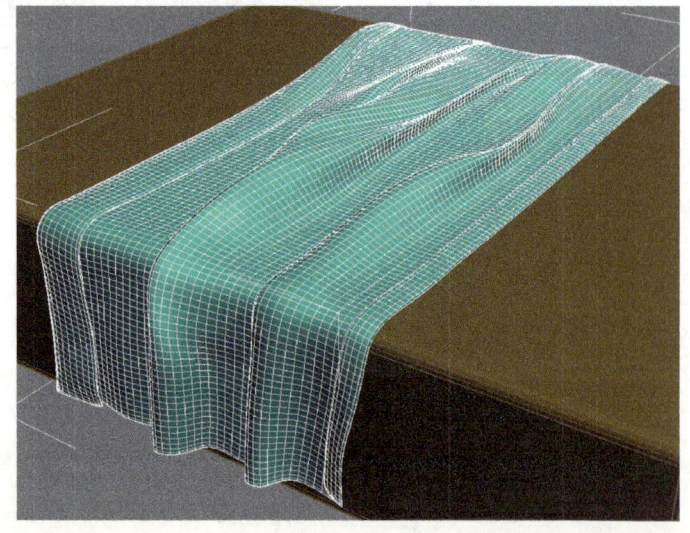
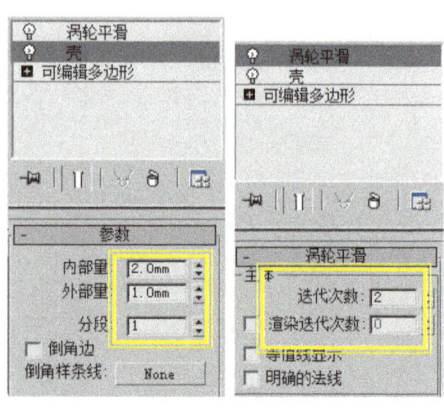

附件六：利用多边形制作床屏软包

❶ 绘制分段的平面

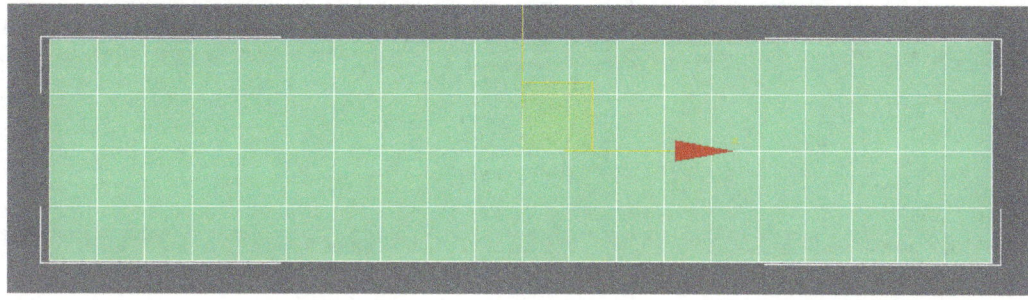
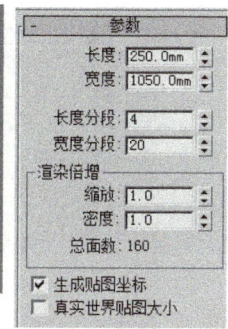

❷ 转多边形，对纵向线进行选择

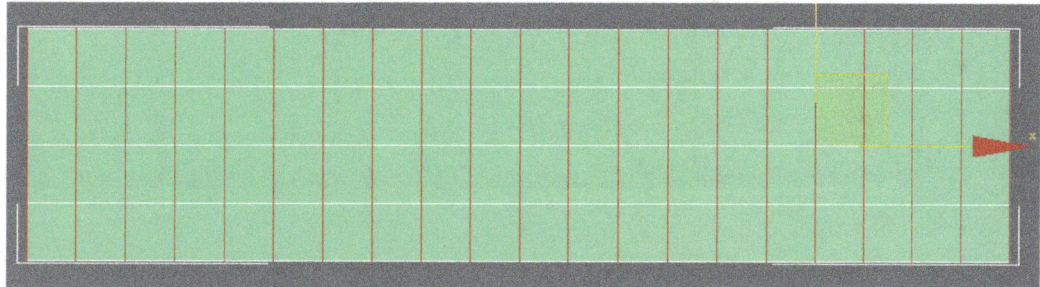

❸ 对线进行切角命令，形成双线效果

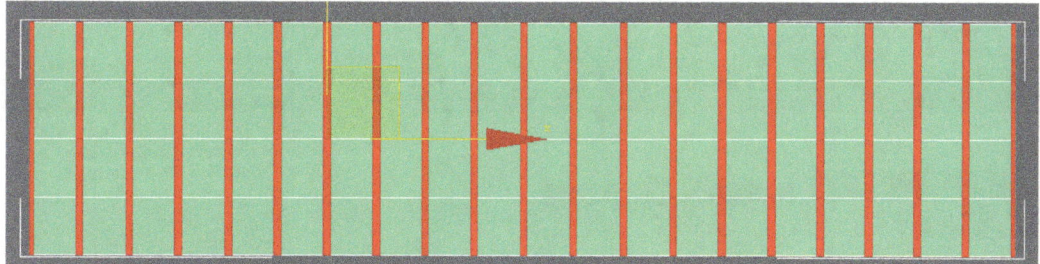

❹ 对面进行倒角命令

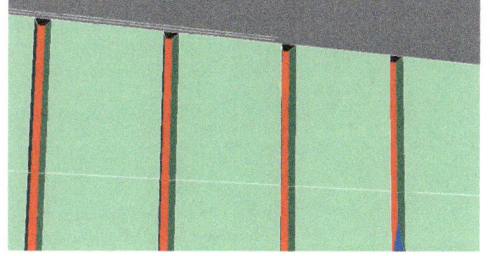

❺ 对开放边进行拉伸操作，使其有体积感

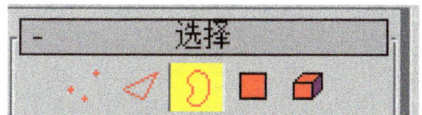
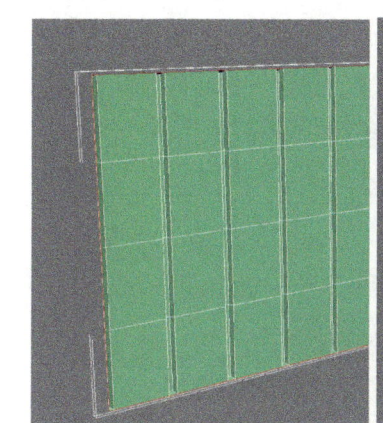

❻ 为减少建模工作量，对物体使用对称修改器

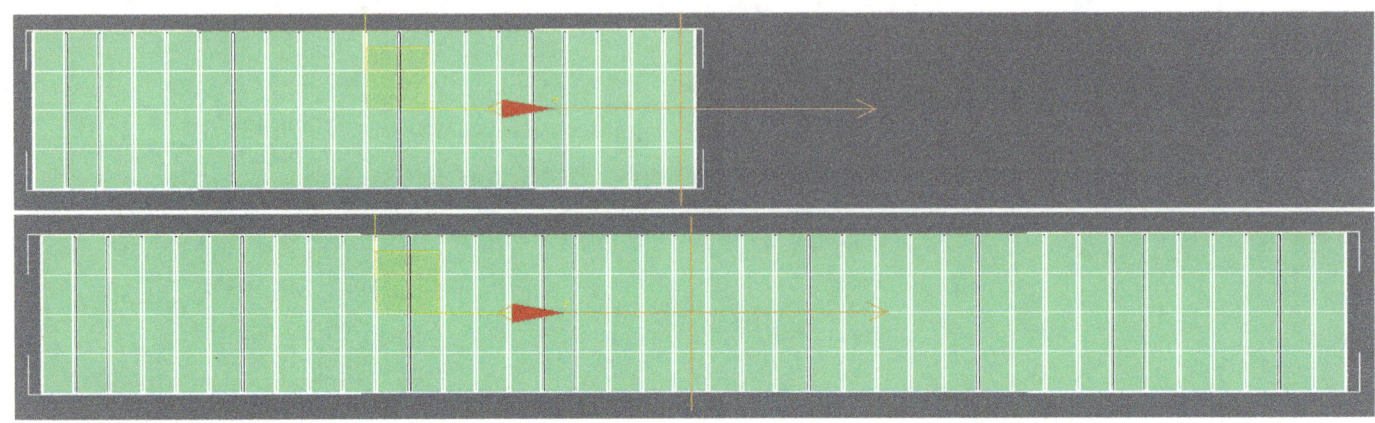

❼ 使用涡轮平滑修改器，使得物体平滑

❽ 使用 FFD 变换工具，对形体简单变换

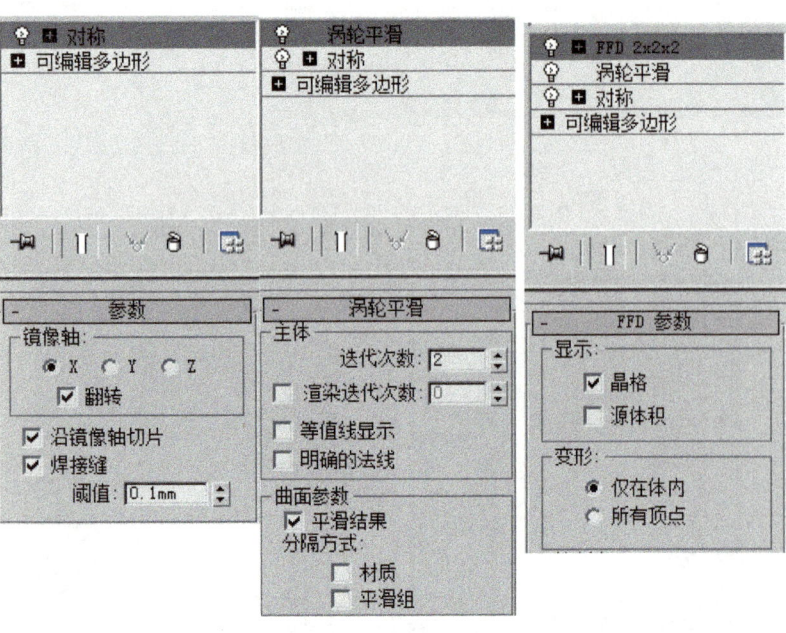

活动 2

绘制床类家具 —— 欧式扣布床

学习目标

1. 能使用编辑多边形和修改器工具,完成软包建模。
2. 能使用多种修改器综合叠加,绘制枕头和抱枕。
3. 能完成被子、枕头、床屏扣皮、床架扣布和床垫的材质表现。
4. 能使用摄像机辅助渲染效果图。
5. 能使用 VRay 材质库对材质进行调用并调整。
6. 能使用 VRay 灯光对物体四周进行布灯。
7. 能参照 CAD 尺寸,完成家具的案例建模。
8. 在作业完毕后,能按作业规程清点、整理电子文档,整理工作页,并关闭计算机,清理现场。

参考学习课时:12 课时

学习任务描述

公司接到任务后,需要对欧式床进行绘制,公司安排设计人员完成该任务,设计师需要根据家具特征,选择适合的建模方法和材质表现,完成欧式床的绘制,设计时间为 1.5 天,任务完成后提交欧式床的源文件和渲染效果图。

学习准备

工具准备:工作页、学习附件、计算机(含 AutoCAD、3ds Max 软件、VRay 渲染器、SimCloth3 插件、ColorCorrect 插件)、存储器(U盘、移动硬盘)、签字笔、工作任务单。

引导问题

通过上章节学习活动,请试述 3ds Max 动力学可以引用在哪些地方?如何表现在家具上?

学习过程

1 明确工作任务(小组讨论)

阅读设计任务书,填写工作任务单。列出本次任务的工作内容、时间要求及交接工作的相关负责人,并根据实际情况补充完整。

工作任务单

单位部门		设计部	时间	年　月　日
任务来源		总经办□	项目部□	人事部□
项目名称		软体家具表达	任务目标	绘制床类家具
任务执行人		执行人：　　　　其他组员： 组长：		
基本要求	人员要求	遵守纪律、遵守工作场所管理规定，服从安排； 安全意识，责任意识，6S 管理意识； 注重个人形象，注重环境整洁； 注重沟通，能自主学习及相互协作		□确认
	存储设备	USB 存储器 / 移动硬盘		□确认
	自备工具	工作页、签字笔		□确认
	完成数量	单个产品		□确认
	完成时间	480 分钟		□确认
	尺寸规范	准确设置单位		□确认
	形态结构	尺寸准确		□确认
	模型细节	细节表现到位		□确认
	材质表现	材质表达真实		□确认
	操作情况	操作熟练，快速找到相应命令		□确认
	整体风格	效果真实再现，具有一定个人风格		□确认
	作品展示	语言流畅，思路清晰；展示方式富有特色		□确认

已经解决问题的描述：

成功、成果、失误与问题：

绩效等级	优□ 良□ 中□ 差□	奖惩制度	
任务执行人签字	 　 年　月　日	审核人签字盖章	 　 年　月　日

② 知识探索

1. 请使用切角长方体和编辑多边形工具：连接（点级别下）、切角（点级别下）、切角（线级别下）、倒角（面级别下）、涡轮平滑修改器等完成小型软包的建模。（参考附件）

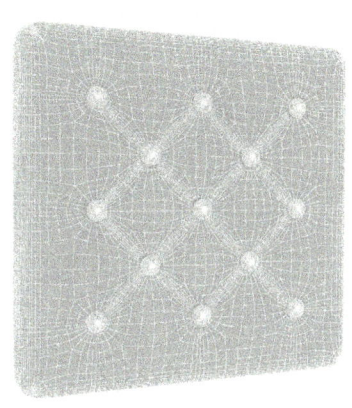

请填写出软包的绘制的具体步骤：

2. 请尝试使用"FFD 修改器""编辑多边形修改器"和"涡轮平滑修改器"命令综合绘制以下图形。（参考附件）

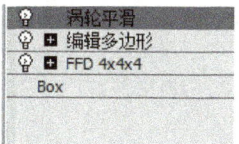

请填写出绘制的具体步骤：

③ 工作任务的实施

1. 先设置 3ds Max 软件的系统单位为毫米（mm）。

2. 根据 CAD 提供的尺寸，在 3ds Max 内进行绘制。

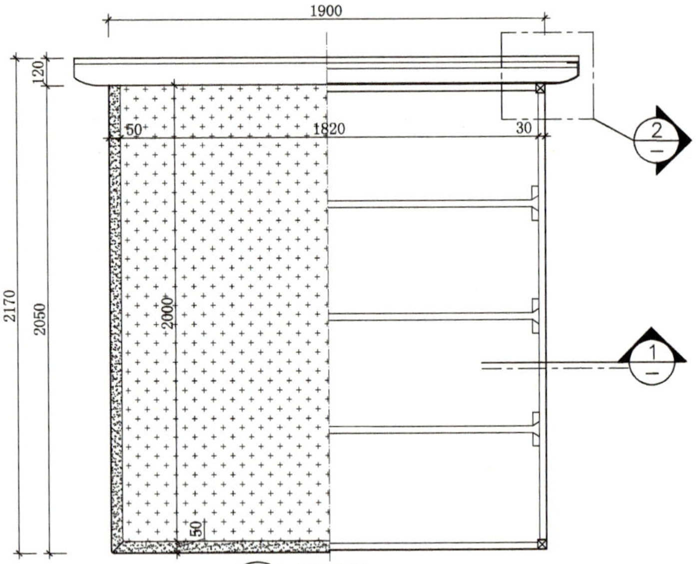

产品效果图表达

任务三　198
学习活动 2：绘制床类家具

A 平面图 1:25

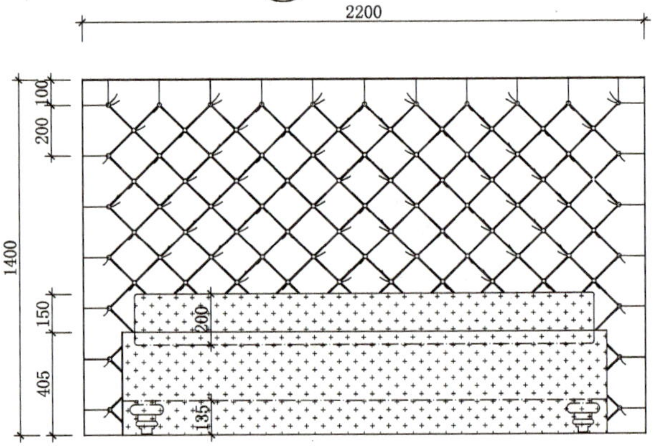

B 正立面图 1:25

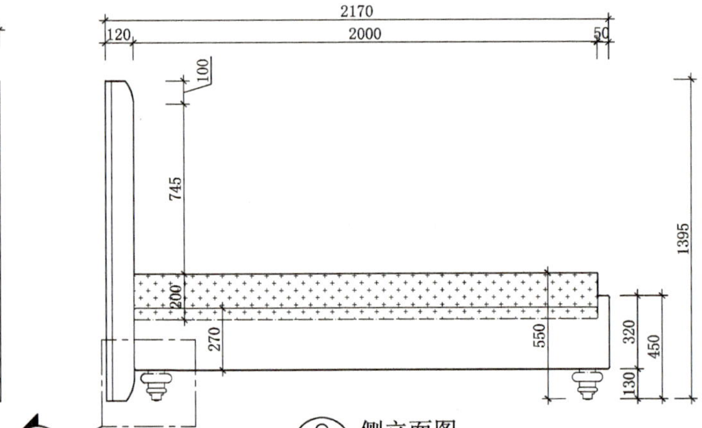

C 侧立面图 1:25

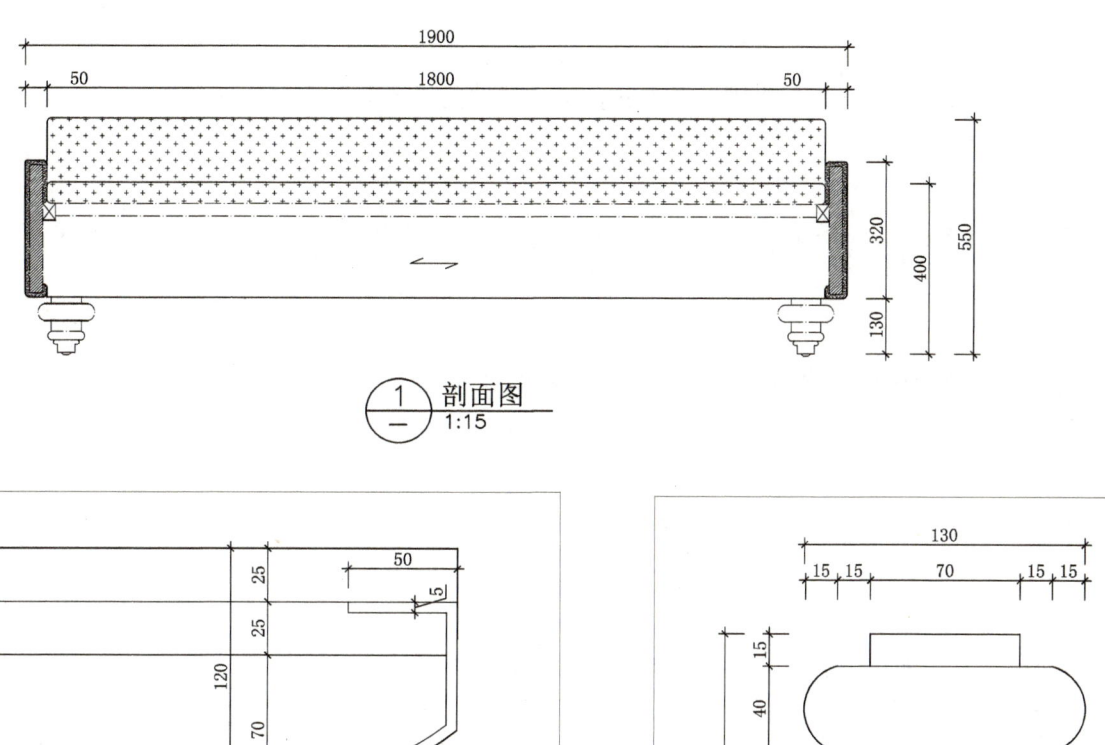

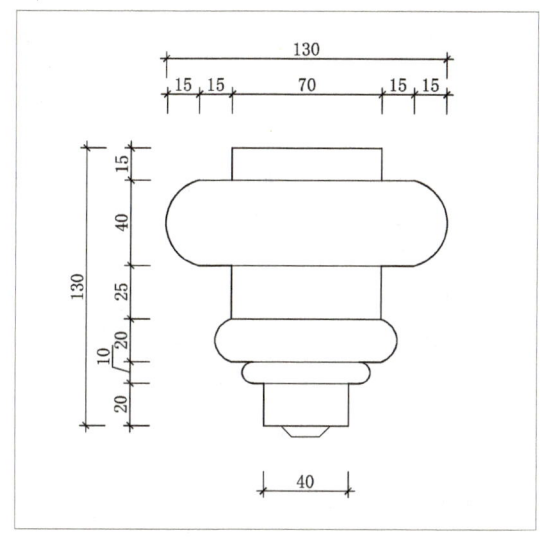

3. 结合知识探索内容,请利用"对称修改器"和"显示最终结果开关"命令综合绘制出床屏部分。

4. 根据提供的 CAD 尺寸文件,导入 3ds Max,参照比例和结构尺寸绘制出床箱和床垫部分。

5. 根据知识探索内容,绘制床上枕头和抱枕。

产品效果图表达

任务三
学习活动2：绘制床类家具

6. 利用导入的CAD文件，获取床脚外形内容，结合"车削修改器"完成床脚。

7. 参考附件，使用SimCloth3和MaxxFX工具，绘制带褶皱的被单。

8. 结合沙发类家具"巴塞罗那椅"的案例绘制床尾凳。

9. 在透视图中选择合适的角度，创建摄像机。

10. 调整VRay渲染器为测图参数，加快材质和灯光渲染测试。

11. 通过VRayMtl材质，设置出布艺床单、布艺床被、皮革软包、不锈钢床脚材质。

12. 在场景中添加4盏VRay灯光，并调整VRay灯光的强度和冷暖色调。

13. 使用VRay渲染器，利用出图渲染设置，渲染较高质量的效果图。

14. 保存并归档当前文件，文件命名为"任务三活动二欧式扣布床"。

15. 整理桌面，保持整洁。

4 完成成果交流点评

（1）以组为单位，展示训练成果；
（2）小组互评成绩；
（3）教师点评优秀训练成果；
（4）教师对广泛存在的问题进行总结。

学习活动反馈表

项目	考核内容		分值	个人评价	组内评价	教师评价	评分标准
姓名：		学号：				日期：	
学习态度	1. 遵守学习纪律，不做与课堂无关事情，不迟到早退		10				根据实际课堂表现打分
	2. 着装整齐，不穿拖鞋		10				
	3. 学习积极主动，参与小组讨论，按时提交作业		10				
软件操作	4. 能使用编辑多边形和修改器命令，完成软包建模	会□ / 不会□	10				单项技能目标"会"该项得满分，"不会"则根据实际情况得分
	5. 能使用多种修改器综合叠加，绘制枕头和抱枕	会□ / 不会□	10				
	6. 能使用 VRay 灯光对物体四周进行布灯	会□ / 不会□	10				
	7. 能使用 VRay 灯光和 VRay 材质对场景和家具进行设置，并渲染最终图像	会□ / 不会□	10				
作品展示	8. 踊跃发言，思路清晰，展示方法富有特色		20				根据实际课堂表现打分
职业素养	9. 在作业完毕后，能按作业规程清点、整理电子文档，整理工作页，并关闭计算机，清理现场		10				根据实际课堂表现打分
总分			100				
小组评语及建议	优点： 不足： 建议：						组长签名： 日期：
老师评语与建议							评定的等级或分数： 教师签名： 日期：

附件一：软包的制作思路

❶ 使用最接近模型的几何体和分段　　❷ 连通模型所需要的线段（布线）

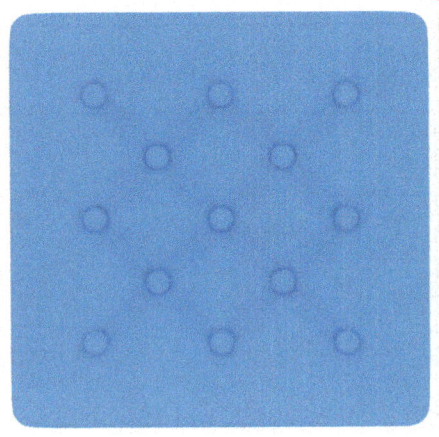
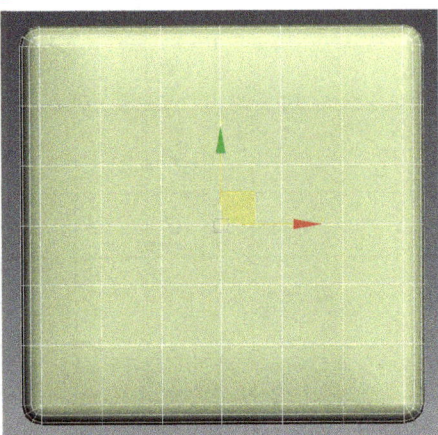
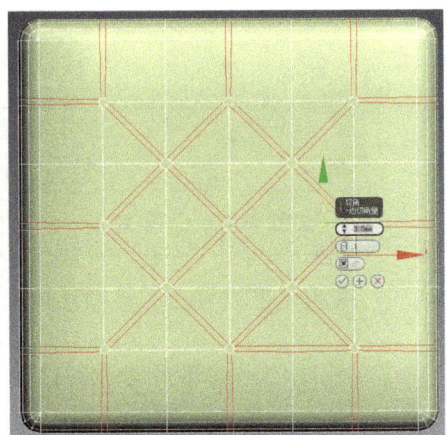

❸ 移动变换出模型的外形（造型）　　❹ 适当加入平滑工具

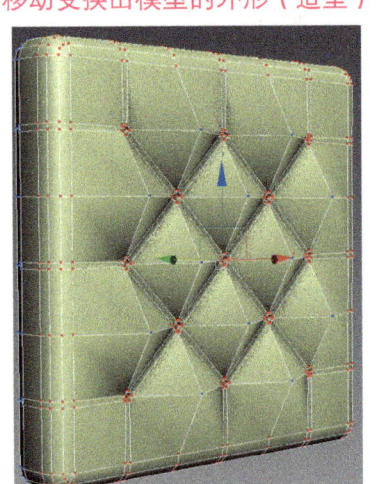
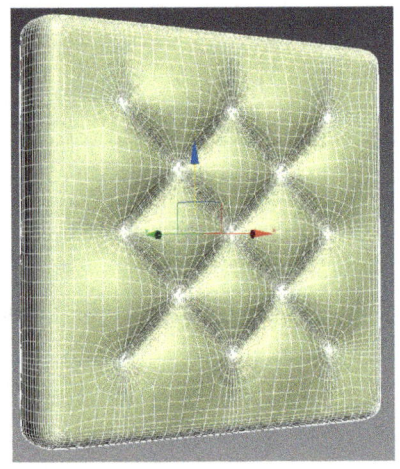

附件二：枕头、抱枕的制作思路

❶ 新建长方体　　❷ 加入 FFD 修改器变形　　❸ 移动顶点或连接线段进行变形　　❹ 加入平滑工具完成

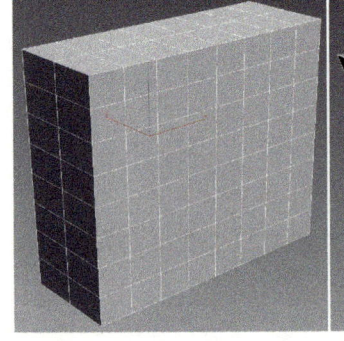
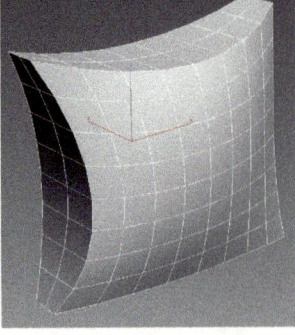
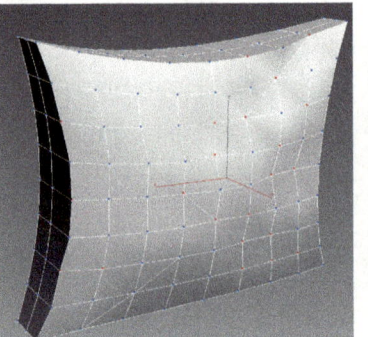
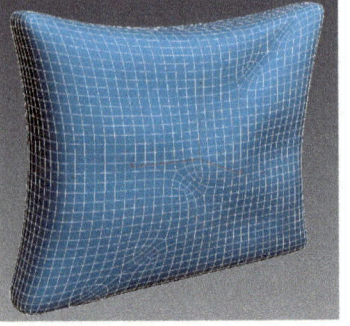

附件三：软包的具体做法

❶ 把软包看作五小份的一个整体，新建切角长方体并设置分段

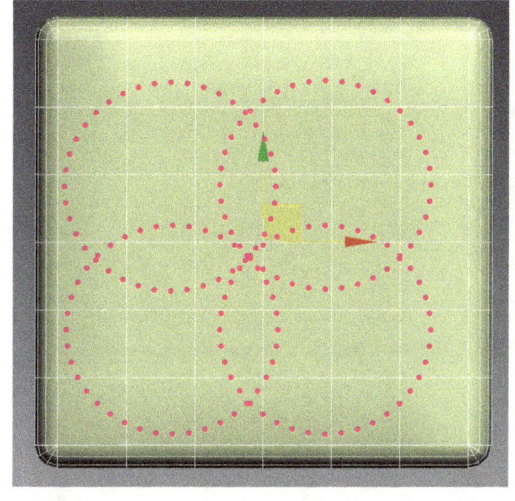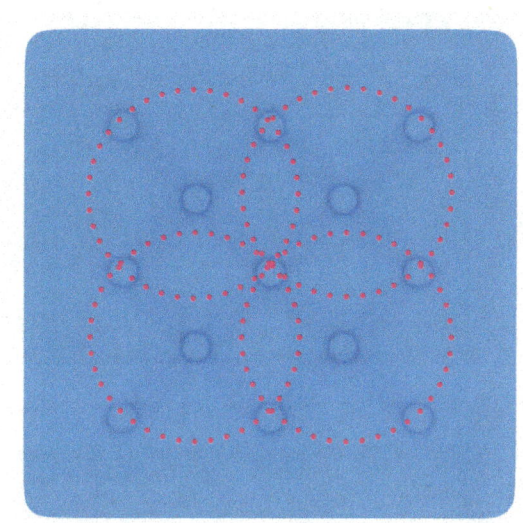

❷ 选择相应的点，使用连接工具，使得点连接，以保证软包斜线部分有布线

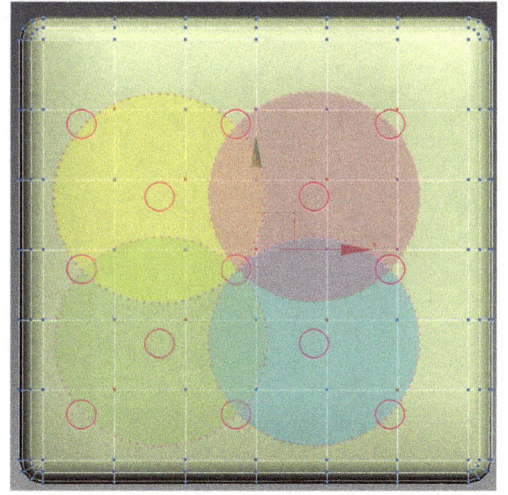

A 使用连接命令

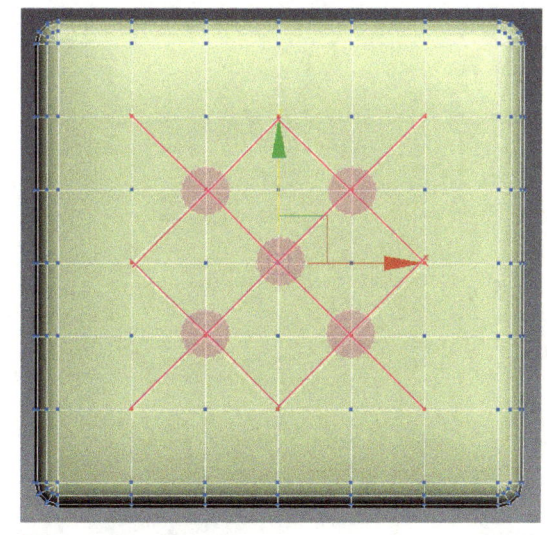

❸ 由切角点、线，使单薄的面和线"成双"，有了更多"面"的操作

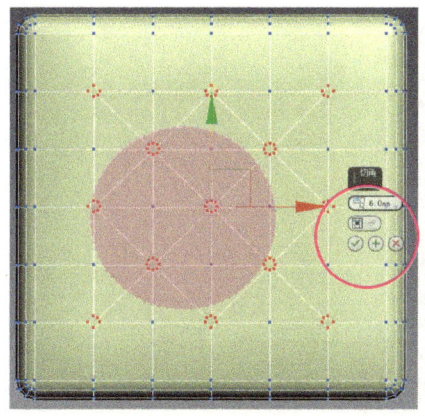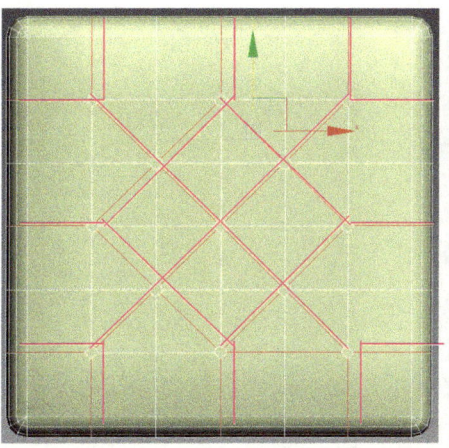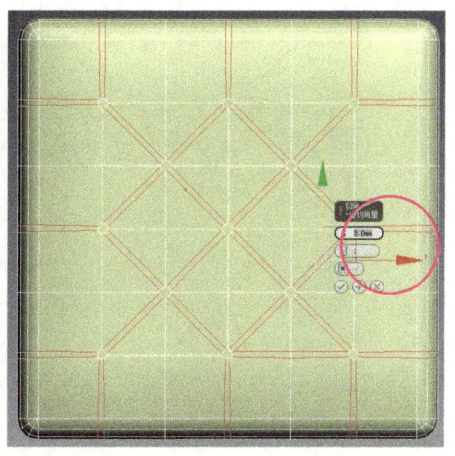

❹ 选择面操作，倒角出拉扣的下凹形状

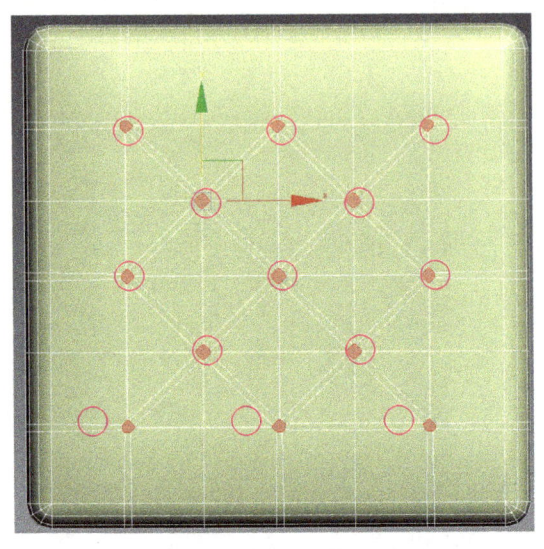

A 使用倒角命令

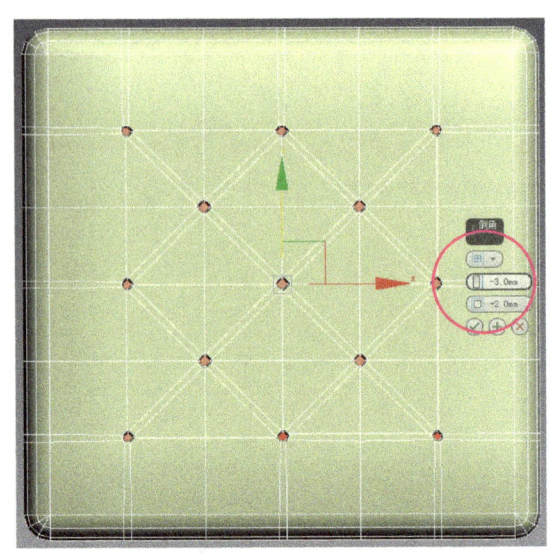

❺ 布线完毕，对相应点进行移动，作出软包的雏形

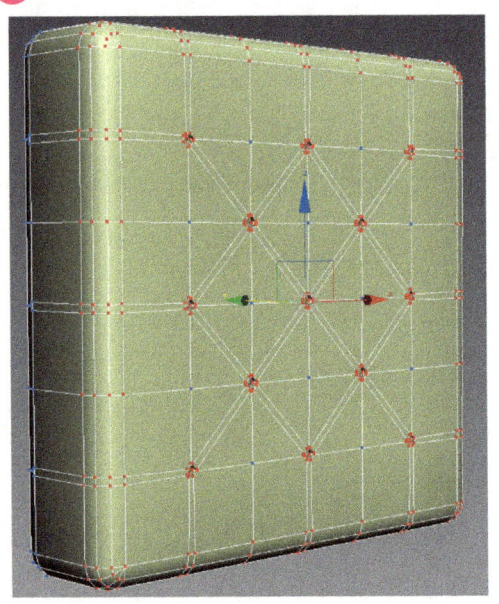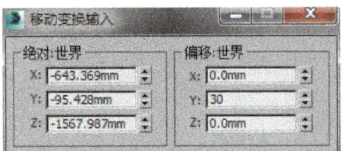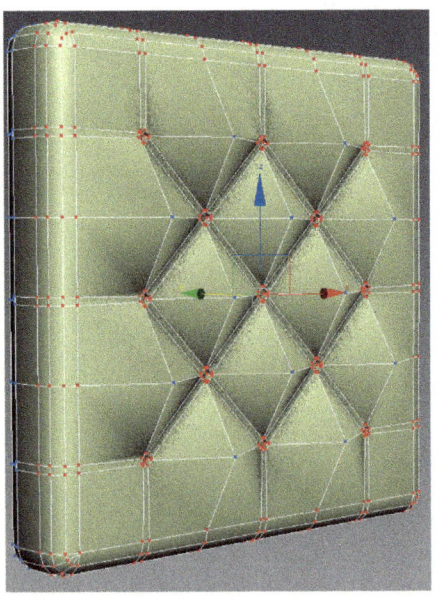

❻ 加入涡轮平滑修改器，使软包变得圆滑

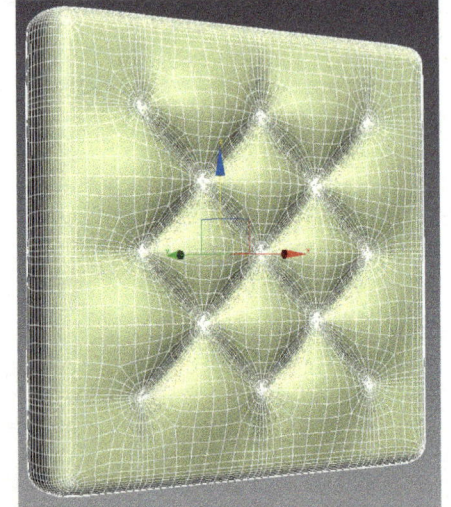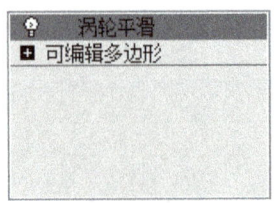

附件四：对称绘制大幅面软包

❶ 使用对称工具，使小横幅软包变成大幅面软包

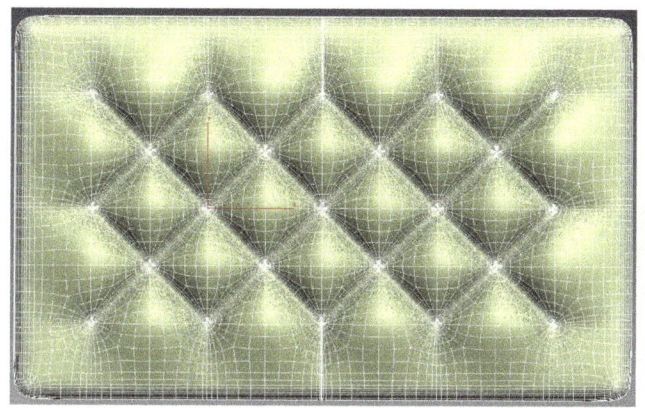

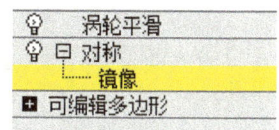

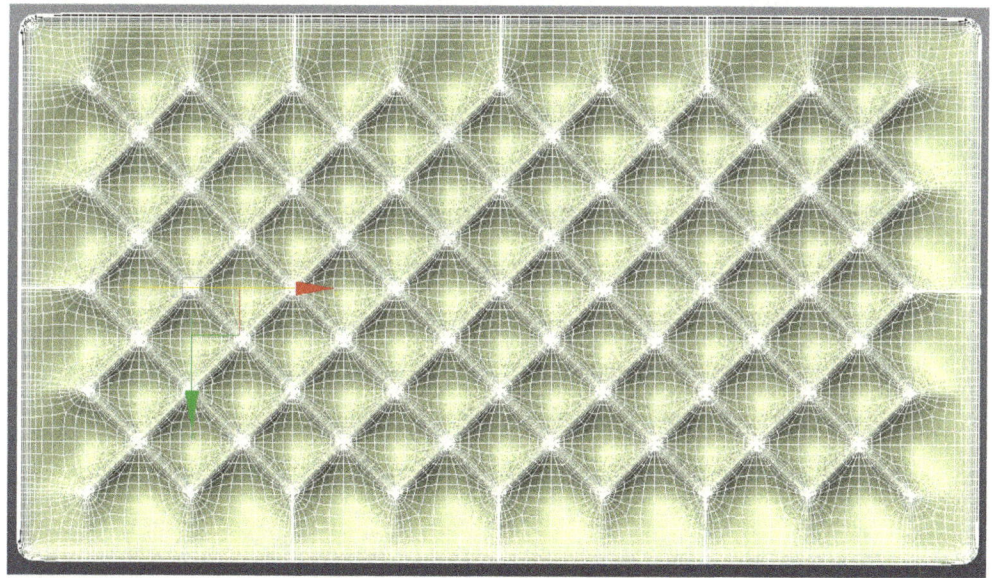

❷ 加入软包拉扣，使其成为一个完整的软包床屏

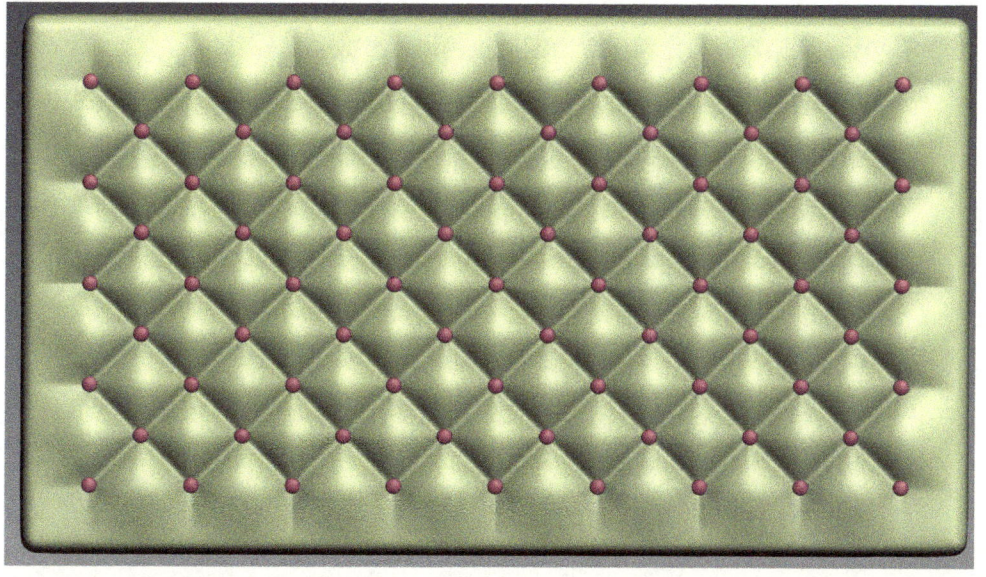

活动 3
过程化考核及展示评价

学习目标

1. 在规定时间完成考核内容,并做好展示准备。
2. 小组对软体家具建模与效果图表达进行展示和汇报。
3. 完成对工作的总结和综合评价。

参考学习课时:8 课时

学习过程

 在规定时间内闭卷完成以下试题

1. 请用简练的文字描述,当使用 VRay 渲染器时,如何设置测试渲染的参数。

(1) _____ (2) _____
(3) _____ (4) _____
(5) _____ (6) _____
(7) _____ (8) _____
(9) _____ (10) _____

2. 请用简练的文字描述,当使用 VRay 渲染器时,如何设置出图渲染的设置参数。

(1) _____ (2) _____
(3) _____ (4) _____
(5) _____ (6) _____
(7) _____ (8) _____
(9) _____ (10) _____

3. 请回答，下图中为什么没有 VRayMtl 材质可选？应如何调出可选的 VRayMtl 材质。

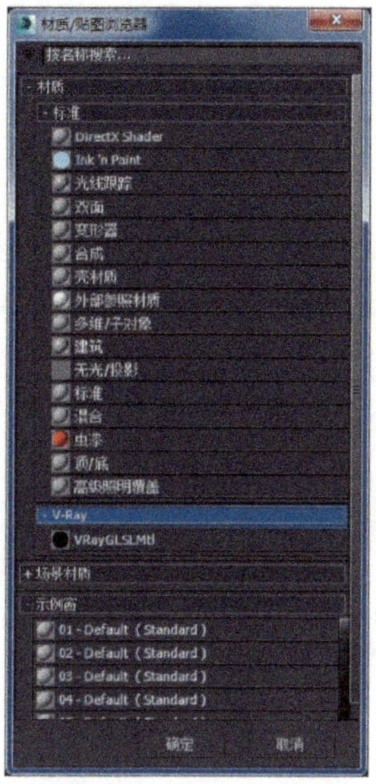

4. 请回答，下图中要全部使用修改器建模，请按顺序列出修改器的名称和种类。

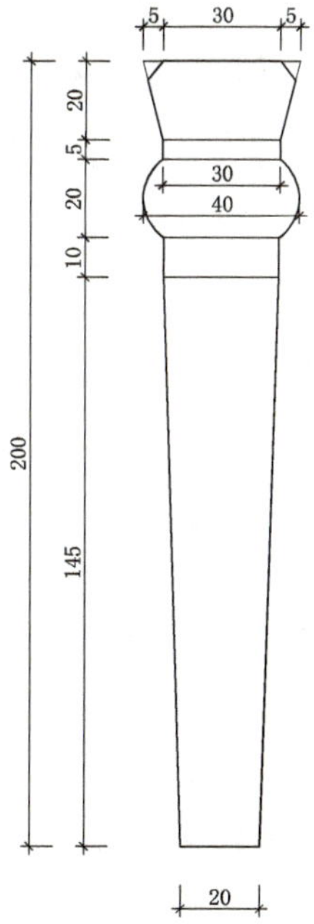

5. 使用摄像机能随时从各个视图直接转换到摄像机视角，方便观察物体变化。请描述，如何快速创建摄像机，并让其显示比例和渲染的显示比例一致。写出具体的操作步骤。

6. 请描述，使用弧形场景的优点和表现不足的地方。

优点：

（1） _____ （2） _____

（3） _____ （4） _____

不足：

（1） _____ （2） _____

（3） _____ （4） _____

7. 请列举课程中使用过的修改器，并组织语言用一句话描述其用途。

（1） _____

（2） _____

（3） _____

（4） _____

（5） _____

（6） _____

（7） _____

（8） _____

（9） _____

8. 当 CAD 文件导入到 3ds Max 以后，如何合并其中线条并提取利用？请写出方法。

（1） _____ （2） _____

（3） _____ （4） _____

（5） _____ （6） _____

（7） _____ （8） _____

（9） _____ （10） _____

❷ 请使用 3ds Max 软件，对以下模型进行建模。并根据您绘制的产品特点填写下方列表

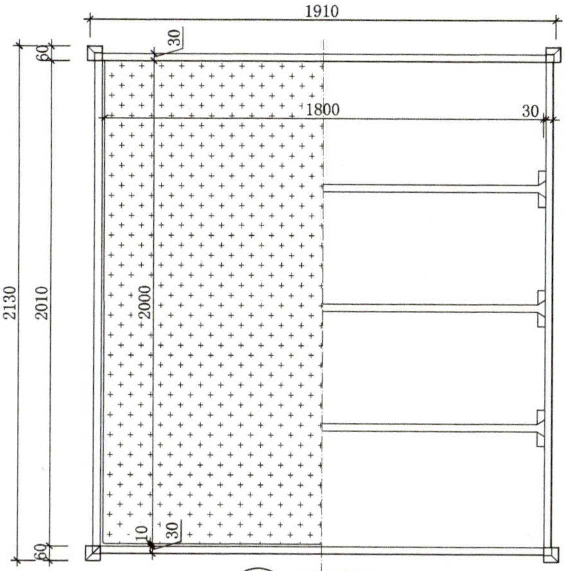

A 平面图 1:25

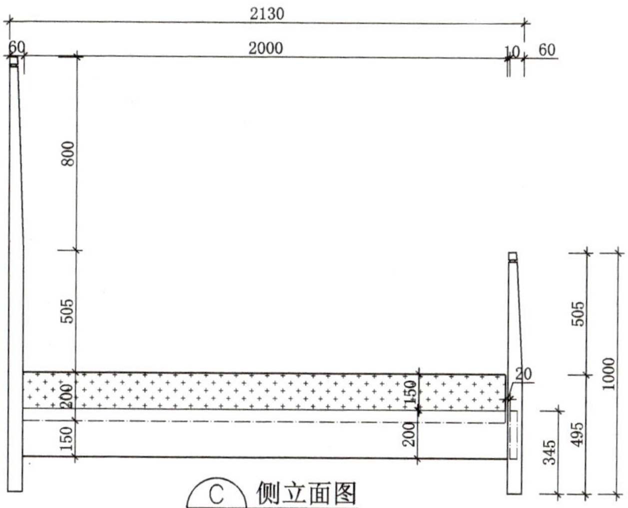

B 正立面图 1:25

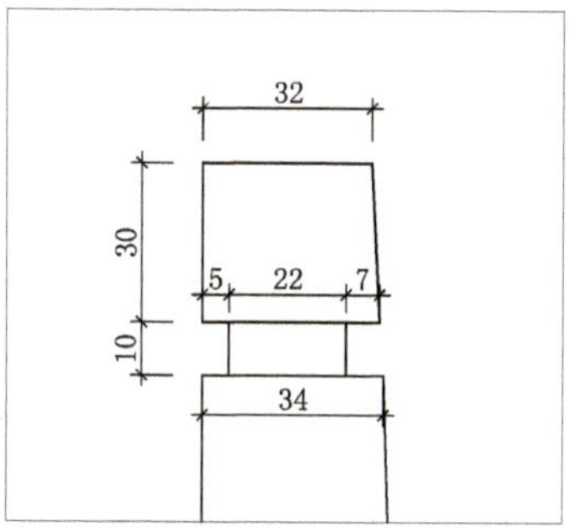

C 侧立面图 1:25

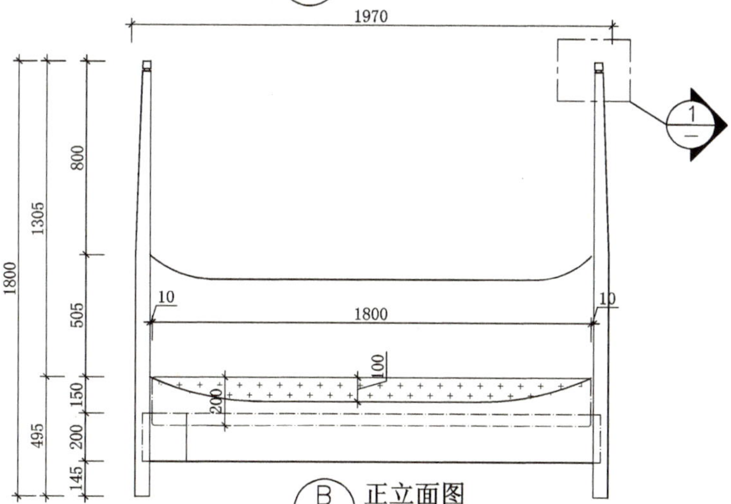

1 大样图 1:2

建模特色	灯光特点	材质特点
展示特点	优点总结	不足总结

③ 软体家具建模与效果图表达过程化考核展示与汇报

以小组为单位进行软体家具建模与效果图展示（展示内容包含前面两个学习活动，并做成媒体形式进行讲解），并简要说明软体家具建模与效果图表达过程中的经验和体会。观看他人汇报后，将他人展示和汇报过程中值得学习的地方和需要改进的地方记录下来。

汇报人	汇报优点	如何改进

④ 综合评价

姓名：						学号：			日期：	
项目	考核内容	评级比例	个人评价	组内评价	教师评价	评分标准				
职业素养	学习态度主动	20%				A. 积极参与教学活动，全勤 B. 缺勤达本任务的总学时10% C. 缺勤达本任务的总学时20% D. 缺勤达本任务的总学时30%				
职业素养	团队合作意识强	20%				A. 与同学协作融洽、团队合作意识强 B. 与同学保持沟通、团队合作意识较强 C. 与同学能沟通、团队合作意识一般 D. 与同学沟通困难、协作工作能力较差				
专业素养	绘制沙发椅类家具	30%				A. 学习活动评价成绩为90~100分 B. 学习活动评价成绩为75~89分 C. 学习活动评价成绩为60~74分 D. 学习活动评价成绩为0~59分				
专业素养	绘制床类家具	30%				A. 学习活动评价成绩为90~100分 B. 学习活动评价成绩为75~89分 C. 学习活动评价成绩为60~74分 D. 学习活动评价成绩为0~59分				
创新能力	学习过程中提出具有创新性、可行性的建议	+5%				此项为加分项				
	个人奖惩：					团队奖惩：				
	综合评价等级					指导教师				

⑤ 综合评价等级计算说明

综合评价等级是根据自我评价、小组评价、教师评价及加分奖励按比例所得，对应评价分值和组成比例如下表：

项目	等级	对应评价分值	综合评价组成部分及比例
综合评价等级	A	A ≥ 90	自我评价总分　20% 小组评价评价总分　30% 教师评价总分　50% 加分奖励　0~5分
综合评价等级	B	B ≥ 75 且 B < 90	
综合评价等级	C	C ≥ 60 且 C < 75	
综合评价等级	D	D < 60	

加分奖励为0~5分，由指导教师评定。

实木家具建模与效果图表达

学习活动 1：绘制柜架类家具
学习活动 2：绘制桌台类家具
学习活动 3：绘制几类家具
学习活动 4：过程化考核及展示评价

4 PART
产品效果图表达
3D FURNITURE RENDERING

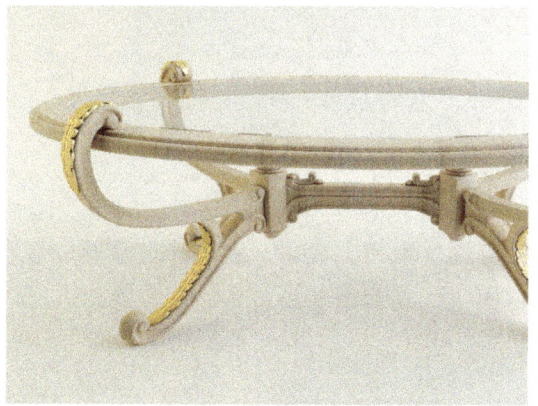

  实木家具是指纯实木家具，即指所有材料都是未经再次加工的天然材料，不使用任何人造板制成的家具。

  实木家具表面一般都能看到木材真正的纹理，朴实和沉稳，偶有树结的表面也体现出清新自然的材质，既天然，又无化学污染，实木家具不仅时尚而且健康，是崇尚大自然的现代都市人首选家具。

产品效果图表达

目标描述

笔记栏

技能目标

完成本训练任务后，你应该能：

1. 能熟练使用 3ds Max 软件快捷键操作；
2. 能使用编辑多边形和石墨工具建模；
3. 能使用三点布光方式设置场景灯光；
4. 能设置多维子材质和组合环境场景；
5. 能设置 VRay，灵活调用渲染器不同的参数；
6. 能使用 Photoshop 对效果图后期润色处理。

知识目标

完成本训练任务后，你应该能：

1. 熟练使用 3ds Max 编辑多边形的快捷键操作；
2. 掌握使用 3ds Max 编辑多边形建模；
3. 掌握使用综合灯光，布置三点布光和特定环境灯光；
4. 掌握使用 VRay 制作多维子、陶瓷、地砖、镜面、金箔、玻璃等材质；
5. 掌握使用 VRay 渲染器进行出图渲染和各项参数设置。

职业素质目标

完成本训练任务后，你应该能：

1. 遵守三维建模的标准规范，养成严谨科学的工作态度；
2. 能独立完成产品场景和搭配表现，并学习他人作品优秀之处；
3. 养成总结训练过程和训练成果的习惯，为下次训练总结经验；
4. 养成团结协作精神，帮助有需要的同事，并主动向上下层组织汇报工作状况。

任务描述

公司收到来自某客户的设计任务单，要求在三星期内绘制一套实木家具的创意表达效果图，并以此作为竞标文稿内容。内容包括床头柜、鞋柜、梳妆台、餐桌、茶几等。设计师需要根据甲方提供的 CAD 图纸提供的实际规格在 3ds Max 软件进行绘制，并赋予相应材质，最后渲染效果图。要求任务完成后提交效果图成品以及 3ds Max 源文件。

知识准备

 笔记栏

1. 请描述组成灯光的种类有哪些，并阐述软件中还有什么可以帮助表达灯光。（参考附件）

2. 请用一句话分别描述以下贴图的作用。（参考附件）

不透明贴图

噪波贴图

衰减贴图

混合贴图

颜色修正

凹凸贴图

3. 请试述光圈、快门、iso 对成像的亮度的关系，并描述焦距和景深的含义。（参考附件）

4. VRayMtl 材质主要由哪三部分组成？
并描述反射值、高光光泽度、反射光泽度对应的参数含义。（参考附件）

4 建议课时

48 课时

5 交流活动

学习活动 1：绘制柜架类家具

学习活动 2：绘制桌台类家具

学习活动 3：绘制椅类家具

学习活动 4：绘制几类家具

学习活动 5：实木家具建模及效果图表达过程化考核展示与评价

笔记栏

附件一：摄像机技术

摄影机名称	主要作用	重要程度
目标摄影机	确定观察范围以及透视变化，同时可以配合渲染参数制作景深和模糊等特效	高
VRay物理摄影机	模拟真实单反相机对场景进行取景，能独立调整场景亮度和色彩，并能制作景深、运动模糊和散景等特效	高

目标摄像机　目标摄影机可以查看所放置的目标周围的区域，它比自由摄影机更容易定向，因为只需将目标对象定位在所需位置的中心即可。

参数 ｜ 基本选项组

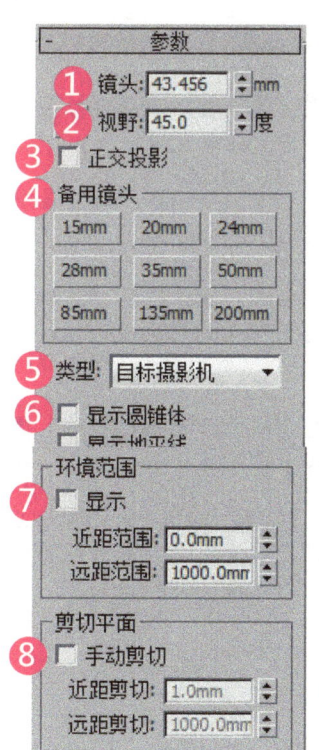

① 镜头：以 mm 为单位来设置摄影机的焦距。

② 视野：设置摄影机查看区域的宽度视野，有水平、垂直和对角线 3 种方式。

③ 正交投影：启用该选项后，摄影机视图为用户视图；关闭该选项后，摄影机视图为标准的透视图。

④ 备用镜头：系统预置的摄影机焦距镜头包含 15 mm、20 mm、24 mm、28 mm、35 mm、50 mm、85 mm、135 mm 和 200 mm。

⑤ 类型：切换摄影机的类型，包含"目标摄影机"和"自由摄影机"两种。

⑥ 显示圆锥体：显示摄影机视野定义的锥形光线（实际上是一个四棱锥）。锥形光线出现在其他视口，但是显示在摄影机视口中。

显示地平线：在摄影机视图中的地平线上显示一条深灰色的线条。

参数 ｜ 环境范围选项组

⑦ 显示：显示出在摄影机锥形光线内的矩形。

近距/远距范围：设置大气效果的近距范围和远距范围。

参数 ｜ 剪切平面组

⑧ 手动剪切：启用该选项可定义剪切的平面。

近距/远距剪切：设置近距和远距平面。对于摄影机，比"近距剪切"平面近或比"远距剪切"平面远的对象都是不可见的。

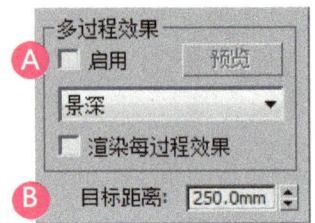

| 参数 | 多过程效果选项组 |

Ⓐ 启用：启用该选项后，可以预览渲染效果。

预览：单击该按钮可以在活动摄影机视图中预览效果。

多过程效果类型：共有"景深（mental ray）""景深"和"运动模糊"3个选项，系统默认为"景深"。

渲染每过程效果：启用该选项后，系统会将渲染效果应用于多重过滤效果的每个过程（景深或运动模糊）。

| 参数 | 目标距离选项组 |

Ⓑ 目标距离：当使用"目标摄影机"时，该选项用来设置摄影机与其目标之间的距离。

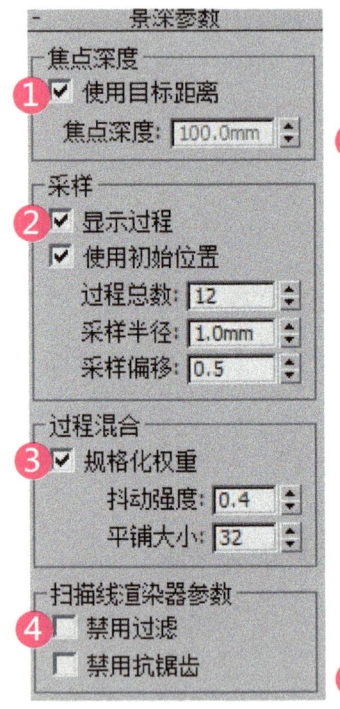

| 景深 | 焦点深度选项组 |

❶ 使用目标距离：启用该选项后，系统会将摄影机的目标距离用作每个过程偏移摄影机的点。

焦点深度：当关闭"使用目标距离"选项时，该选项可以用来设置摄影机的偏移深度，其取值范围为0~100。

| 景深 | 采样选项组 |

❷ 显示过程：启用该选项后，"渲染帧窗口"对话框中将显示多个渲染通道。

使用初始位置：启用该选项后，第1个渲染过程将位于摄影机的初始位置。

过程总数：设置生成景深效果的过程数。增大该值可以提高效果的真实度，但是会增加渲染时间。

采样半径：设置场景生成的模糊半径。数值越大，模糊效果越明显。

采样偏移：设置模糊靠近或远离"采样半径"的权重。增加该值将增加景深模糊的数量级，从而得到更均匀的景深效果。

| 景深 | 过程混合选项组 |

❸ 规格化权重：启用该选项后可以将权重规格化，以获得平滑的结果；当关闭该选项后，效果会变得更加清晰，但颗粒效果也更明显。

抖动强度：设置应用于渲染通道的抖动程度。增大该值会增加抖动量，并且会生成颗粒状效果，尤其在对象的边缘上最为明显。

平铺大小：设置图案的大小。0表示以最小的方式进行平铺；100表示以最大的方式进行平铺。

| 景深 | 扫描线渲染器参数选项组 |

❹ 禁用过滤：启用该选项后，系统将禁用过滤的整个过程。

禁用抗锯齿：启用该选项后，可以禁用抗锯齿功能。

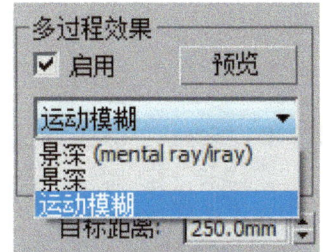

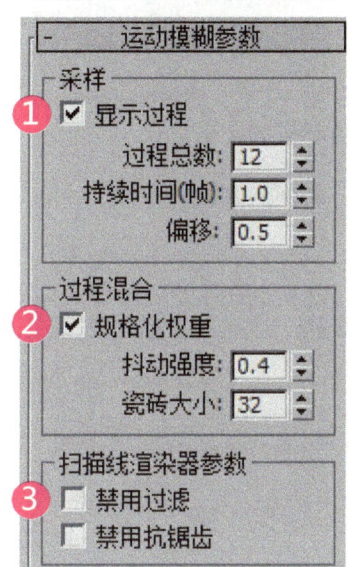

运动模糊 | 采样选项组

❶ 显示过程:启用该选项后,"渲染帧窗口"对话框中将显示多个渲染通道。

过程总数:设置生成效果的过程数。增大该值可以提高效果的真实度,但是会增加渲染时间。

持续时间(帧):在制作动画时,该选项用来设置应用运动模糊的帧数。

偏移:设置模糊的偏移距离。

运动模糊 | 过程混合选项组

❷ 规格化权重:启用该选项后,可以将权重规格化,以获得平滑的结果;当关闭该选项后,效果会变得更加清晰,但颗粒效果也更明显。

抖动强度:设置应用于渲染通道的抖动程度。增大该值会增加抖动量,并且会生成颗粒状的效果,尤其在对象的边缘上最为明显。

瓷砖大小:设置图案的大小。0 表示以最小的方式进行平铺;100 表示以最大的方式进行平铺。

运动模糊 | 扫描线渲染器参数选项组

❸ 禁用过滤:启用该选项后,系统将禁用过滤的整个过程。

禁用抗锯齿:启用该选项后,可以禁用抗锯齿功能。

VRay 物理摄影机

VRay 物理摄影机相当于一台真实的摄影机，有光圈、快门、曝光、ISO 等调节功能，它可以对场景进行"拍照"。

基本参数

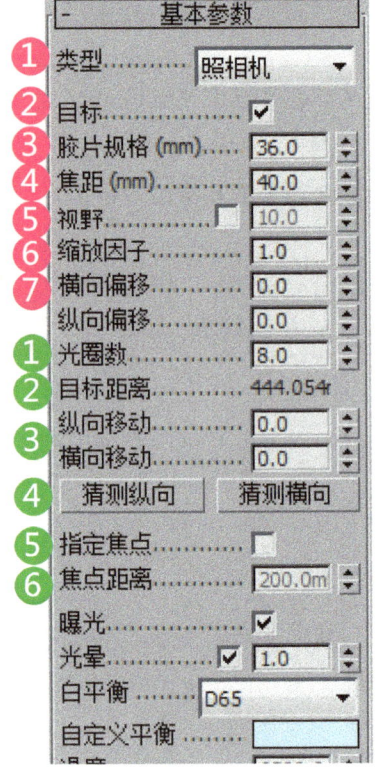

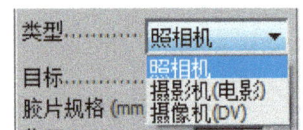

❶ 类型：设置摄影机的类型，包含"照相机""摄影机"和"摄像机"3 种类型。

照相机：用来模拟一台常规快门的静态画面照相机。
摄影机：用来模拟一台圆形快门的电影摄影机。
摄像机：用来模拟带 CCD 矩阵的快门摄像机。

❷ 目标：当勾选该选项时，摄影机的目标点将放在焦平面上；当关闭该选项时，可以通过下面的"目标距离"选项来控制摄影机到目标点的距离。

❸ 胶片规格：控制摄影机所看到的景色范围。值越大，看到的景象就越多。

❹ 焦距：设置摄影机的焦长，同时也会影响到画面的感光强度。较大的数值产生的效果类似于长焦效果，且感光材料(胶片)会变暗，特别是在胶片的边缘区域；较小数值产生的效果类似于广角效果，其透视感比较强，当然胶片也会变亮。

❺ 视野：启用该选项后，可以调整摄影机的可视区域。

❻ 缩放因子：控制摄影机视图的缩放。值越大，摄影机视图拉得越近。

❼ 横向/纵向偏移：控制摄影机视图的水平和垂直方向上的偏移量。

❶ 光圈数：设置摄影机的光圈大小，主要用来控制渲染图像的最终亮度。值越小，图像越亮；值越大，图像越暗。注意，光圈和景深也有关系，大光圈的景深小，小光圈的景深大。

光圈数 10

光圈数 11

光圈数 14

❷ 目标距离：摄影机到目标点的距离，默认情况下是关闭的。当关闭摄影机的"目标"选项时，就可以用"目标距离"来控制摄影机的目标点的距离。

❸ 纵向/横向移动：制摄影机在垂直/水平方向上的变形，主要用于纠正三点透视到两点透视。

❹ 猜测纵向/猜测横向：用于校正垂直/水平方向上的透视关系。

❺ 指定焦点：开启这个选项后，可以手动控制焦点。

❻ 焦点距离：勾选"指定焦点"选项后，可以在该选项的数值输入框中手动输入焦点距离。

① **曝光**：当勾选这个选项后，VRay 物理摄影机中的"光圈数""快门速度"和"胶片速度（ISO）"设置才会起作用。

② **光晕**：模拟真实摄影机里的光晕效果，如图分别是勾选"光晕"和关闭"光晕"选项时的渲染效果。

勾选光晕

关闭光晕

③ **白平衡**：和真实摄影机的功能一样，控制图像的色偏。例如在白天的效果中，设置一个桃色的白平衡颜色可以纠正阳光的颜色，从而得到正确的渲染颜色。

④ **自定义平衡**：用于手动设置白平衡的颜色，从而控制图像的色偏。比如图像偏蓝，就应该将白平衡颜色设置为蓝色。

⑤ **温度**：该选项目前不可用。

⑥ **快门速度**：控制光的进光时间，值越小，进光时间越长，图像就越亮；值越大，进光时间就越小，图像就越暗，如图所示分别是"快门速度"值为35、50 和 100 时的对比渲染效果。

快门 35

快门 50

快门 100

快门角度（度）：当摄影机选择"摄影机（电影）"类型的时候，该选项才被激活，其作用和上面的"快门速度"的作用一样，主要用来控制图像的明暗。

快门偏移（度）：当摄影机选择"摄影机（电影）"类型的时候，该选项才被激活，主要用来控制快门角度的偏移。

延迟（秒）：当摄影机选择"摄像机（DV）"类型的时候，该选项才被激活，作用和上面的"快门速度"的作用一样，主要用来控制图像的亮暗，值越大，表示光越充足，图像也越亮。

⑦ **胶片速度（ISO）**：控制图像的亮暗，值越大，表示 ISO 的感光系数越强，图像也越亮。一般白天效果比较适合用较小的 ISO，而晚上效果比较适合用较大的 ISO，如图所示分别是"胶片速度（ISO）"值为 80、120 和 160 时渲染效果。

ISO 80

ISO 120

ISO 160

散景特效

"散景特效"卷展栏下的参数主要用于控制散景效果。当渲染景深的时候，或多或少都会产生一些散景效果，这主要和散景到摄影机的距离有关，如图所示是使用真实摄影机拍摄的散景效果。

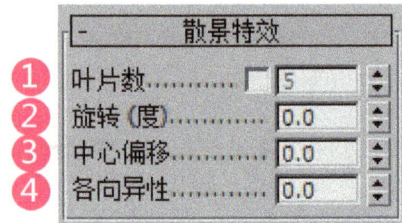

① 叶片数：控制散景产生的小圆圈的边，默认值为 5 表示散景的小圆圈为正五边形。如果关闭该选项，那么散景就是个圆形。

② 旋转（度）：散景小圆圈的旋转角度。

③ 中心偏移：散景偏移源物体的距离。

④ 各向异性：控制散景的各向异性，值越大，散景的小圆圈拉得越长，即变成椭圆。

采样参数

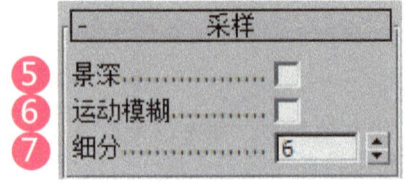

⑤ 景深：控制是否开启景深效果。当某一物体聚焦清晰时，从该物体前面的某一段距离到其后面的某一段距离内的所有景物都是相当清晰的。

⑥ 运动模糊：控制是否开启运动模糊功能。这个功能只适用于具有运动对象的场景中，对静态场景不起作用。

⑦ 细分：设置"景深"或"运动模糊"的"细分"采样。数值越高，效果越好，但是会增长渲染时间。

产品效果图表达
任务四
附件

附件二：辅助灯光

灯光材质的辅助灯光

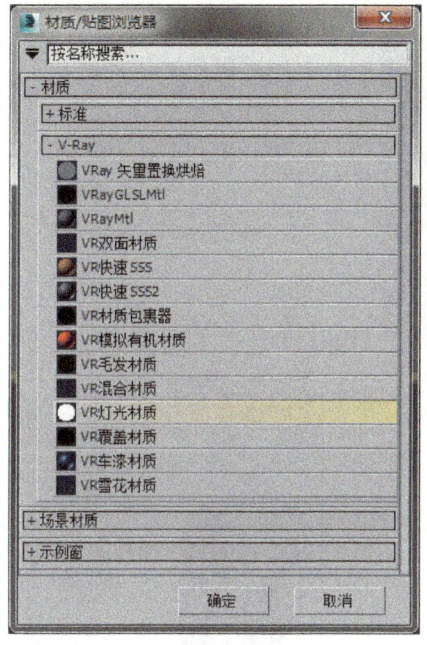

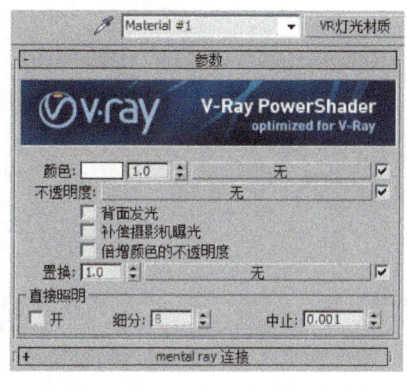

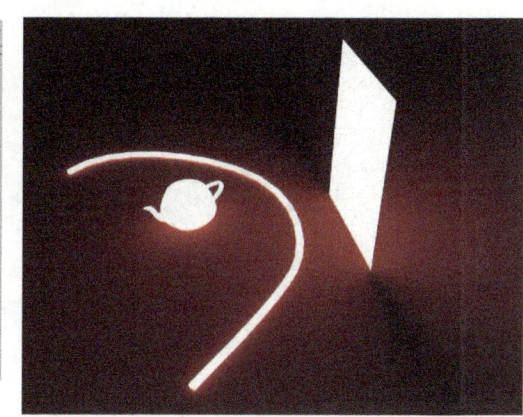

打开 VRay 材质编辑器→选择 VRayMtl 材质→
在漫反射区域选择 VRay 灯光材质贴图→适当选择颜色和倍增→
赋予材质到对应物体→即可完成 VRay 灯光材质的部署

VRay 环境的辅助灯光

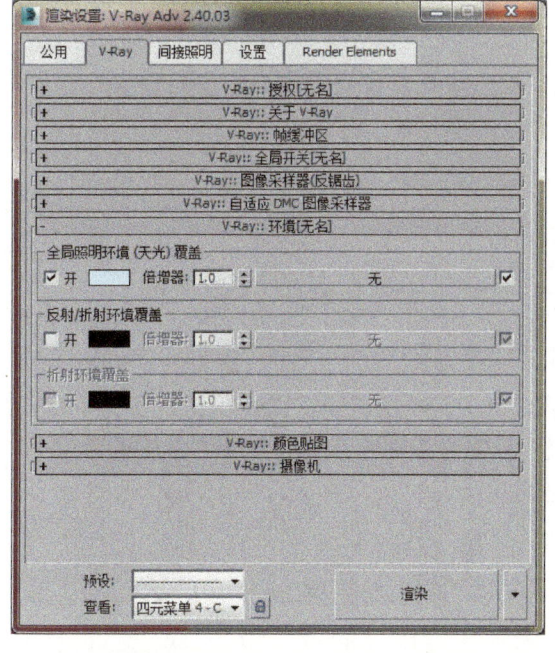

F10 打开 VRay 渲染设置→
勾选 VRay 环境卷展栏下的"全局照明环境选项"→
适当选择颜色和倍增→即可完成 VRay 环境光的部署
（注意间接照明打开，天光才会被启用）

VRay HDRI 的辅助灯光

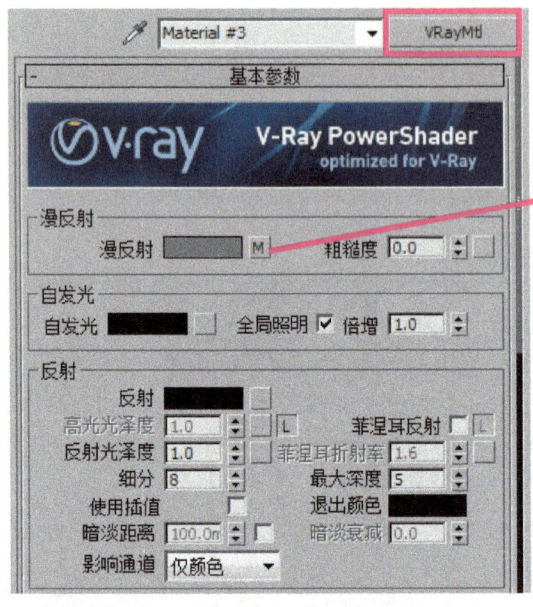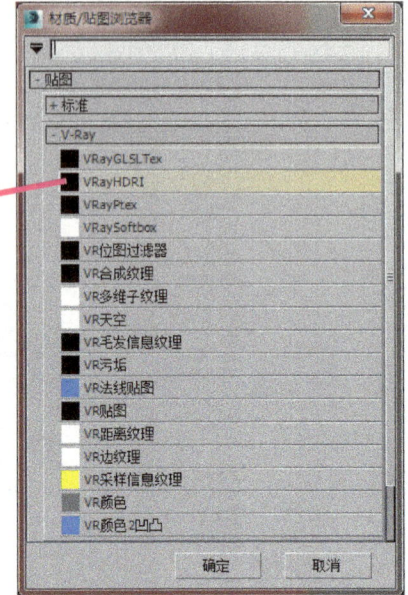

打开 VRay 材质编辑器→选择 VRayMtl 材质→在漫反射区域选择 VRayHDRI 贴图→

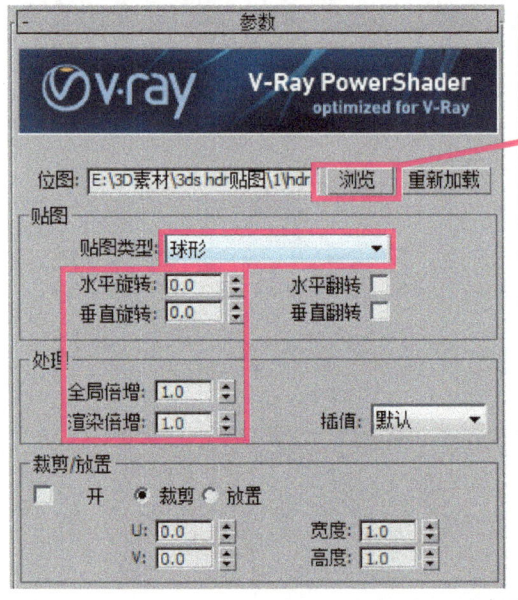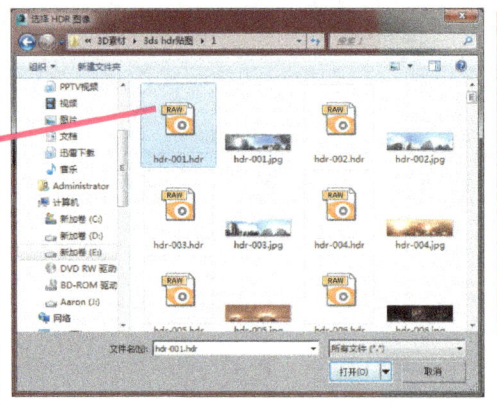

浏览选择对应的 HDR 贴图→选择球形贴图类型→适当选择旋转和倍增→

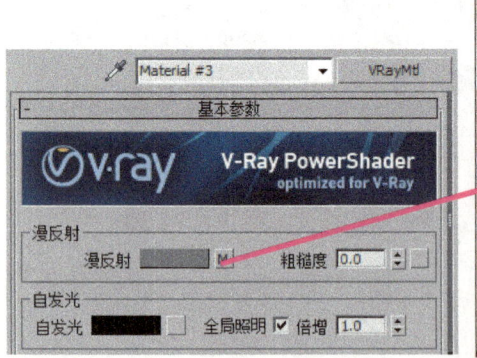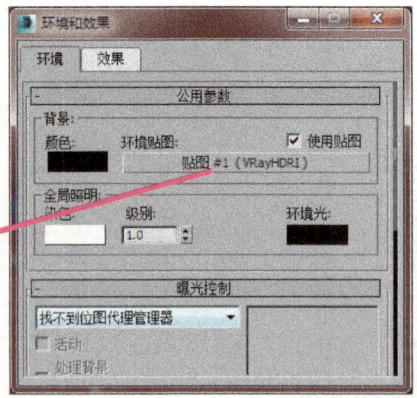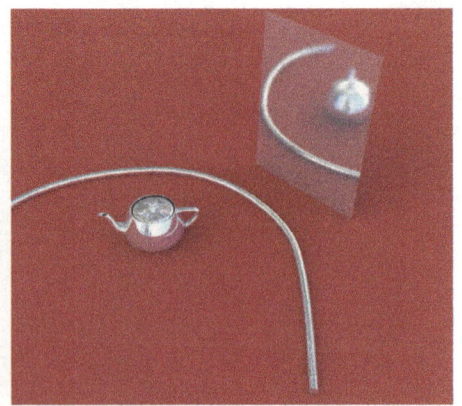

按 8 打开环境和效果面板→拖动漫反射贴图（VRayHDRI）到环境贴图上即可完成 HDRI 的部署

附件三：材质的作用与赋予步骤

赋予材质 材质主要用于表现物体的颜色、质地、纹理、透明度和光泽等特性，依靠各种类型的材质可以制作出现实世界中的任何物体。

通常，在制作新材质并将其应用于对象时，应该遵循以下步骤。

第1步：指定材质的名称。

第2步：选择材质的类型。

第3步：对于标准或光线追踪材质，应选择着色类型。

第4步：设置漫反射颜色、光泽度和不透明度等各种参数。

第5步：将贴图指定给要设置贴图的材质通道，并调整参数。

第6步：将材质应用于对象。

第7步：如有必要，应调整UV贴图坐标，以便正确定位对象的贴图。

第8步：保存材质。

附件四：常用材质种类

材质名称	主要作用	重要程度
标准材质	几乎可以模拟任何真实材质类型	高
混合材质	在模型的单个面上将两种材质通过一定的百分比进行混合	中
墨水材质	制作卡通效果	中
多维/子对象材质	采用几何体的子对象级别分配不同的材质	中
VRay灯光材质	模拟自发光效果	高
VRay双面材质	使对象的外表面和内表面同时被渲染，并且可以使内外表面拥有不同的纹理贴图	中
VRay混合材质	可以让多个材质以层的方式混合来模拟物理世界中的复杂材质	中
VRayMtl材质	几乎可以模拟任何真实材质类型	高

附件五：VRayMtl 材质

VRayMtl 材质是使用频率最高的一种材质，也是使用范围最广的一种材质，常用于制作室内外效果图。VRayMtl 材质除了能完成一些反射和折射效果外，还能出色地表现出 SSS 以及 BRDF 等效果。

VRayMtl | 漫反射选项组

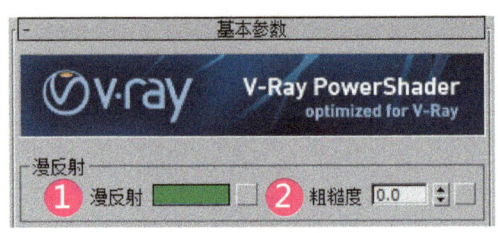

① **漫反射**：物体的漫反射用来决定物体的表面颜色。通过单击它的色块，可以调整自身的颜色。单击右边的按钮可以选择不同的贴图类型。

② **粗糙度**：数值越大，粗糙效果越明显，可以用该选项来模拟绒布的效果。

VRayMtl | 反射选项组

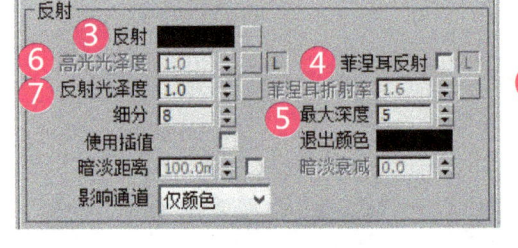

③ **反射**：这里的反射是靠颜色的灰度来控制，颜色越白反射越亮，越黑反射越弱；而这里选择的颜色则是反射出来的颜色，和反射的强度是分开来计算的。单击旁边的按钮，可以使用贴图的灰度来控制反射的强弱。

④ **菲涅耳反射**：勾选该选项后，反射强度会与物体的入射角度有关系，入射角度越小，反射越强烈。当垂直入射的时候，反射强度最弱。同时，菲涅耳反射的效果也和下面的"菲涅耳折射率"有关。当"菲涅耳折射率"为 0 或 100 时，将产生完全反射；而当"菲涅耳折射率"从 1 变化到 0 时，反射越强烈；同样，当菲涅耳折射率从 1 变化到 100 时，反射也越强烈。

⑤ **菲涅耳折射率**：在"菲涅耳反射"中，菲涅耳现象的强弱衰减率可以用该选项来调节。

⑥ **高光光泽度**：控制材质的高光大小，默认情况下和"反射光泽度"一起关联控制，可以通过单击旁边的 L 按钮 来解除锁定，从而可以单独调整高光的大小。

⑦ **反射光泽度**：通常也被称为"反射模糊"。物理世界中所有的物体都有反射光泽度，只是或多或少而已。默认值 1 表示没有模糊效果，而比较小的值表示模糊效果越强烈。单击右边的按钮 ，可以通过贴图的灰度来控制反射模糊的强弱。

* "菲涅耳反射"是模拟真实世界中的一种反射现象，反射的强度与摄影机的视点和具有反射功能的物体的角度有关。角度值接近 0 时，反射最强；当光线垂直于表面时，反射功能最弱，这也是物理世界中的现象。

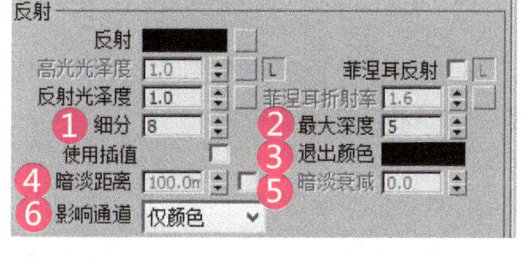

① 细分：用来控制"反射光泽度"的品质，较高的值可以取得较平滑的效果，而较低的值可以让模糊区域产生颗粒效果。注意，细分值越大，渲染速度越慢。

使用插值：当勾选该参数时，VRay能够使用类似于"发光贴图"的缓存方式来加快反射模糊的计算。

② 最大深度：是指反射的次数，数值越高效果越真实，但渲染时间也更长。

③ 退出颜色：当物体的反射次数达到最大次数时就会停止计算反射，这时由于反射次数不够造成的反射区域的颜色就用退出色来代替。

④ 暗淡距离：勾选该选项后，可以手动设置参与反射计算对象间的距离，与产生反射对象的距离大于设定数值的对象就不会参与反射计算。

⑤ 暗淡衰减：通过后方的数值设定对象在反射效果中衰减强度。

⑥ 影响通道：选择反射效果是否影响对应图像通道，通常保持默认的设置即可。

VRayMtl｜折射选项组

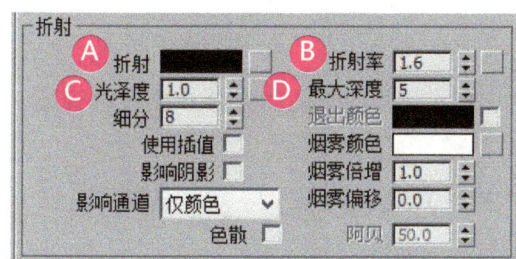

Ⓐ 折射：和反射的原理一样，颜色越白，物体越透明，进入物体内部产生折射的光线也就越多；颜色越黑，物体越不透明，产生折射的光线也就越少。单击右边的按钮，可以通过贴图的灰度来控制折射的强弱。

Ⓑ 折射率：设置透明物体的折射率。

Ⓒ 光泽度：用来控制物体的折射模糊程度。值越小，模糊程度越明显；默认值1不产生折射模糊。单击右边的按钮，可以通过贴图的灰度来控制折射模糊的强弱。

Ⓓ 最大深度：和反射中的最大深度原理一样，用来控制折射的最大次数。

真空的折射率是1，水的折射率是1.33，玻璃的折射率是1.5，水晶的折射率是2，钻石的折射率是2.4，这些都是制作效果图常用的折射率。

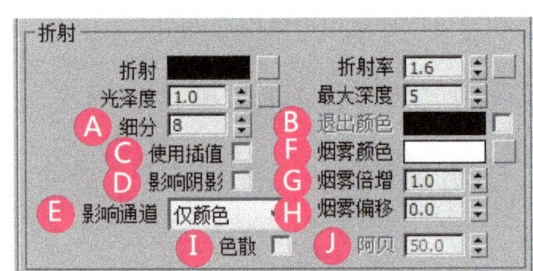

A 细分:用来控制折射模糊的品质,较高的值可以得到比较光滑的效果,但是渲染速度会变慢;而较低的值可以使模糊区域产生杂点,但是渲染速度会变快。

B 退出颜色:当物体的折射次数达到最大次数时就会停止计算折射,这时由于折射次数不够造成的折射区域的颜色就用退出色来代替。

C 使用插值:当勾选该选项时,VRay能够使用类似于"发光贴图"的缓存方式来加快"光泽度"的计算。

D 影响阴影:这个选项用来控制透明物体产生的阴影。勾选该选项时,透明物体将产生真实的阴影。注意,这个选项仅对"VRay 灯光"和"VRay 阴影"有效。

E 影响通道:设置折射效果是否影响对应图像通道,通常保持默认的设置即可。

F 烟雾颜色:这个选项可以让光线通过透明物体后使光线变少,就好像和物理世界中的半透明物体一样。这个颜色值和物体的尺寸有关,厚的物体颜色需要设置淡一点才有效果。

G 烟雾倍增:可以理解为烟雾的浓度。值越大,雾越浓,光线穿透物体的能力越差。不推荐使用大于1的值。

H 烟雾偏移:控制烟雾的偏移,较低的值会使烟雾向摄影机的方向偏移。

I 色散:勾选该选项后,光线在穿过透明物体时会产生色散现象。

J 阿贝:用于控制色散的强度,数值越小,色散现象越强烈。

　　默认情况下的"烟雾颜色"为白色,是不起任何作用的,也就是说白色的雾对不同厚度的透明物体的效果是一样的。"烟雾颜色"为淡绿色,"烟雾倍增"为0.08,由于玻璃的侧面比正面尺寸厚,所以侧面的颜色就会深一些,这样的效果与现实中的玻璃效果是一样的。

VRayMtl | 半透明选项组

① 类型：半透明效果（也叫 3S 效果）的类型有 3 种：一种是"硬（蜡）模型"，比如蜡烛；一种是"软（水）模型"，比如海水；还有一种是"混合模型"。

② 背面颜色：用来控制半透明效果的颜色。

③ 厚度：用来控制光线在物体内部被追踪的深度，也可以理解为光线的最大穿透能力。较大的值，会让整个物体都被光线穿透；较小的值，可以让物体比较薄的地方产生半透明现象。

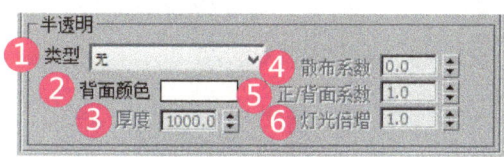

④ 散布系数：物体内部的散射总量。0 表示光线在所有方向被物体内部散射；1 表示光线在一个方向被物体内部散射，而不考虑物体内部的曲面。

⑤ 正/背面系数：控制光线在物体内部的散射方向。0 表示光线沿着灯光发射的方向向前散射；1 表示光线沿着灯光发射的方向向后散射；0.5 表示这两种情况各占一半。

⑥ 灯光倍增：设置光线穿透能力的倍增值。值越大，散射效果越强。

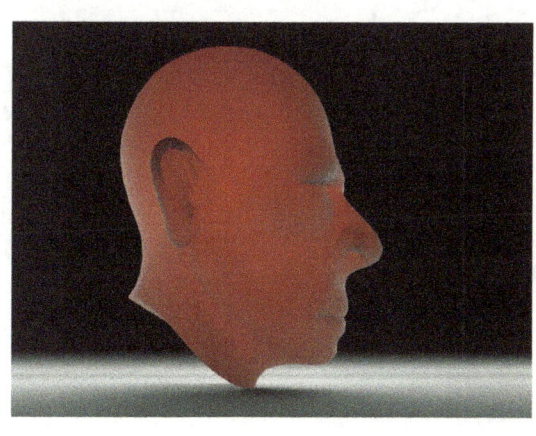

半透明参数所产生的效果通常也叫 3S 效果。半透明参数产生的效果与雾参数所产生的效果有一些相似，很多用户分不太清楚。其实半透明参数所得到的效果包括了雾参数所产生的效果，更重要的是它还能得到光线的次表面散射效果，也就是说当光线直射到半透明物体时，光线会在半透明物体内部进行分散，然后会从物体的四周发散出来。也可以理解为半透明物体为二次光源，能模拟现实世界中的效果。

附件六：贴图的使用

常用贴图

贴图主要用于表现物体材质表面的纹理，利用贴图可以不用增加模型的复杂程度就可以表现对象的细节，并且可以创建反射、折射、凹凸和镂空等多种效果。通过贴图可以增强模型的质感，完善模型的造型，使三维场景更加接近真实的环境。

❶ VRay/3Ds 自带材质编辑器内

❷ 在标准（3ds Max 自带）贴图浏览器

❸ 在 VRay 贴图浏览器

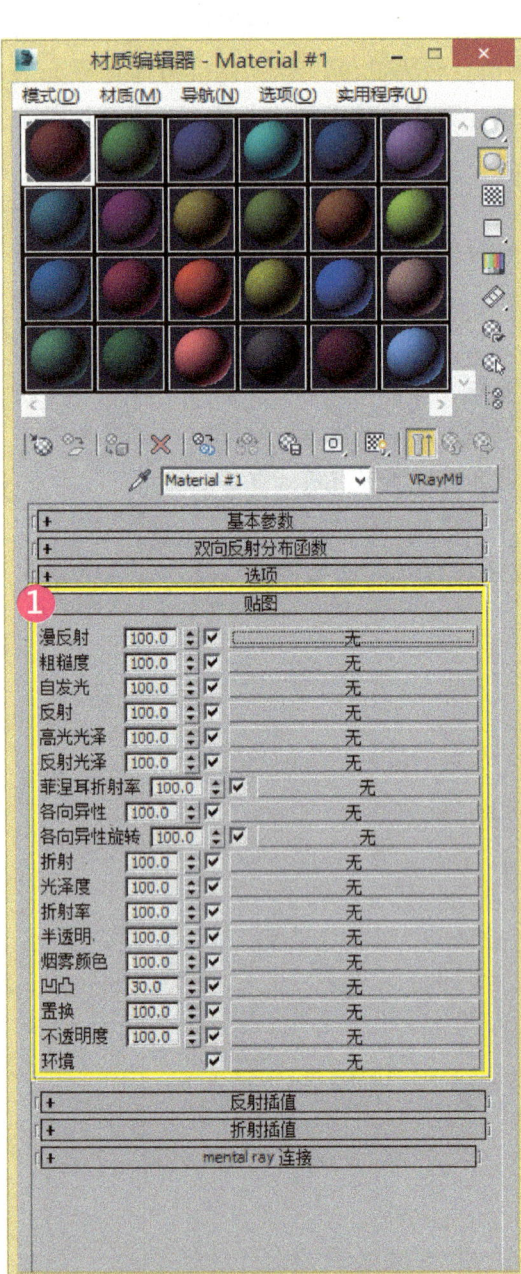
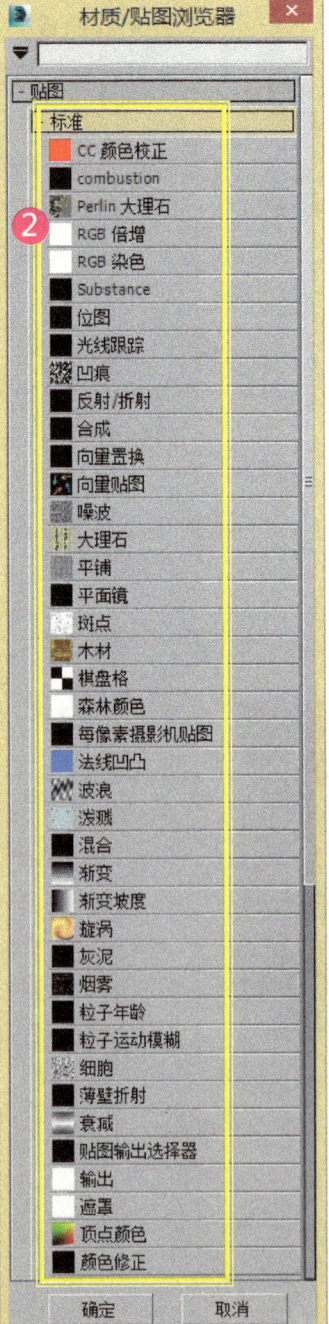

贴图名称	主要作用	重要程度
不透明度贴图	控制材质是否透明、不透明或者半透明	高
棋盘格贴图	模拟双色棋盘效果	中
位图贴图	加载各种位图贴图	高
渐变贴图	设置3种颜色的渐变效果	高
平铺贴图	创建类似于瓷砖的贴图	中
衰减贴图	控制材质强烈到柔和的过渡效果	高
噪波贴图	将噪波效果添加到物体的表面	中
斑点贴图	模拟具有斑点的物体	中
泼溅贴图	模拟油彩泼溅效果	中
混合贴图	模拟材质之间的混合效果	中
细胞贴图	模拟细胞图案	中
颜色修正贴图	调节贴图的色调、饱和度、亮度和对比度	低
法线凹凸贴图	表现高精度模型的凹凸效果	低
VRayHDRI贴图	模拟场景的环境贴图	中

标准贴图 | 不透明贴图

"不透明度"贴图主要用于控制材质是否透明、不透明或者半透明,遵循了"黑透、白不透"的原理。

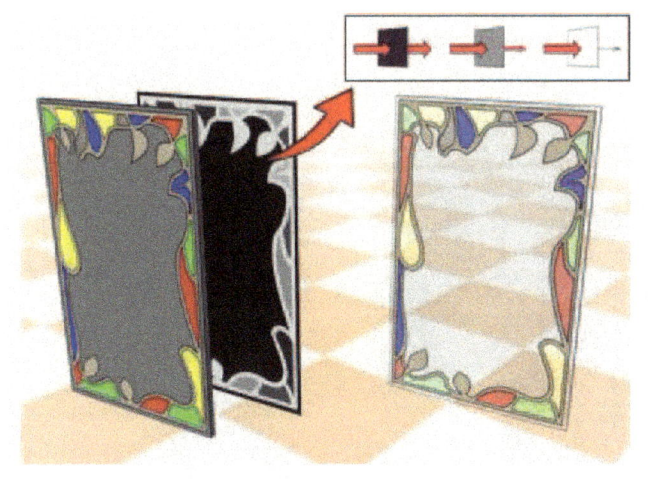
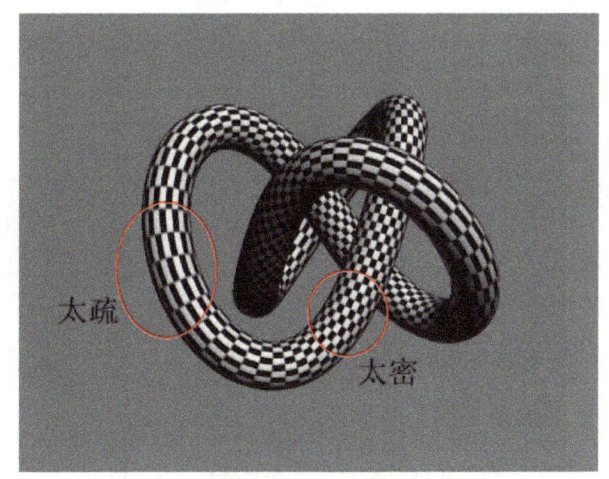

标准贴图 | 棋盘格贴图

"棋盘格"贴图可以用来制作双色棋盘效果,也可以用来检测模型的 UV 是否合理。如果棋盘格有拉伸现象,那么拉伸处的 UV 也有拉伸现象,如上图所示。

标准贴图 | 位图贴图

位图贴图是一种最基本的贴图类型，也是最常用的贴图类型。位图贴图支持很多种格式，包括 FLC、AVI、BMP、GIF、JPEG、PNG、PSD 和 TIFF 等主流图像格式。

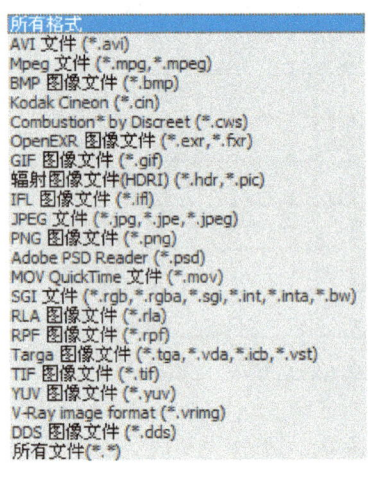

标准贴图 | 渐变贴图

使用"渐变"程序贴图可以设置 3 种颜色的渐变效果，其参数设置面板如图下图所示。

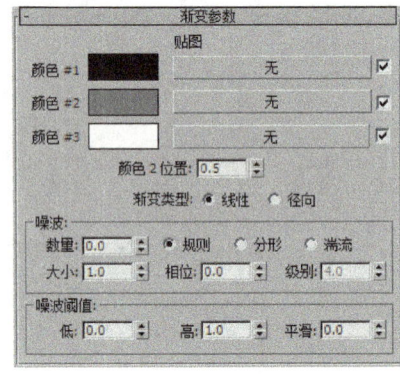

渐变颜色可以任意修改，修改后的物体材质颜色也会随之而改变，图所示分别是默认的渐变颜色以及将渐变颜色修改为红、绿、蓝后的渲染效果。

标准贴图 | 平铺贴图

使用"平铺"程序贴图可以创建类似于瓷砖的贴图，通常在制作有很多建筑砖块图案时使用。

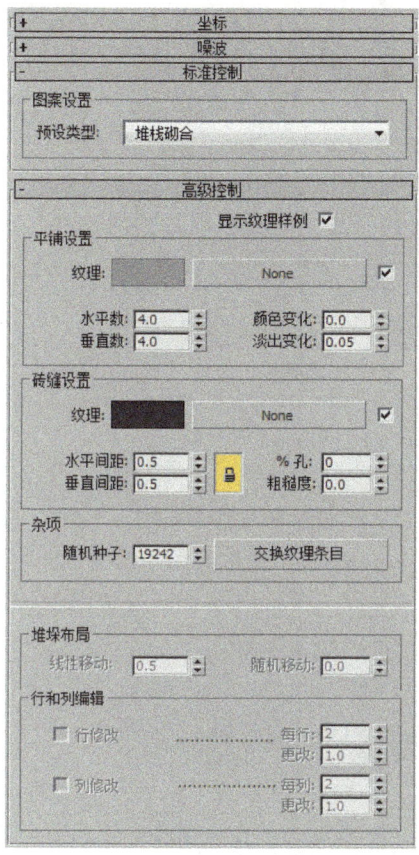

标准贴图 | 泼溅贴图

"泼溅"程序贴图可以用来制作油彩泼溅的效果。

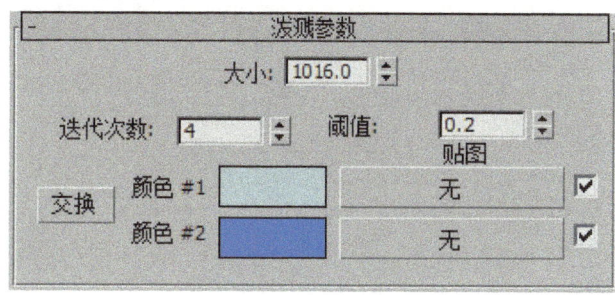

标准贴图 | 斑点贴图

"斑点"程序贴图常用来制作具有斑点的物体。

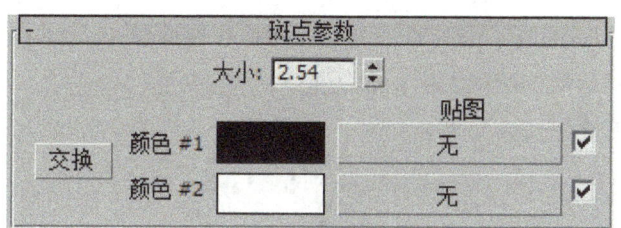

标准贴图 | 噪波贴图

使用"噪波"程序贴图可以将噪波效果添加到物体的表面，以突出材质的质感。"噪波"程序贴图通过应用分形噪波函数来扰动像素的 UV 贴图，从而表现出非常复杂的物体材质。

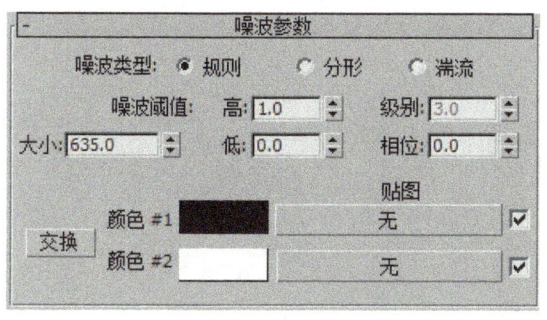

标准贴图 | 衰减贴图

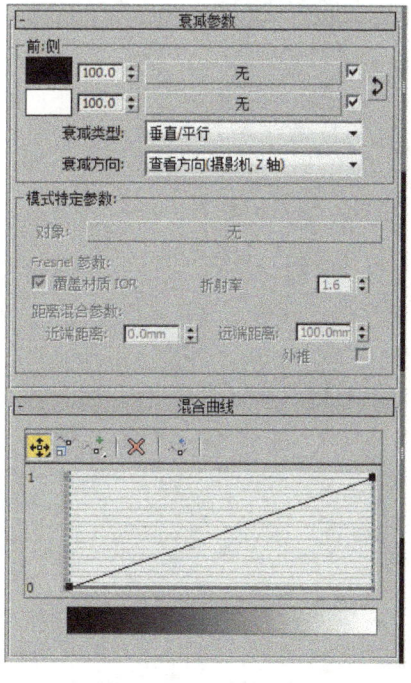

"衰减"程序贴图可以用来控制材质强烈到柔和的过渡效果，使用频率比较高。

标准贴图 | 混合贴图

"混合"程序贴图可以用来制作材质之间的混合效果。

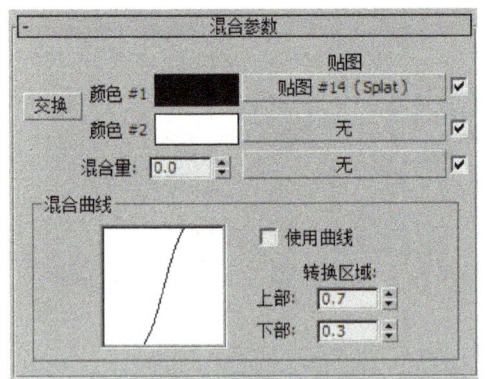

标准贴图 | 凹凸贴图

"法线凹凸"程序贴图多用于表现高精度模型的凹凸效果。

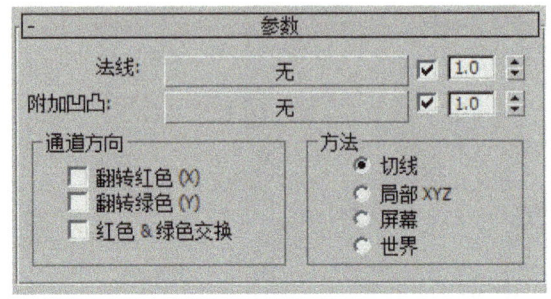

标准贴图 | 细胞贴图

"细胞"程序贴图主要用于制作各种具有视觉效果的细胞图案，如马赛克、瓷砖、鹅卵石和海洋表面等。

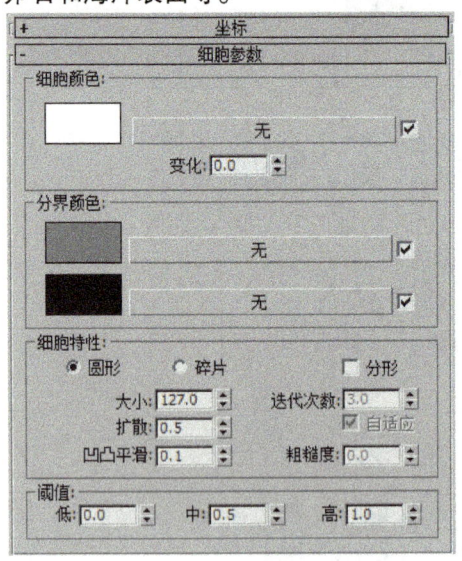

VRay 贴图 | HDRI 贴图

VRayHDRI 可以翻译为高动态范围贴图，主要用来设置场景的环境贴图，即把 HDRI 当作光源来使用。

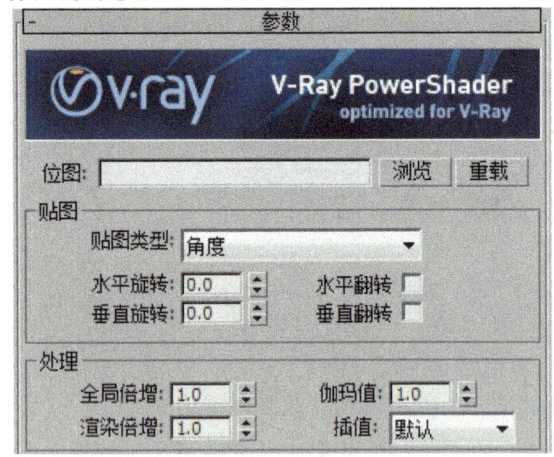

标准贴图 | 颜色修正

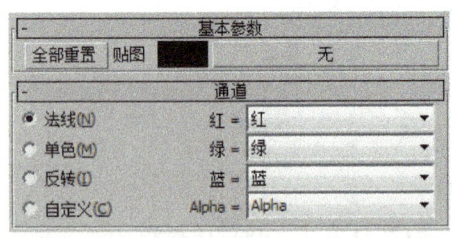 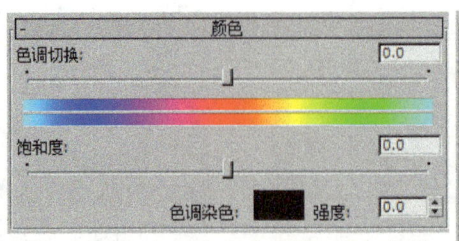 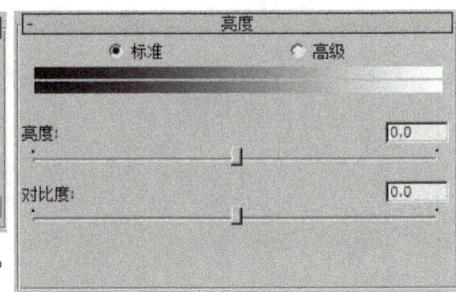

"颜色修正"程序贴图可以用来调节贴图的色调、饱和度、亮度和对比度等。

活动 1

绘制柜架类家具 —— 欧式床头柜

学习目标 笔记栏

1. 能使用放样命令工具，完成实木线条的绘制。
2. 能使用编辑多边形的连接、切角和倒角命令，完成侧面板的挖槽处理。
3. 能参照 CAD 尺寸，完成家具的案例建模。
4. 使用可编辑多边形进行地面地砖的建模。
5. 能理解使用 VRayMtl 材质设置出对应的床头柜材质。
6. 能应用特定的布光环境，在 3ds Max 还原场景布灯设置。
7. 在作业完毕后，能按作业规程清点、整理电子文档，整理工作页，并关闭计算机，清理现场。

学习课时：4 课时

学习任务描述

公司接到任务后，需要对床头柜进行绘制，公司安排设计人员完成该任务，设计师需要根据家具特征，选择适合的建模方法和材质表现，完成床头柜的绘制，设计时间为 1 天，任务完成后提交床头柜的渲染效果图。

学习准备

工具准备：计算机（含 AutoCAD、3ds Max 软件、VRay 渲染器）、存储器（U 盘、移动硬盘）、签字笔、工作任务单。

引导问题

床头柜都有哪些部分组成？

学习过程

① 明确工作任务（小组讨论）

阅读设计任务书，填写工作任务单。列出本次任务的工作内容、时间要求及交接工作的相关负责人，并根据实际情况补充完整。

产品效果图表达

任务四　236

学习活动 1：绘制柜架类家具

工作任务单

单位部门		设计部	时间	年　月　日	
任务来源		总经办□	项目部□	人事部□	
项目名称		实木家具表达	任务目标	绘制柜架类家具	
任务执行人		执行人：　　　　　其他组员： 组长：			
基本要求	人员要求	遵守纪律、遵守工作场所管理规定，服从安排； 安全意识，责任意识，6S 管理意识； 注重个人形象，注重环境整洁； 注重沟通，能自主学习及相互协作			□确认
	存储设备	USB 存储器／移动硬盘			□确认
	自备工具	工作页、签字笔			□确认
	完成数量	单个产品			□确认
	完成时间	240 分钟			□确认
	尺寸规范	准确设置单位			□确认
	形态结构	尺寸准确			□确认
	模型细节	细节表现到位			□确认
	材质表现	材质表达真实			□确认
	操作情况	操作熟练，快速找到相应命令			□确认
	整体风格	效果真实再现，具有一定个人风格			□确认
	作品展示	语言流畅，思路清晰；展示方式富有特色			□确认

已经解决问题的描述：

成功、成果、失误与问题：

绩效等级	优□　良□　中□　差□	奖惩制度	
任务执行人签字	年　月　日	审核人签字盖章	年　月　日

② 知识探索

1. 请使用 AutoCAD 软件制图工具，完成实木线条的外形绘制，并导入到 3ds Max 中，焊接顶点。
   请填写出在 CAD 绘制过程中所使用的快捷键命令。

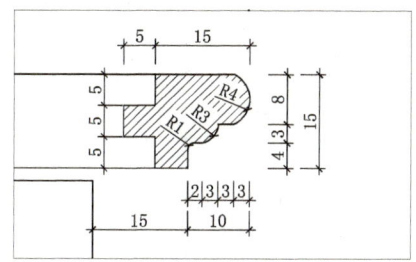

2. 请利用"可编辑多边形"：连接（边级别下）和"图形合并"命令，分别绘制以下两个图形，并写出具体步骤。（参考附件）

请填写出绘制的具体步骤：

③ 工作任务的实施

1. 先设置 3ds Max 软件的系统单位为毫米（mm）。

2. 根据 CAD 提供的尺寸，在 3ds Max 内进行绘制。

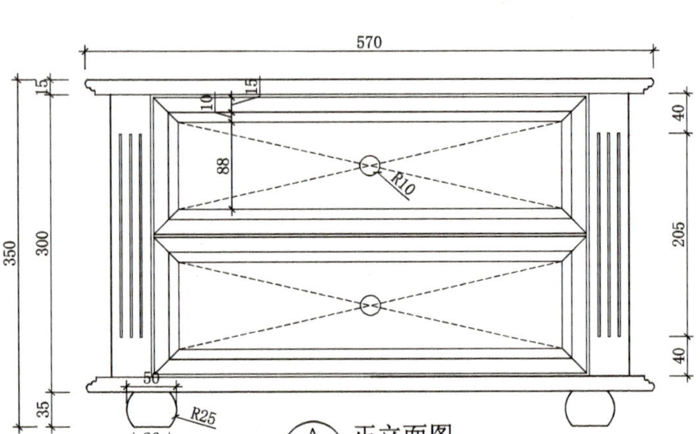

产品效果图表达

任务四

学习活动1： 绘制柜架类家具

A 正立面图 1:6

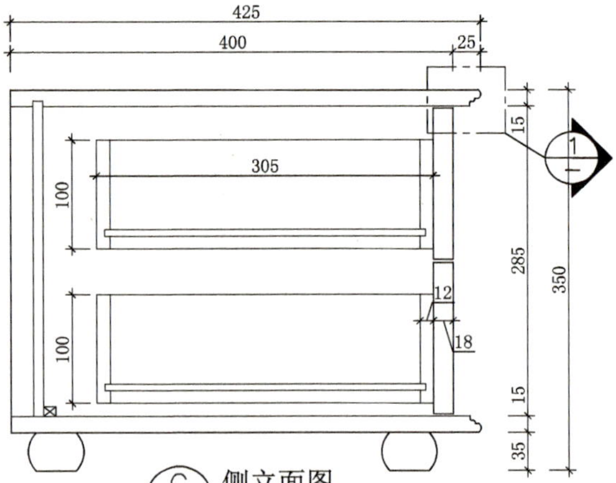

C 侧立面图 1:6

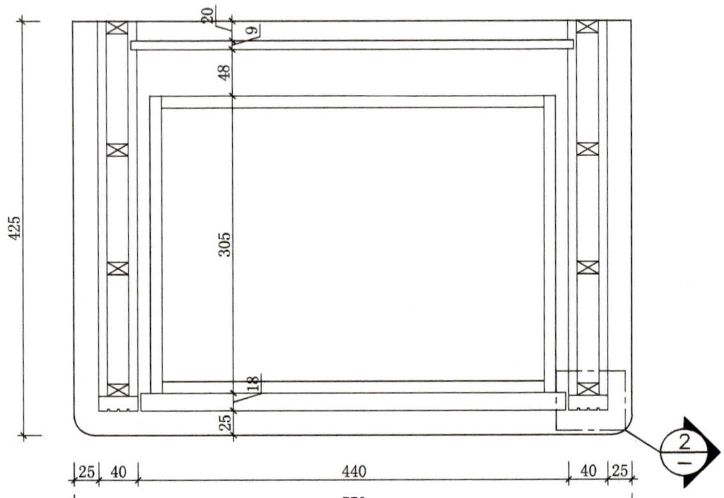

B 平面图 1:6

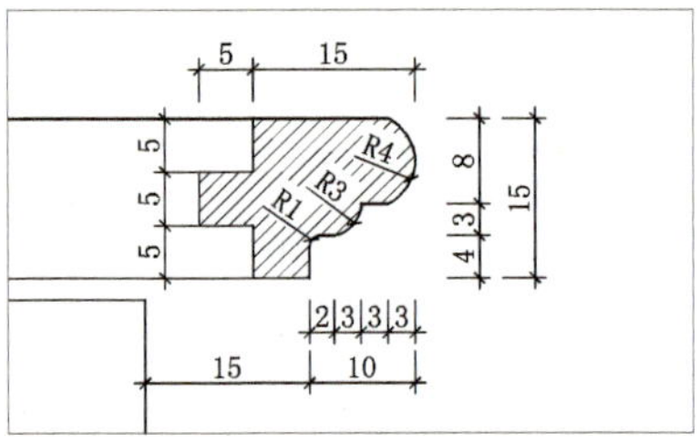

1 大样图 1:1

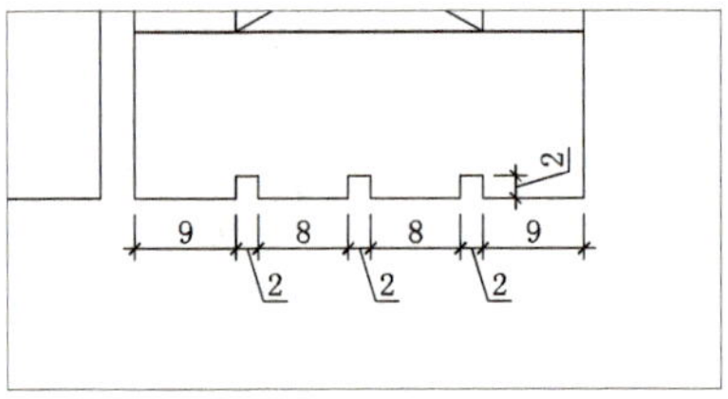

2 大样图 1:1

3. 优先使用长方体绘制出整体尺寸，以确保整体处于可控范围，并捕捉点以方便制图。

4. 根据提供的工作页大样图，在 CAD 内绘制，并导入 3ds Max，结合捕捉工具获取路径线条，最后放样获得装饰线条。

5. 利用对齐工具绘制床头柜两侧侧板，并使用连接、切角、倒角命令丰富侧板造型。

6. 利用捕捉工具，绘制出一半的面板造型，通过使用编辑多边形的插入、倒角命令使面板造型丰富。

7. 利用球体转可编辑多边形，绘制床头柜的底部柜脚。

8. 调整 VRay 渲染器为测图参数，加快材质和灯光渲染测试。

9. 根据提供的布光图，对场景物体进行摄像机、聚光灯、背景屏、反光板的布置。

可参考布光

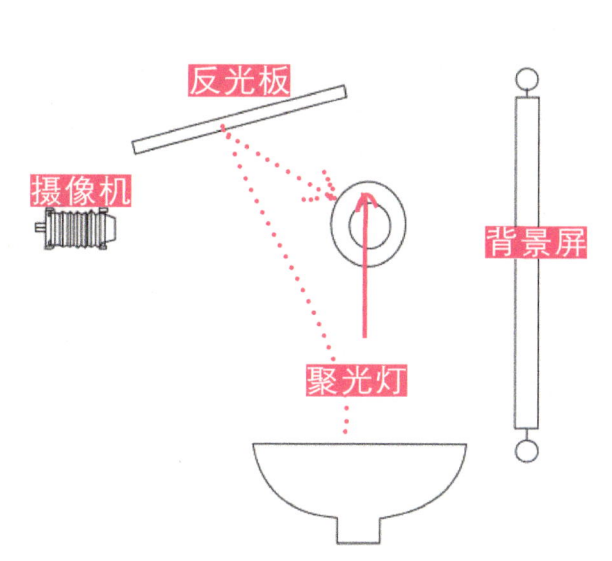

10. 通过 VRayMtl 材质，设置出白色乳胶漆、地面材质和反光板材质。

11. 使用 VRay 渲染器，利用出图渲染设置，渲染较高质量的效果图。

12. 保存并归档当前源文件，文件命名为"任务四活动一欧式床头柜"。

13. 整理桌面，保持整洁。

4 完成成果交流点评

（1）以组为单位，展示训练成果；
（2）小组互评成绩；
（3）教师点评优秀训练成果；
（4）教师对广泛存在的问题进行总结。

学习活动反馈表

姓名：		学号：				日期：	
项目	考核内容		分值	个人评价	组内评价	教师评价	评分标准
学习态度	1. 遵守学习纪律，不做与课堂无关事情，不迟到早退		10				根据实际课堂表现打分
	2. 着装整齐，不穿拖鞋		10				
	3. 学习积极主动，参与小组讨论，按时提交作业		10				
软件操作	4. 能使用放样命令工具，完成实木线条的绘制	会□ / 不会□	10				单项技能目标"会"该项得满分，"不会"则根据实际情况得分
	5. 能使用编辑多边形的连接、切角和倒角命令，完成侧面板的挖槽处理	会□ / 不会□	10				
	6. 能应用特定的布光环境，在 3ds Max 还原场景布灯设置	会□ / 不会□	10				
	7. 能使用 VRay 灯光和 VRay 材质对场景和家具进行设置，并渲染最终图像	会□ / 不会□	10				
作品展示	8. 踊跃发言，思路清晰，展示方法富有特色		20				根据实际课堂表现打分
职业素养	9. 在作业完毕后，能按作业规程清点、整理电子文档，整理工作页，并关闭计算机，清理现场		10				根据实际课堂表现打分
总分			100				

小组评语及建议	优点： 不足： 建议：	组长签名： 日期：
老师评语与建议		评定的等级或分数： 教师签名： 日期：

附件一：放样工具的使用

放样 "放样"是将一个二维图形作为沿某个路径的剖面，从而生成复杂的三维对象。"放样"是一种特殊的建模方法，能快速地创建出多种模型。

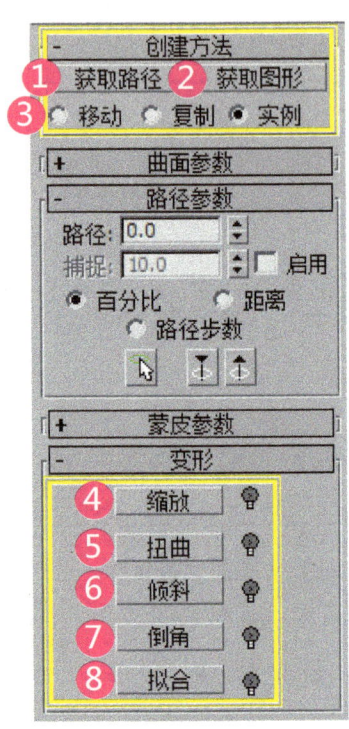

① 获取路径：将路径指定给选定图形或更改当前指定的路径。

② 获取图形：将图形指定给选定路径或更改当前指定的图形。

③ 移动/复制/实例：用于指定路径或图形转换为放样对象的方式。

④ 缩放：使用"缩放"变形可以从单个图形中放样对象，该图形在其沿着路径移动时只改变其缩放。

⑤ 扭曲：使用"扭曲"变形可以沿着对象的长度创建盘旋或扭曲的对象，扭曲将沿着路径指定旋转量。

⑥ 倾斜：使用"倾斜"变形可以围绕局部 x 轴和 y 轴旋转图形。

⑦ 倒角：使用"倒角"变形可以制作出具有倒角效果的对象。

⑧ 拟合：使用"拟合"变形可以使用两条拟合曲线来定义对象的顶部和侧剖面。

产品效果图表达
任务四 243
附件

附件二：图形合并的工具的使用

图形合并 | 使用"图形合并"工具可以将一个或多个图形嵌入到其他对象的网格中或从网格中移除。

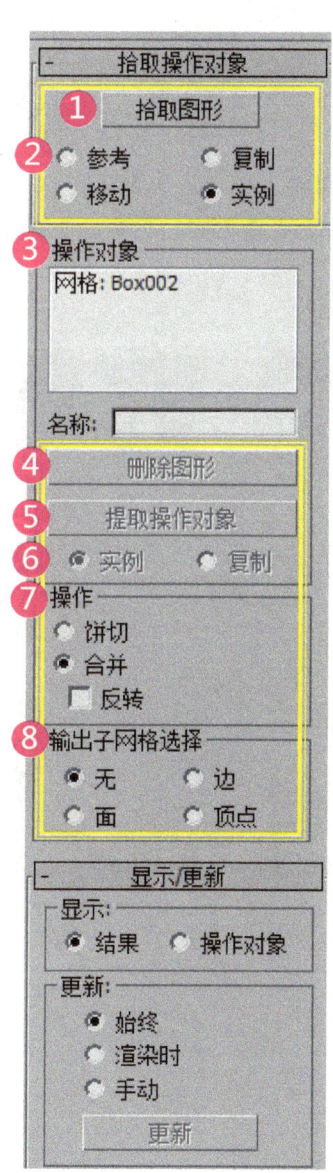

① 拾取图形：单击该按钮，然后单击要嵌入网格对象中的图形，图形可以沿图形局部的 z 轴负方向投射到网格对象上。

② 参考/复制/移动/实例：指定如何将图形传输到复合对象中。

③ 操作对象：在复合对象中列出所有操作对象。

④ 删除图形：从复合对象中删除选中图形。

⑤ 提取操作对象：提取选中操作对象的副本或实例。在"操作对象"列表中选择操作对象时，该按钮才可用。

⑥ 实例/复制：指定如何提取操作对象。

⑦ 操作：该组选项中的参数决定如何将图形应用于网格中。
饼切：切去网格对象曲面外部的图形。
合并：将图形与网格对象曲面合并。
反转：反转"饼切"或"合并"效果。

⑧ 输出子网格选择：该组选项中的参数提供了指定将哪个选择级别传送到"堆栈"中。

附件三：绘制欧式床头柜

A 绘制特定长方体大小

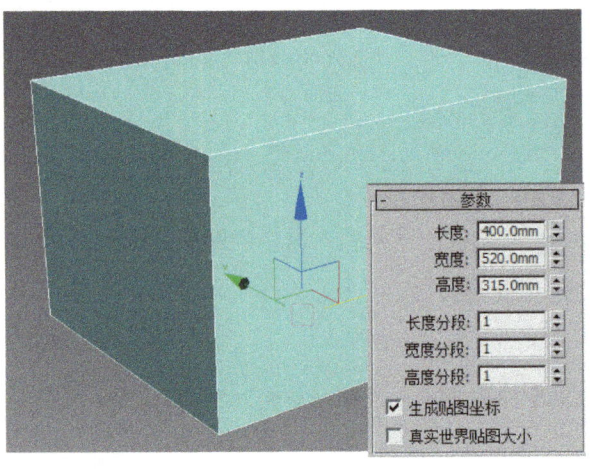

B 利用捕捉工具和 AutoCAD 工具综合辅助样条线的绘制

C 优先选择路径，通过获取图形以完成样条线的绘制（或 Ctrl+ 获取图形）

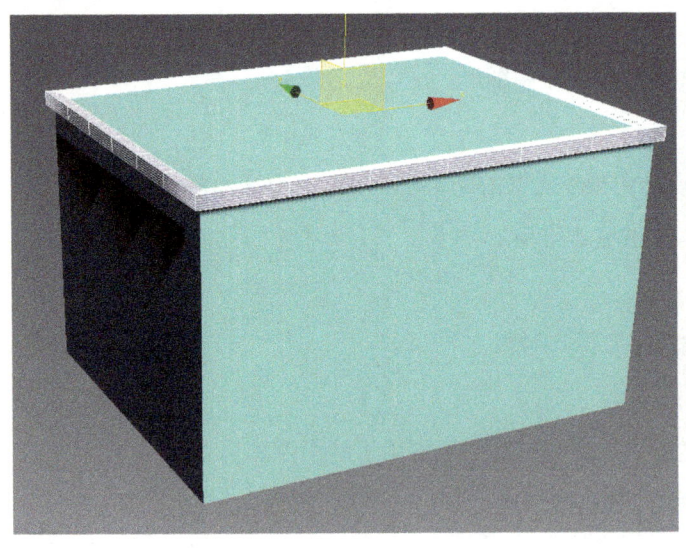

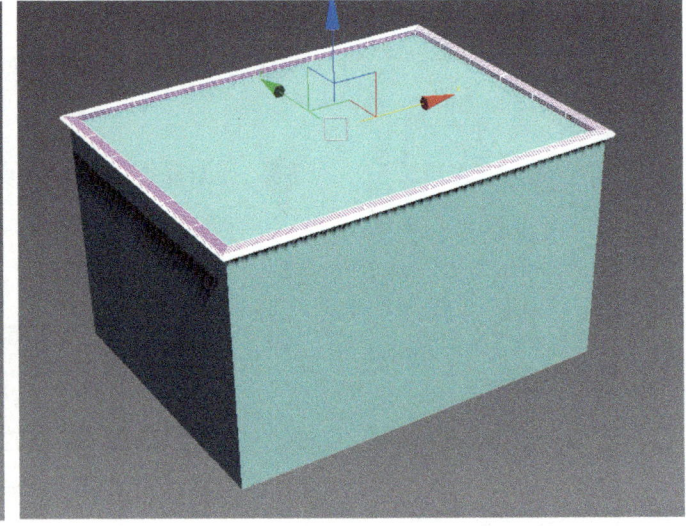

D 修改放样参数能让模型变得更加真实

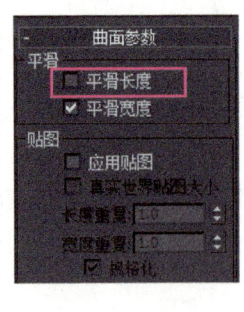

E 减少路径步数，后期修改更加方便

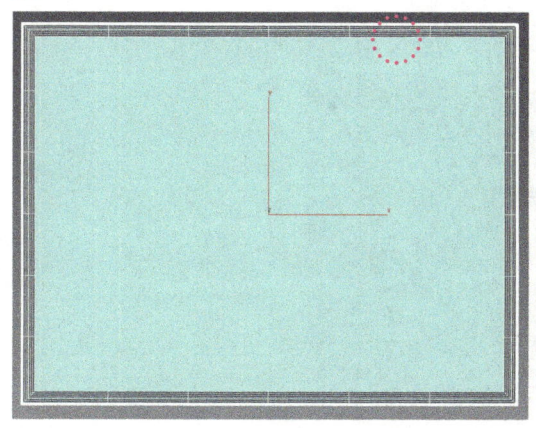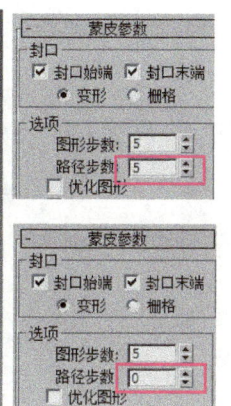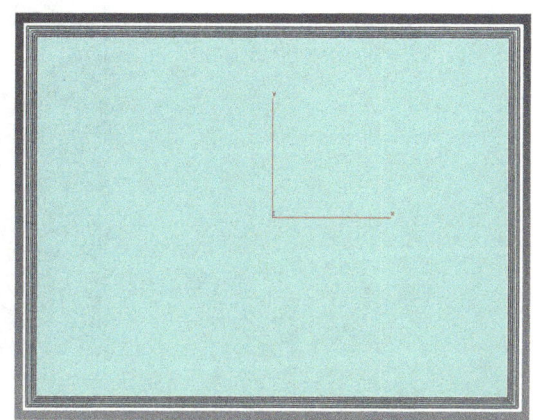

F 通过左对齐，能让放样更好的切合边缘

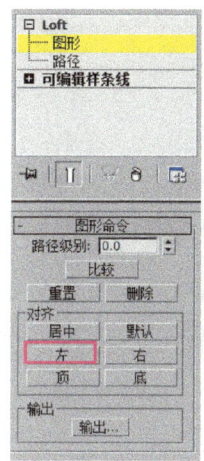

G 利用整体模型和捕捉工具，绘制两边侧板

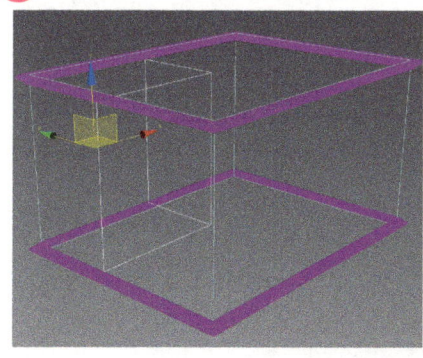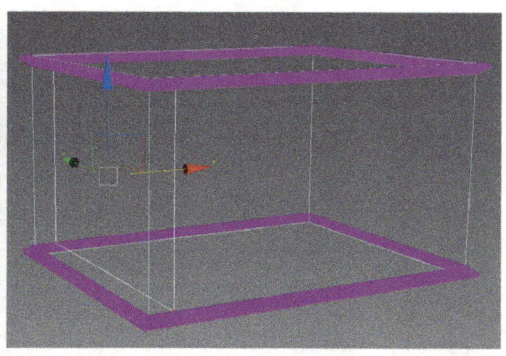

H 孤立侧板，并对侧板进行布线处理

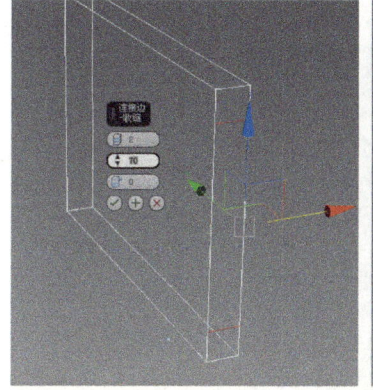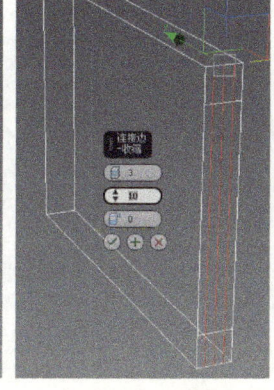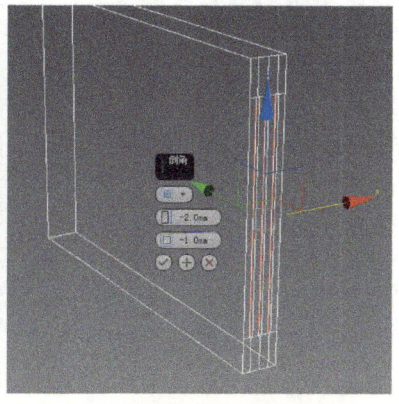

产品效果图表达

任务四 246
附件

Ⅰ 绘制顶板和底板，完成大框架

J 利用捕捉工具对面板进行，并小调参数，留出工艺缝

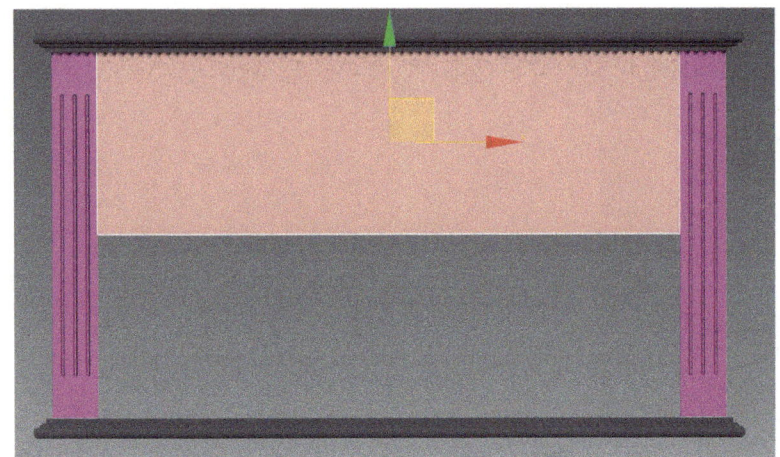
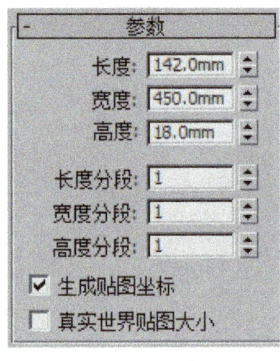
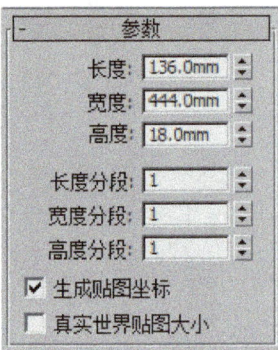

K 利用编辑多边形的插入、倒角命令对面板完成面板的造型

附件四：地面砖制作教程

❶ 创建平面，以 1000 mm × 1000 mm 为砖的单位尺寸为例，设置对应的分段和长度和宽度

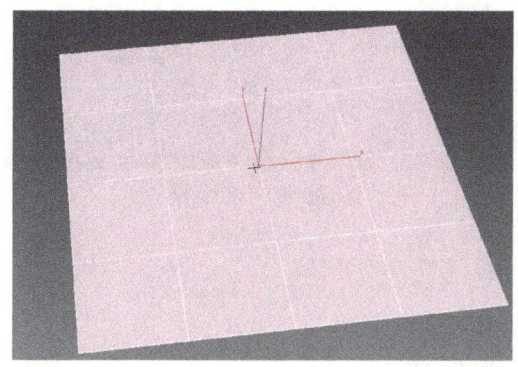

❷ 转为可编辑多边形，并选中内线进行切角 2 mm

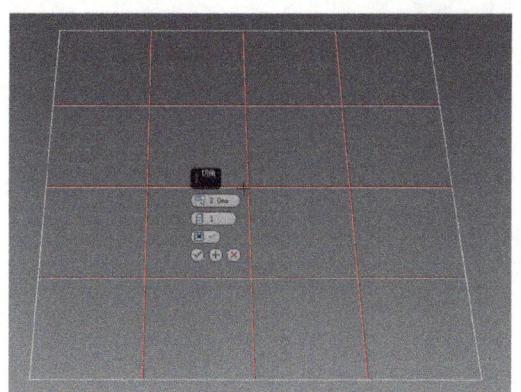

❸ 选择面级别，对 16 块砖进行挤出 3 mm

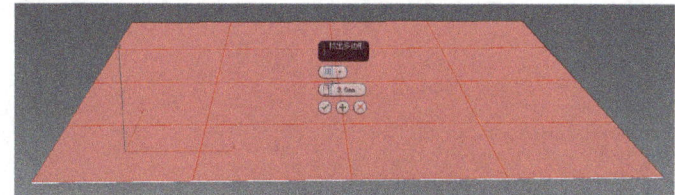

❹ 选择转换到边，再减去四周的外边框的线条后进行切角 1 mm 处理

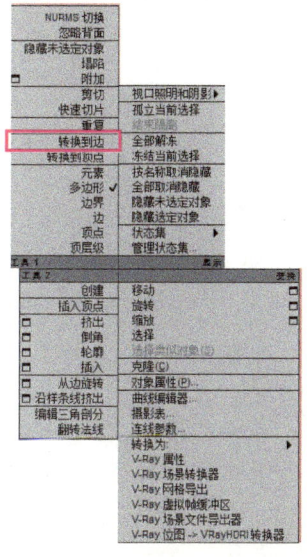

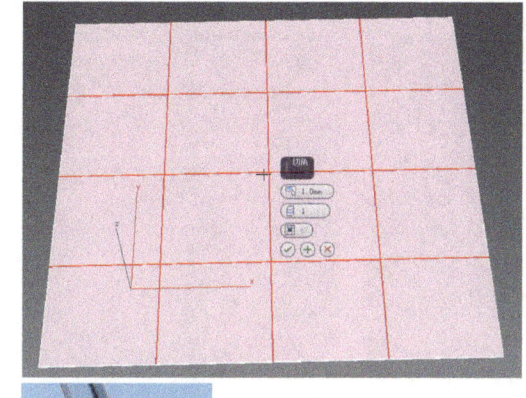

❺ 加入对称修改器，并注意衔接处为最后一格砖中间部分，并使用矩形做参考，让接缝处尺寸正常

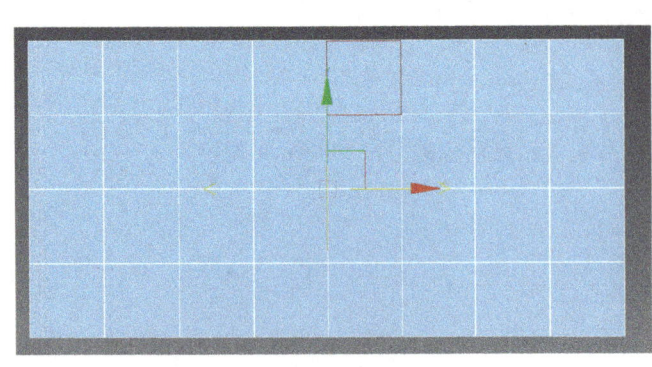
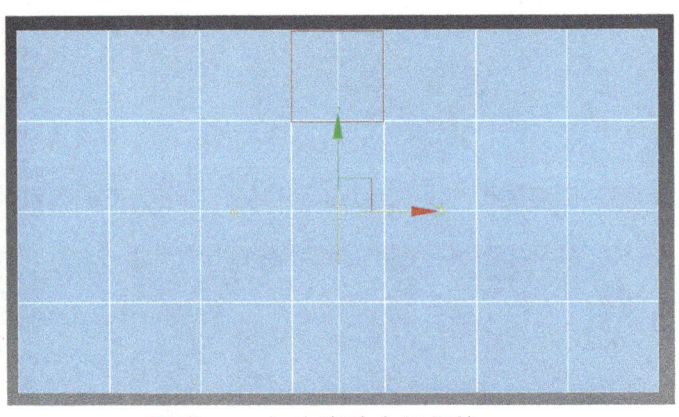

错误 ——与最外边缘缝衔接　　　　　　正确 ——与边缘砖中部衔接

❻ 以此类推，对称出想要的尺寸大小即可

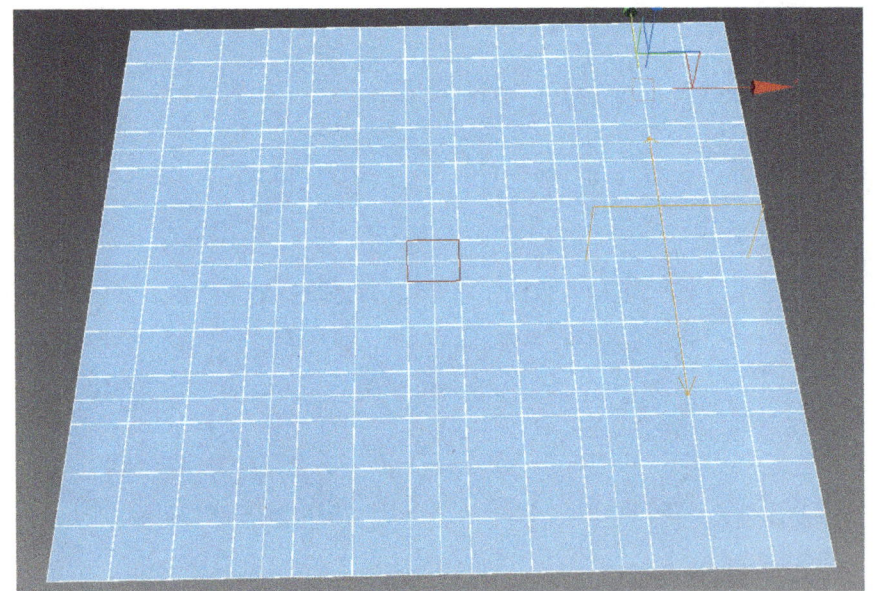

❼ 在使用 UVW 贴图时，注意设置尺寸为 1000 mm × 1000 mm 的大小，并移动到地砖单元内

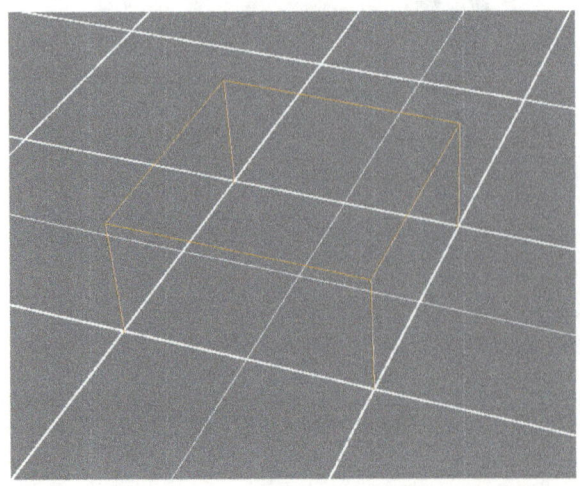
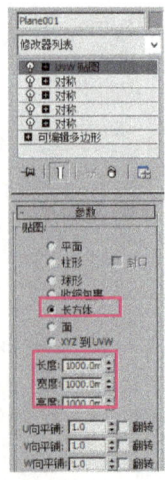

活动 1

绘制柜架类家具——板木鞋柜

📊 学习目标

1. 能使用可编辑多边形，完成鞋柜建模。
2. 能使用放样命令工具，完成实木线条的绘制。
3. 能参照 CAD 尺寸，完成家具的案例建模。
4. 能使用可编辑多边形进行地面地砖的建模。
5. 能使用 VRayMtl 材质，完成对鞋柜的材质赋予。
6. 能绘制半封闭的室内场景，使用 VRay 阳光和 VRay 灯光模拟自然光。
7. 在作业完毕后，能按作业规程清点、整理电子文档，整理工作页，并关闭计算机，清理现场。

学习课时：8 课时

 笔记栏

💬 学习任务描述

公司接到任务后，需要对鞋柜进行绘制，公司安排设计人员完成该任务，设计师需要根据家具特征，选择适合的建模方法和材质表现，完成鞋柜的绘制，设计时间为 1 天，任务完成后提交鞋柜的渲染效果图。

学习准备

工具准备：计算机（含 AutoCAD、3ds Max 软件、VRay 渲染器）、存储器（U 盘、移动硬盘）、签字笔、工作任务单。

引导问题

由长方体开始，使用编辑多编辑命令，能创建的模型有哪些？

学习过程

  明确工作任务（小组讨论）

阅读设计任务书，填写工作任务单。列出本次任务的工作内容、时间要求及交接工作的相关负责人，并根据实际情况补充完整。

产品效果图表达
任务四 250
学习活动 1：绘制柜架类家具

工作任务单

单位部门	设计部	时间	年　月　日
任务来源	总经办□	项目部□	人事部□
项目名称	实木家具表达	任务目标	绘制柜架类家具
任务执行人	执行人： 组长：	其他组员：	

基本要求			
	人员要求	遵守纪律、遵守工作场所管理规定，服从安排； 安全意识，责任意识，6S 管理意识； 注重个人形象，注重环境整洁； 注重沟通，能自主学习及相互协作	□确认
	存储设备	USB 存储器 / 移动硬盘	□确认
	自备工具	工作页、签字笔	□确认
	完成数量	单个产品	□确认
	完成时间	320 分钟	□确认
	尺寸规范	准确设置单位	□确认
	形态结构	尺寸准确	□确认
	模型细节	细节表现到位	□确认
	材质表现	材质表达真实	□确认
	操作情况	操作熟练，快速找到相应命令	□确认
	整体风格	效果真实再现，具有一定个人风格	□确认
	作品展示	语言流畅，思路清晰；展示方式富有特色	□确认

已经解决问题的描述：

成功、成果、失误与问题：

绩效等级	优□ 良□ 中□ 差□	奖惩制度	
任务执行人签字	年　月　日	审核人签字盖章	年　月　日

产品效果图表达

任务四　251

学习活动1：绘制柜架类家具

2 知识探索

1. 请使用长方体和可编辑多边形命令，由外至内进行建模深化：插入（面级别下）、挤出（面级别下）、倒角（面级别下）等完成柜门门板（300 mm×400 mm×18 mm）的建模。

请填写出绘制的具体步骤：

（1）新建　　　　　值：　　　　　

（2）　　　　　　　　　　　　　　

（3）使用命令：　　　　值：　　　　

（4）使用命令：　　　　值：　　　　

（5）使用命令：　　　　值：　　　　

（6）使用命令：　　　　值：　　　　

（7）使用命令：　　　　值：　　　　

结构大样图

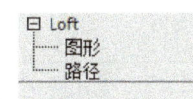

2. 请使用AutoCAD软件制图工具，完成实木线条的外形绘制，并导入到3ds Max中，焊接顶点。（参考附件）

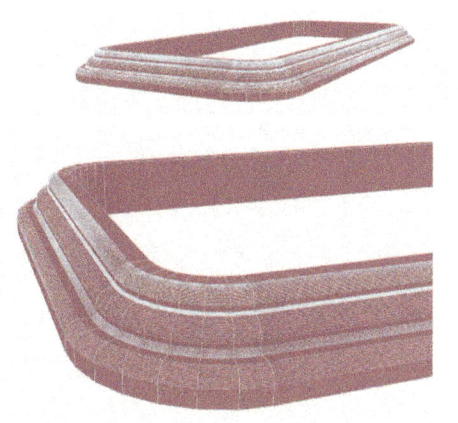

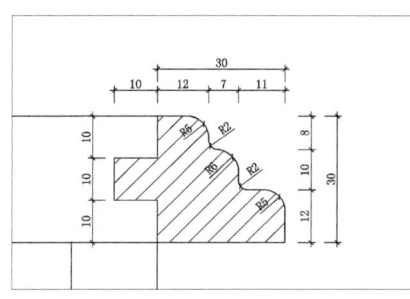

请填写具体步骤

3 工作任务的实施

准备部分

1. 先设置 3ds Max 软件的系统单位为毫米（mm）。

2. 根据提供的 CAD 图纸内容，仔细分析鞋柜的结构和特点。

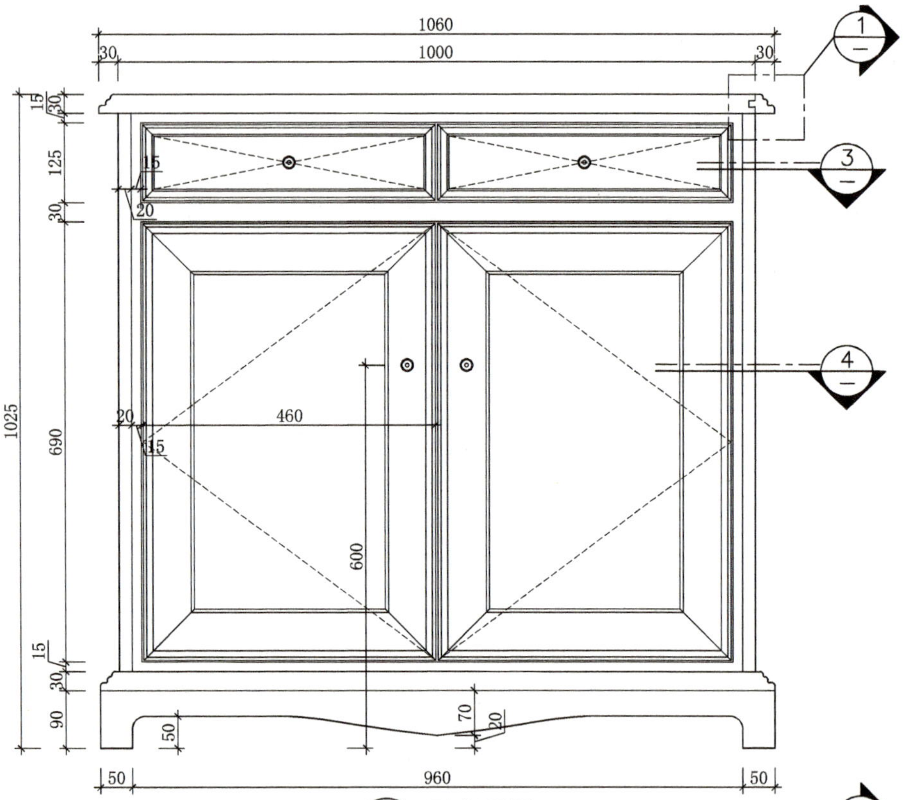

A 正立面图 1:10

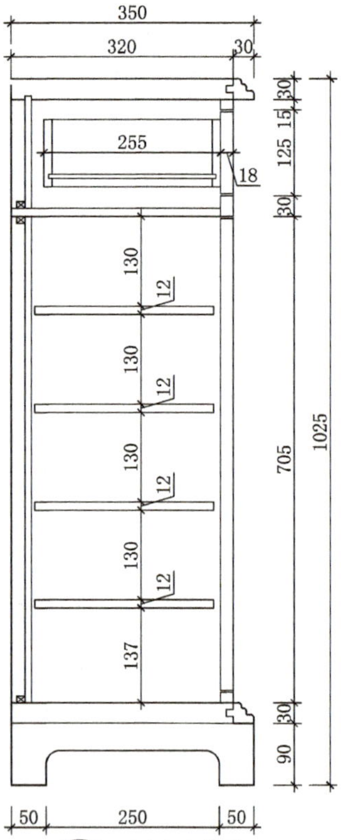

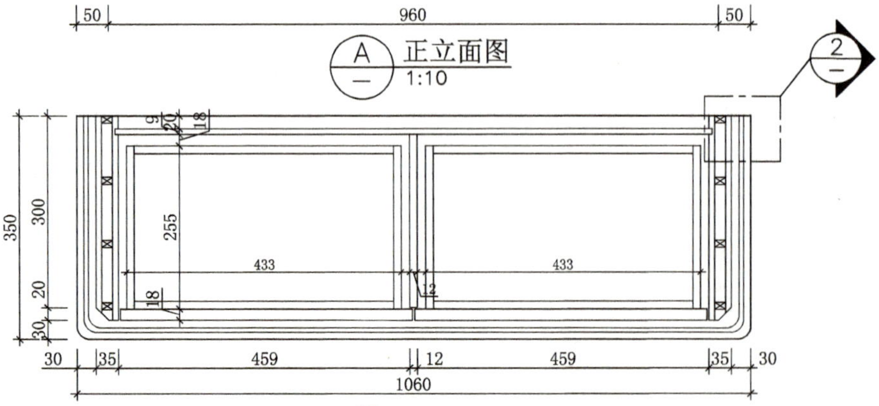

B 平面图 1:10

C 侧立面图 1:10

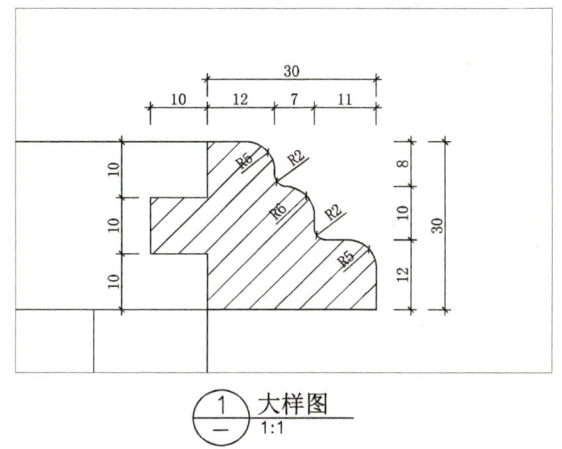

$\underset{—}{1}$ 大样图
1:1

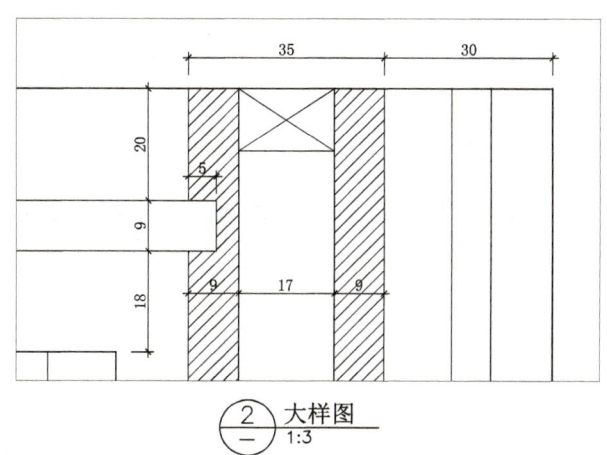

$\underset{—}{2}$ 大样图
1:3

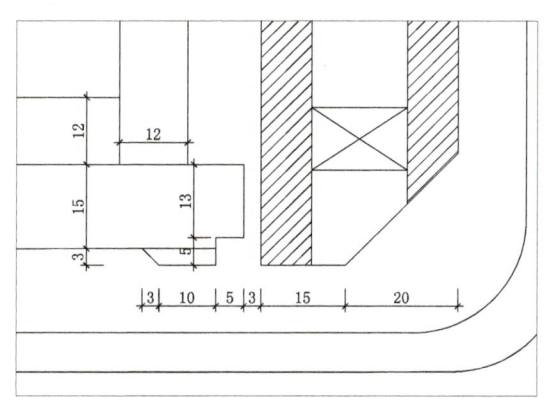

$\underset{—}{3}$ 剖面图
1:1

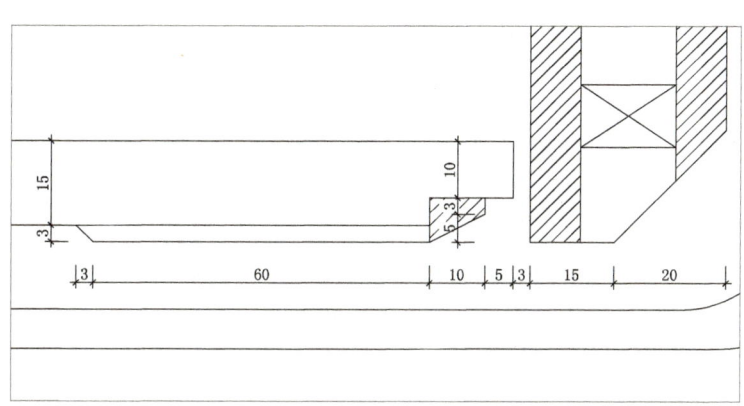

$\underset{—}{4}$ 剖面图
1:1

学习活动 1：绘制柜架类家具

建模部分

3. 根据提供的 CAD 图纸的尺寸，优先使用长方体绘制出整体尺寸（不含顶部和底部），以确保整体处于可控范围，并捕捉点以方便制图。

4. 利用编辑多边形命令，在整体柜体面板尺寸下，绘制两侧侧板造型。

5. 利用编辑多边形命令，对整体柜体面板进行布线分段，分出抽屉部分和柜门部分。

6. 区分左右抽屉和左右柜门。并选择左右柜门面板使用编辑多边形插入、挤出等命令，以表达出工艺缝的效果。

7. 使用编辑多边形命令，对抽屉门板进行绘制。

8. 请结合知识探索内容，使用"插入（面级别下）""挤出（面级别下）""倒角（面级别下）"命令，对柜门门板进行绘制。

9. 使用球体和编辑多边形工具，绘制出拉手，并布置拉手位置。

10. 请结合知识探索内容，使用 AutoCAD 软件制图工具，完成实木线条的外形绘制，并导入到 3ds Max 中，利用放样工具绘制实木线条。

11. 完善鞋柜整体模型。

材质部分

12. 调整 VRay 渲染器为测图参数，加快材质和灯光渲染测试。

13. 通过 VRayMtl 材质，设置出木纹材质、不锈钢材质和地面材质。

场景部分

14. 保存当前文件至服务器，文件名为"任务四活动一板木鞋柜"。

15. 使用可编辑多边形，制作地面地砖部分。

16. 使用可编辑多边形，制作半封闭场景空间和简单窗户、门。（参考附件）

灯光部分

17. 从窗户引入 VRay 阳光，门引入 VRay 灯光、辅助窗户引入 VRay 灯光。（参考附件）

18. 根据提供的布光图，完成对场景物体进行摄像机、VRay 灯光、背景屏的布置，并调整灯光参数。

19. 使用 VRay 渲染器，利用出图渲染设置，渲染较高质量的效果图。

职业素养部分

20. 保存渲染图并归档当前 3ds Max 文件，上传至服务器，文件名为"任务四活动一板木鞋柜"。

21. 整理桌面，保持整洁。

④ 完成成果交流点评

（1）以组为单位，填写以下表格，由组长选择其中两张作品对比并展示训练成果；

建模特色	灯光特点	材质特点

（2）小组互评成绩；
（3）教师点评优秀训练成果；
（4）教师对广泛存在的问题进行总结。

产品效果图表达

任务四
学习活动1：绘制柜架类家具

学习活动反馈表

姓名：		学号：				日期：
项目	考核内容	分值	个人评价	组内评价	教师评价	评分标准
学习态度	1. 遵守学习纪律，不做与课堂无关事情，不迟到早退	10				根据实际课堂表现打分
	2. 着装整齐，不穿拖鞋	10				
	3. 学习积极主动，参与小组讨论，按时提交作业	10				
软件操作	4. 能使用可编辑多边形，完成鞋柜建模　　会□ / 不会□	10				单项技能目标"会"该项得满分，"不会"则根据实际情况得分
	5. 能使用放样命令工具，完成实木线条的绘制　　会□ / 不会□	10				
	6. 能使用VRay灯光和VRay材质对场景和家具进行设置　　会□ / 不会□	10				
	7. 能参照CAD尺寸，完成家具的案例建模和渲染　　会□ / 不会□	10				
作品展示	8. 踊跃发言，思路清晰，展示方法富有特色	20				根据实际课堂表现打分
职业素养	9. 在作业完毕后，能按作业规程清点、整理电子文档，整理工作页，并关闭计算机，清理现场	10				根据实际课堂表现打分
总分		100				

小组评语及建议	优点： 不足： 建议：	组长签名： 日期：
老师评语与建议		评定的等级或分数： 教师签名： 日期：

附件一：柜门门板绘制思路

1 绘制前应分析：先确定从哪里入手

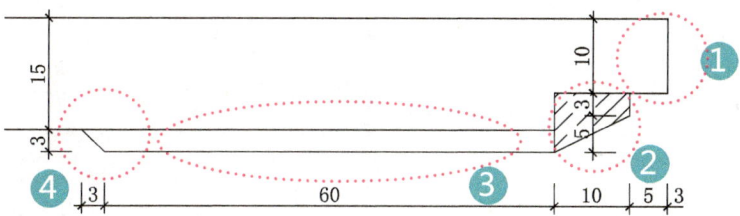

2 把整个门板理解为一个大整体

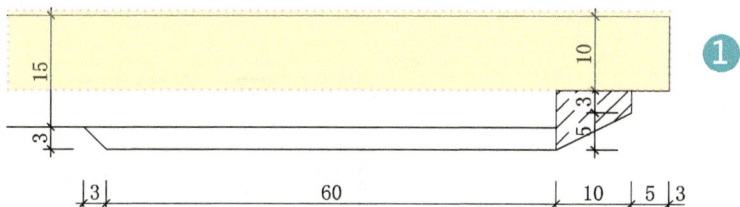

3 从边角开始逐步成型

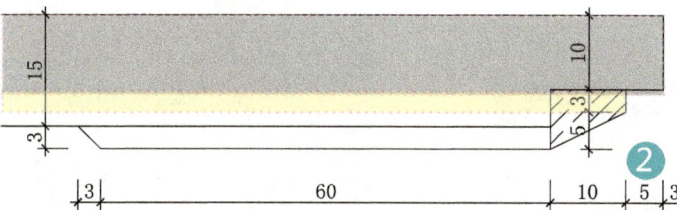

4 每次转角都是一次命令的形成

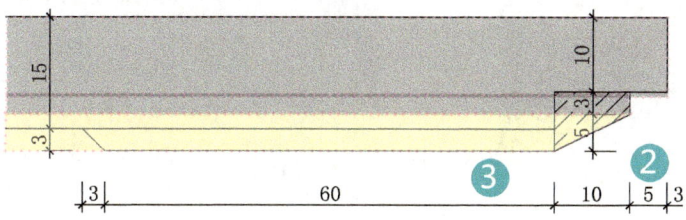

5 把整个门板理解为一个大整体

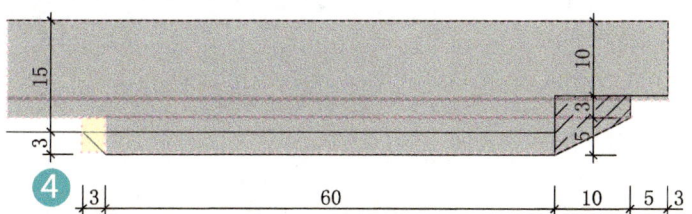

附件二：柜门门板绘制详解

❶ 绘制 300 mm × 400 mm × 10 mm 的长方体

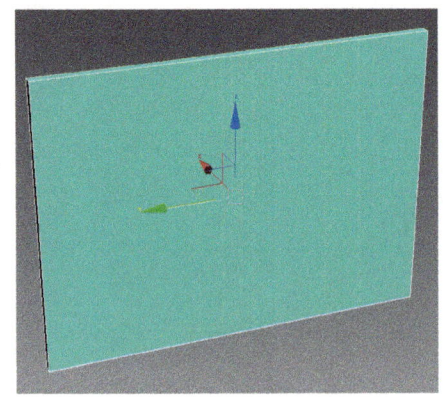

❷ 加入可编辑多边形修改器

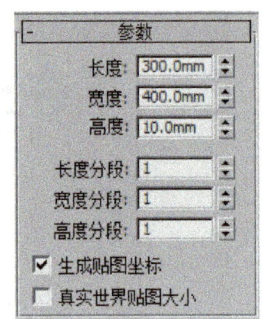

❸ 选择面级别，右键使用插入命令，值为 5

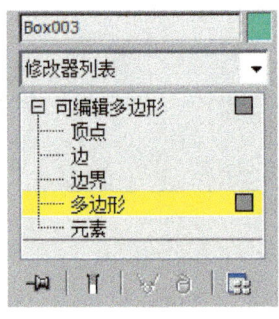
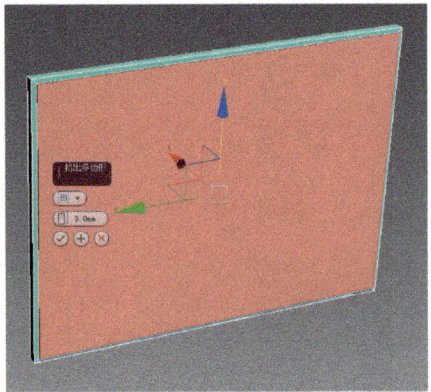

❹ 右键使用插入命令，值为 3

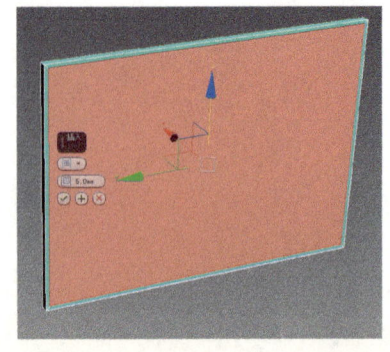

❺ 右键使用倒角命令，值为 5 和 −10

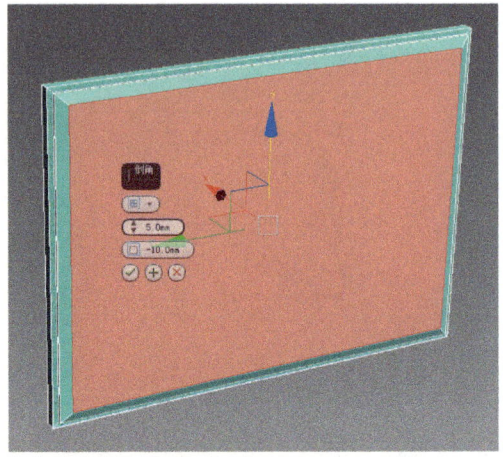

❻ 右键使用插入命令，值为 60

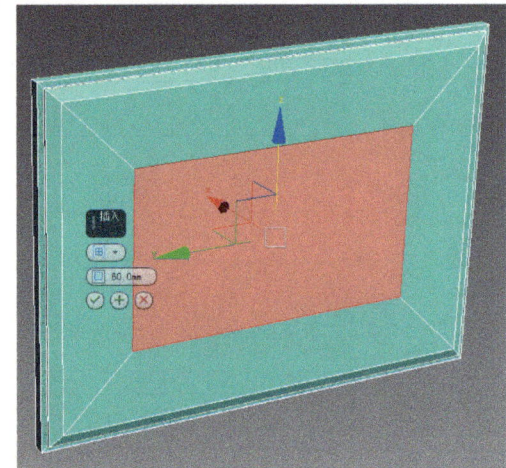

❼ 右键使用倒角命令，值为 −3 和 −3

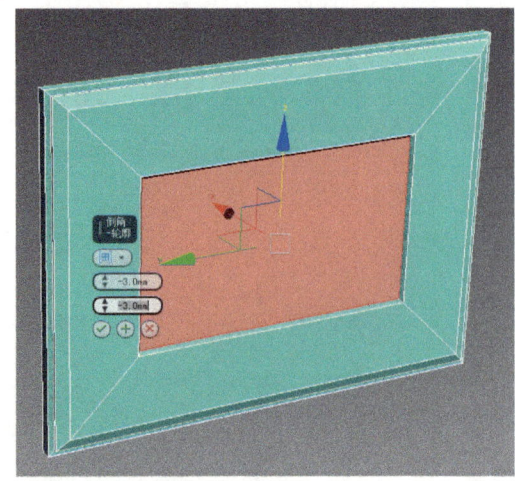

产品效果图表达
任务四 259
附件

附件三：放样工具的使用

放样 | "放样"是将一个二维图形作为沿某个路径的剖面，从而生成复杂的三维对象。"放样"是一种特殊的建模方法，能快速地创建出多种模型。

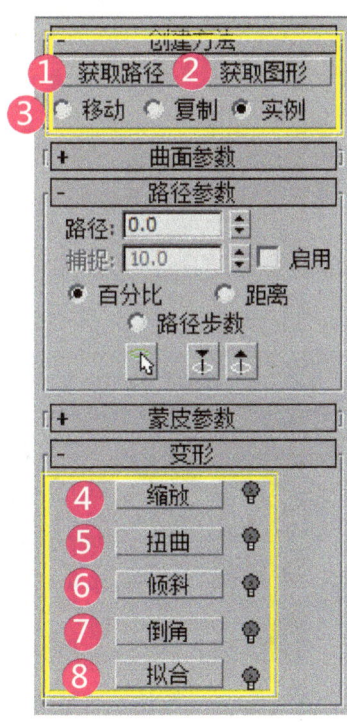

❶ 获取路径：将路径指定给选定图形或更改当前指定的路径。

❷ 获取图形：将图形指定给选定路径或更改当前指定的图形。

❸ 移动/复制/实例：用于指定路径或图形转换为放样对象的方式。

❹ 缩放：使用"缩放"变形可以从单个图形中放样对象，该图形在其沿着路径移动时只改变其缩放。

❺ 扭曲：使用"扭曲"变形可以沿着对象的长度创建盘旋或扭曲的对象，扭曲将沿着路径指定旋转量。

❻ 倾斜：使用"倾斜"变形可以围绕局部 x 轴和 y 轴旋转图形。

❼ 倒角：使用"倒角"变形可以制作出具有倒角效果的对象。

❽ 拟合：使用"拟合"变形可以使用两条拟合曲线来定义对象的顶部和侧剖面。

附件四：建造半封闭场景空间

❶ 创建一个合适的长方体，根据一般室内净空，设置高度为 2800 mm

❷ 转为可编辑多边形以后，右侧设置窗户（主光源入口）

❸ 在正面设置入户门（辅助光源）

❹ 在左侧设置全景窗户（辅助光源）

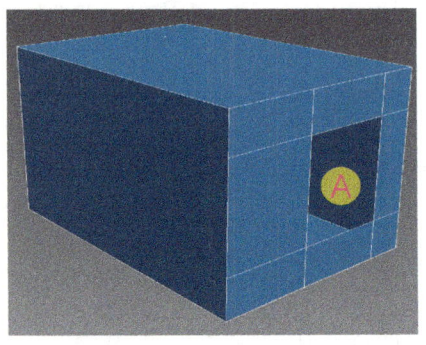
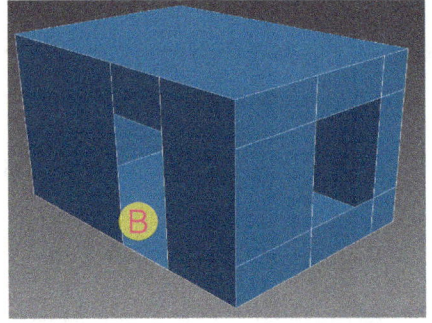
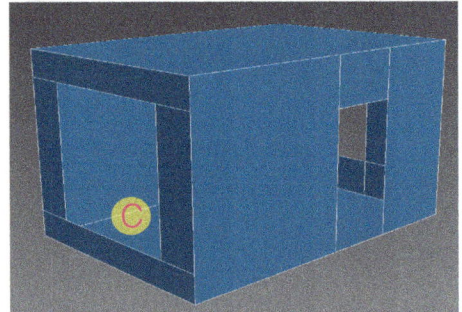

❺ 分别在 A 窗户引入 VRay 阳光（注意添加 VRay 阳光贴图、阳光不要有遮挡）、VRay 阳光，B 入户门引入 VRay 灯光，C 窗户引入 VRay 灯光

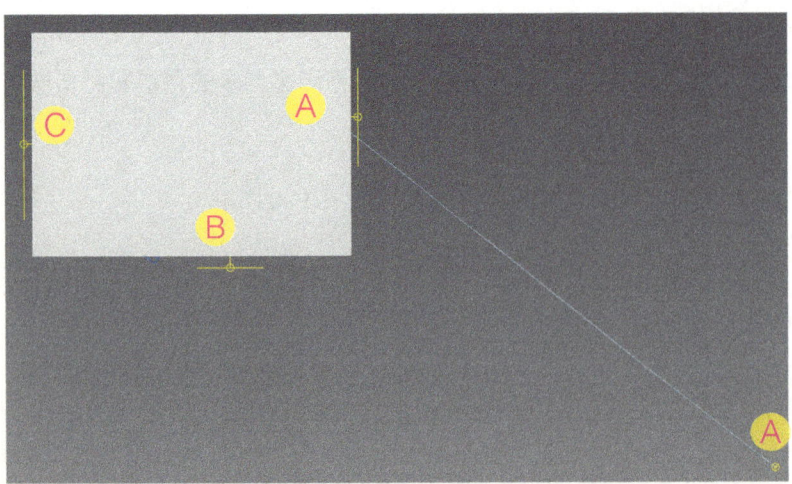

❻ 参考 VRay 阳光、灯光参数

Ⓐ 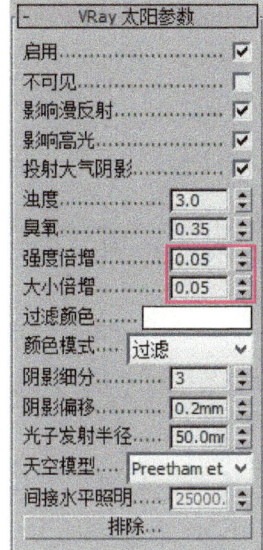　　Ⓑ 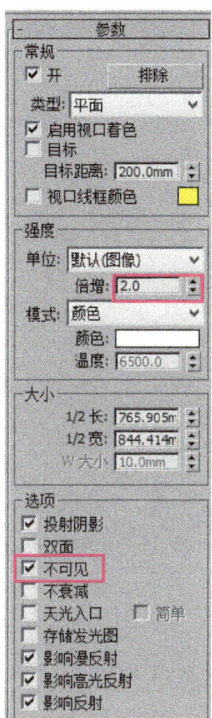　　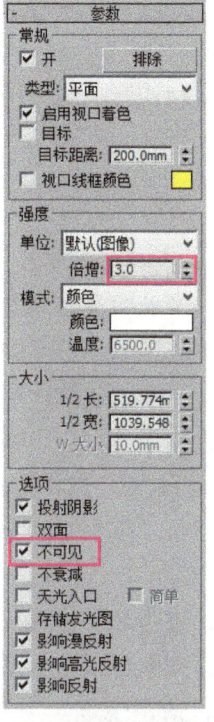　　Ⓒ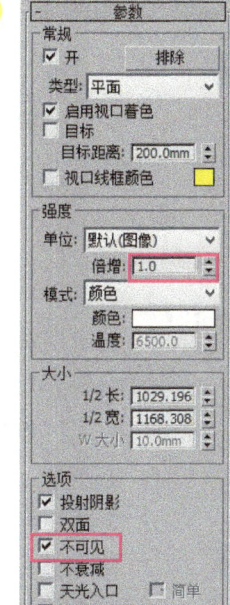

❼ 参考墙体材质参数

 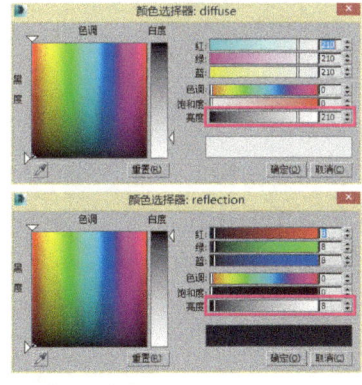 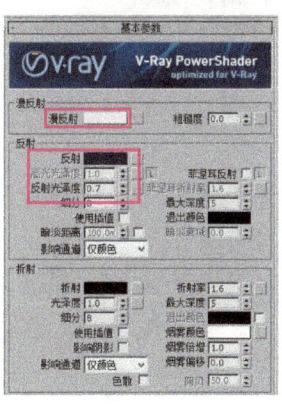

❽ 使用半封闭场景参考渲染图

活动 2

绘制桌台类家具 —— 实木梳妆台

学习目标

1. 能使用可编辑多边形，完成梳妆台建模。
2. 能使用放样命令工具，完成实木线条的绘制。
3. 能参照 CAD 尺寸，完成家具的案例建模。
4. 使用可编辑多边形进行地面木地板和踢脚线的建模。
5. 能使用 VRayMtl 材质，完成对梳妆台的材质赋予。
6. 能绘制半封闭的室内场景，使用 VRay 阳光和 VRay 灯光模拟自然光。
7. 能绘制部分饰品对家具进行装饰点缀。
8. 在作业完毕后，能按作业规程清点、整理电子文档，整理工作页，并关闭计算机，清理现场。

学习课时：8 课时

学习任务描述

公司接到任务后，需要对梳妆台进行绘制，公司安排设计人员完成该任务，设计师需要根据家具特征，选择适合的建模方法和材质表现，完成梳妆台的绘制，设计时间为 1.5 天，任务完成后提交梳妆台的渲染效果图。

学习准备

工具准备：计算机（含 AutoCAD、3ds Max 软件、VRay 渲染器）、存储器（U 盘、移动硬盘）、签字笔、工作任务单。

引导问题

绘制弯曲的实木脚，用可编辑多边形怎样绘制最合适？

学习过程

① 明确工作任务（小组讨论）

阅读设计任务书，填写工作任务单。列出本次任务的工作内容、时间要求及交接工作的相关负责人，并根据实际情况补充完整。

工作任务单

单位部门		设计部		时间		年　月　日	
任务来源		总经办□		项目部□		人事部□	
项目名称		实木家具表达		任务目标		绘制桌台类家具	
任务执行人		执行人：　　　　　其他组员： 组长：					
基本要求	人员要求	遵守纪律、遵守工作场所管理规定，服从安排； 安全意识，责任意识，6S管理意识； 注重个人形象，注重环境整洁； 注重沟通，能自主学习及相互协作				□确认	
	存储设备	USB存储器/移动硬盘				□确认	
	自备工具	工作页、签字笔				□确认	
	完成数量	单个产品				□确认	
	完成时间	480分钟				□确认	
	尺寸规范	准确设置单位				□确认	
	形态结构	尺寸准确				□确认	
	模型细节	细节表现到位				□确认	
	材质表现	材质表达真实				□确认	
	操作情况	操作熟练，快速找到相应命令				□确认	
	整体风格	效果真实再现，具有一定个人风格				□确认	
	作品展示	语言流畅，思路清晰；展示方式富有特色				□确认	

已经解决问题的描述：

成功、成果、失误与问题：

绩效等级	优□　良□　中□　差□	奖惩制度	
任务执行人签字	年　月　日	审核人签字盖章	年　月　日

产品效果图表达

学习活动2：绘制桌台类家具

② 知识探索

1. 请使用长方体、对称修改器和可编辑多边形命令：挤出（面级别下）、移动（点级别下）、倒角（边级别下）、涡轮平滑修改器等，完成梳妆台台脚的建模。

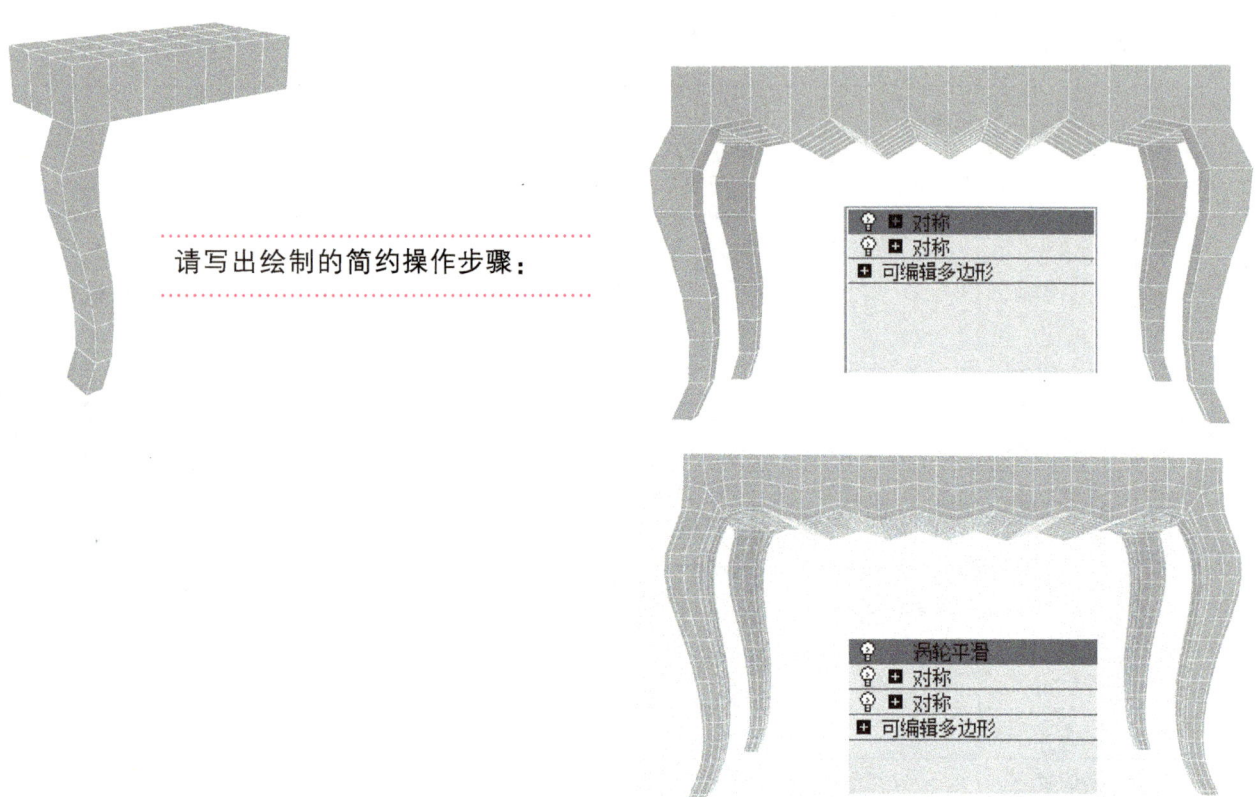

请写出绘制的简约操作步骤：

2. 请使用可编辑多边形命令：插入（面级别下）、挤出（面级别下）、多边形插入（面级别下）、倒角（面级别下）完成抽屉。

请填写具体步骤

3 工作任务的实施

准备部分

1. 先设置 3ds Max 软件的系统单位为毫米（mm）。

2. 根据提供的 CAD 图纸内容，仔细分析梳妆柜的结构和特点。

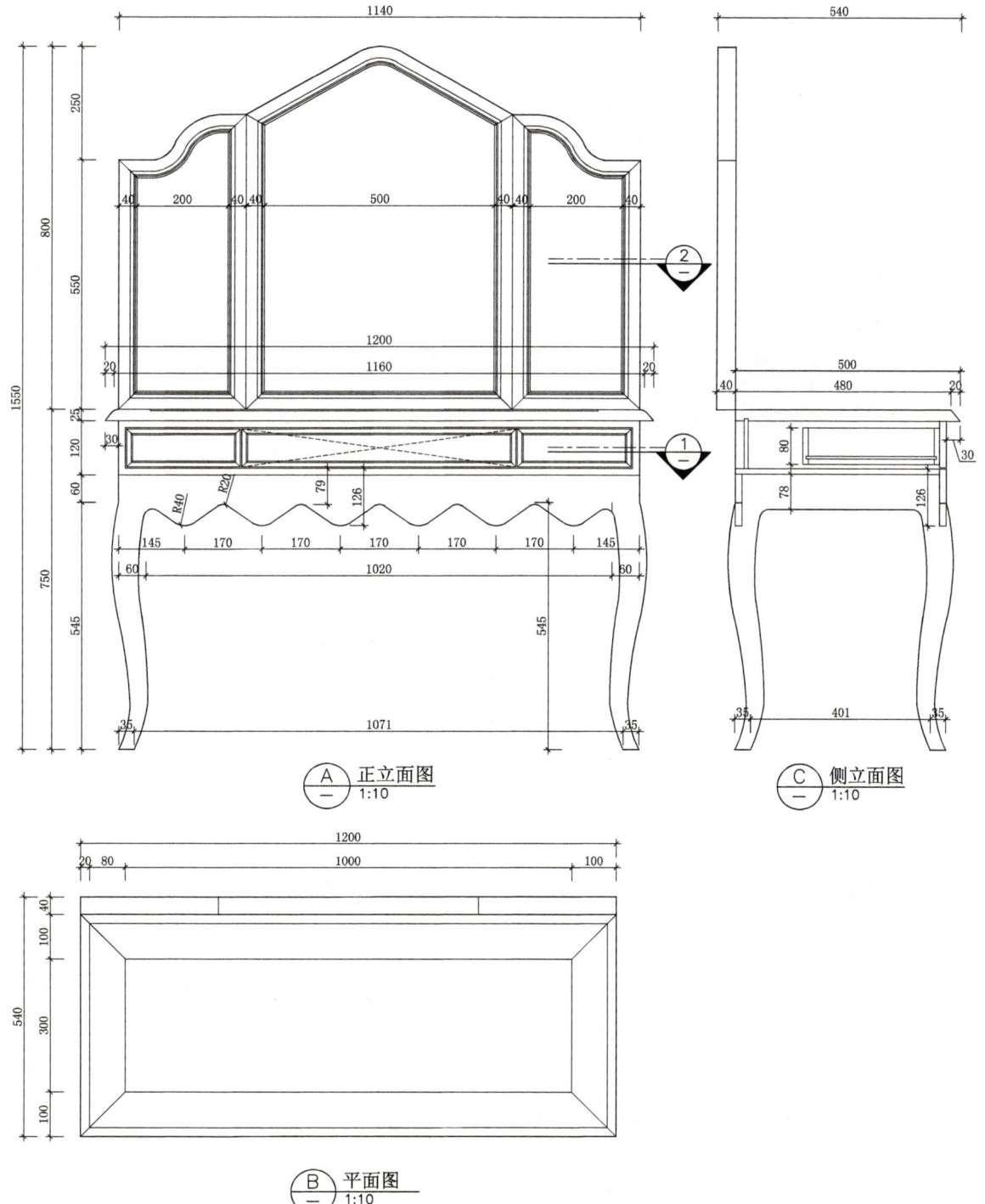

A 正立面图
1:10

C 侧立面图
1:10

B 平面图
1:10

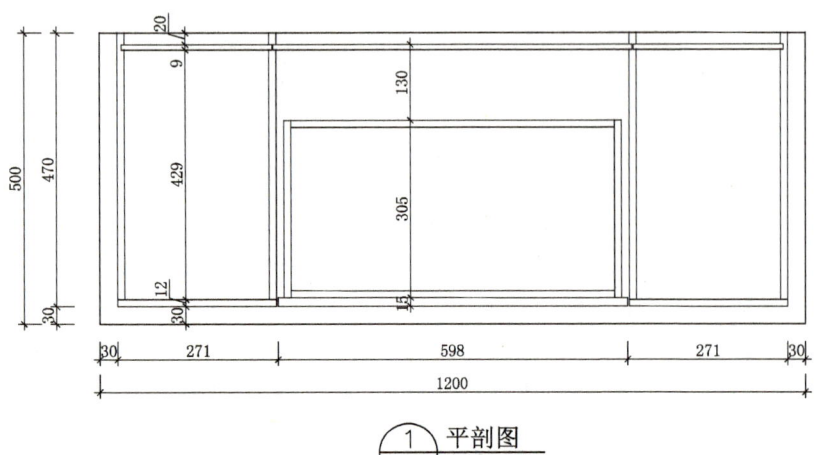

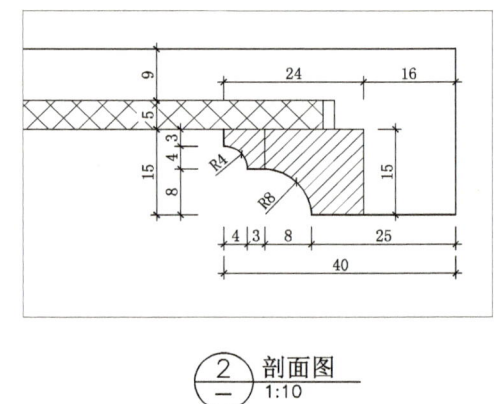

① 平剖图 1:10

② 剖面图 1:10

建模部分

3. 根据提供的 CAD 图纸的尺寸，使用长方体、编辑多边形命令和对称修改器绘制出抽屉下方整体桌脚部分。

4. 利用编辑多边形命令，对面板进行布线分段，分出抽屉部分和假抽屉部分。

5. 区分左右假抽屉和中间抽屉部分，并选择抽屉面板使用编辑多边形命令，以表达出工艺缝的效果。

6. 使用球体和编辑多边形工具，绘制出拉手，并布置拉手位置。

7. 使用 AutoCAD 软件制图工具，完成实木线条的外形绘制，并导入到 3ds Max 中，利用放样工具绘制实木线条。

8. 完善梳妆台整体模型。

材质部分

9. 调整 VRay 渲染器为测图参数，加快材质和灯光渲染测试。

10. 通过 VRayMtl 材质，设置出木纹材质、玻璃材质和地面材质。

场景部分

11. 按需求绘制地面砖，并加入 UVW 贴图设置相应的大小。

12. 建造半封闭的室内场景空间，并对窗户、门进行布光。

13. 对梳妆台进行装饰，绘制小部件进行点缀。

灯光部分

14. 根据提供的布光图，完成对场景物体进行摄像机、VRay 灯光、反光板、背景屏的布置，并调整灯光参数。

15. 使用 VRay 渲染器，利用出图渲染设置，渲染较高质量的效果图。

职业素养部分

16. 保存渲染图并归档当前 3ds Max 文件，上传至服务器，"任务四活动二实木梳妆台"。

17. 整理桌面，保持整洁。

可参考布光

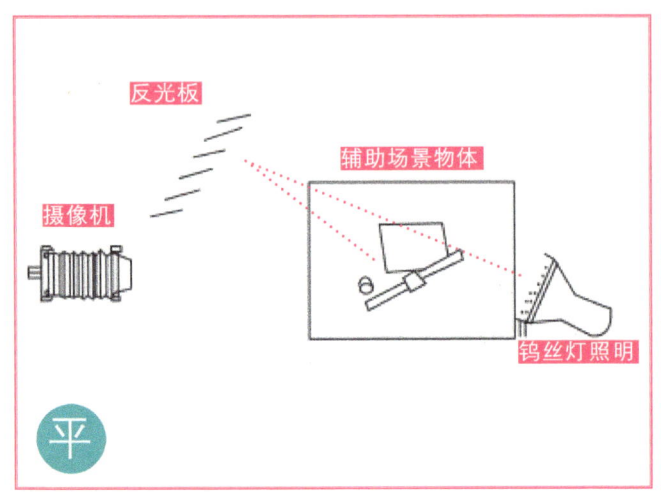

平

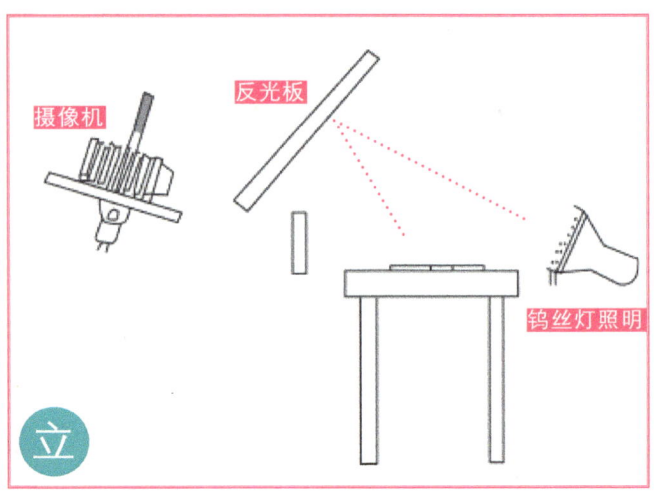

立

使用4×5英寸相机
选自《the creative blackbook1998》

拓展阅读：

反射式光照

　　这幅手表广告，其主光是由一只在被摄体右后方的钨丝照明灯。灯光照射到相机右侧的反光板上弹回的光线，反光板既能给手表提供明朗的强光，又能显示表带的固有色。相机左侧的小反光板提供部分辅助光，使阴影柔和透明，并且也控制了表带和皮夹表面的反光。

注意事项：

　　要将产品布光的环节应用到家具的表达上，场景中的参照物要选择恰当，并且要适当地调整光源形状、场景形状，使其更符合对家具照明的要求。

4 完成成果交流点评

（1）以组为单位，填写以下表格，由组长选择其中两张作品对比并展示训练成果；

建模特色	灯光特点	材质特点

（2）小组互评成绩；
（3）教师点评优秀训练成果；
（4）教师对广泛存在的问题进行总结。

学习活动反馈表

姓名：		学号：				日期：	
项目	考核内容		分值	个人评价	组内评价	教师评价	评分标准
学习态度	1. 遵守学习纪律，不做与课堂无关事情，不迟到早退		10				根据实际课堂表现打分
	2. 着装整齐，不穿拖鞋		10				
	3. 学习积极主动，参与小组讨论，按时提交作业		10				
软件操作	4. 能使用可编辑多边形，完成梳妆台建模。	会□/不会□	10				单项技能目标"会"该项得满分，"不会"则根据实际情况得分
	5. 能使用放样命令工具，完成实木线条的绘制。	会□/不会□	10				
	6. 能应用特定的布光环境，在3ds Max 还原场景布灯设置	会□/不会□	10				
	7. 能使用 VRayMtl 材质，完成对梳妆台的材质赋予	会□/不会□	10				
作品展示	8. 踊跃发言，思路清晰，展示方法富有特色		20				根据实际课堂表现打分
职业素养	9. 在作业完毕后，能按作业规程清点、整理电子文档，整理工作页，并关闭计算机，清理现场		10				根据实际课堂表现打分
总分			100				

小组评语及建议	优点： 不足： 建议：	组长签名： 日期：
老师评语与建议		评定的等级或分数： 教师签名： 日期：

# 附件一：梳妆台台脚绘制思路

❶ 对模型进行分析，选择合适整体尺寸和布线的数量

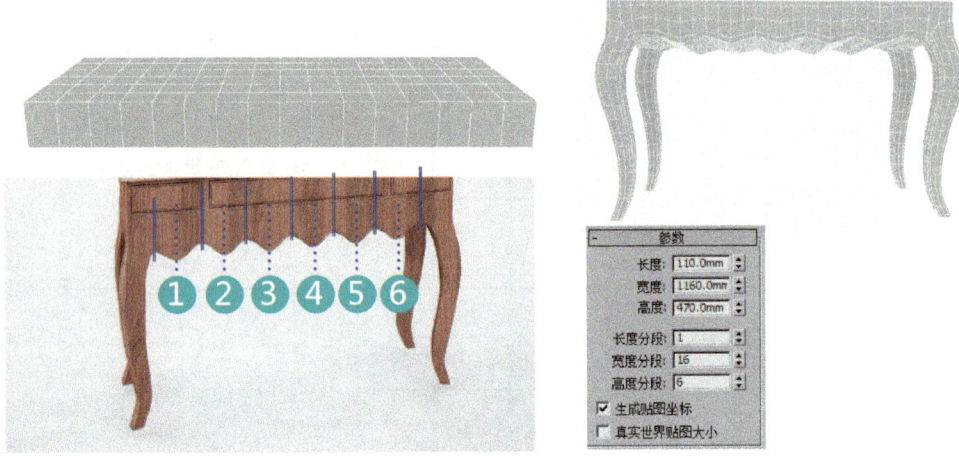

❷ 为方便后面操作，对模型进行均分删减，并使用对称修改器

❸ 修改台脚模型的造型（前视图、测试图）

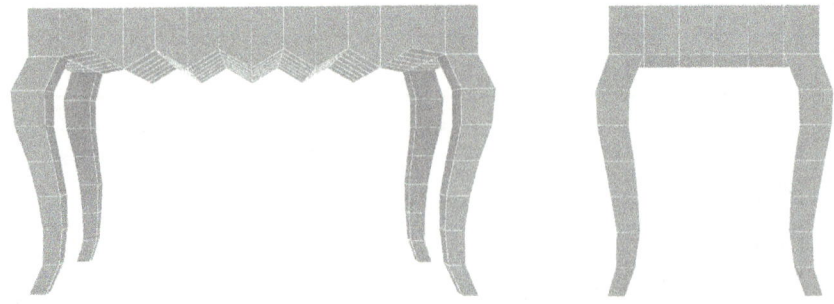

❹ 对边线进行加边布线，能让模型变得硬朗，适合在涡轮平滑前增加布线

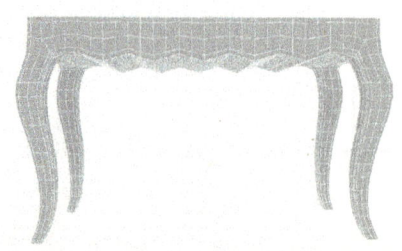

活动 2
绘制桌台类家具 —— 欧式餐桌

 笔记栏

学习目标

1. 能使用多种工具命令，综合完成餐桌的建模。
2. 能使用编辑多边形工具，独立完成餐桌脚的绘制。
3. 能使用 VRayMtl 材质，完成对欧式餐桌的材质赋予。
4. 能对使用过的场景进行整理和保存，并在餐桌中使用该场景。
5. 能使用合并的方法，对家具饰品进行导入。
6. 能使用 HDRI 环境贴图，对室内环境表现更加丰富。
7. 在作业完毕后，能按作业规程清点、整理电子文档，整理工作页，并关闭计算机，清理现场。

学习课时：8 课时

学习任务描述

公司接到任务后，需要对餐桌进行绘制，公司安排设计人员完成该任务，设计师需要根据家具特征，选择适合的建模方法和材质表现，完成餐桌的绘制，设计时间为 1.5 天，任务完成后提交餐桌的渲染效果图。

学习准备

工具准备：计算机（含 AutoCAD、3ds Max 软件、VRay 渲染器）、存储器（U 盘、移动硬盘）、签字笔、工作任务单。

引导问题

家具的表达离不开场景的支持，绘制场景前我们还需要什么吗？

学习过程

1 明确工作任务（小组讨论）

阅读设计任务书，填写工作任务单。列出本次任务的工作内容、时间要求及交接工作的相关负责人，并根据实际情况补充完整。

产品效果图表达

任务四
学习活动 2：绘制桌台类家具

工作任务单

<table>
<tr><td colspan="2">单位部门</td><td>设计部</td><td>时间</td><td>年　月　日</td></tr>
<tr><td colspan="2">任务来源</td><td>总经办□</td><td>项目部□</td><td>人事部□</td></tr>
<tr><td colspan="2">项目名称</td><td>实木家具表达</td><td>任务目标</td><td>绘制桌台类家具</td></tr>
<tr><td colspan="2">任务执行人</td><td colspan="3">执行人：　　　　　　其他组员：
组长：</td></tr>
<tr><td rowspan="12">基本要求</td><td>人员要求</td><td colspan="2">遵守纪律、遵守工作场所管理规定，服从安排；
安全意识，责任意识，6S 管理意识；
注重个人形象，注重环境整洁；
注重沟通，能自主学习及相互协作</td><td>□确认</td></tr>
<tr><td>存储设备</td><td colspan="2">USB 存储器 / 移动硬盘</td><td>□确认</td></tr>
<tr><td>自备工具</td><td colspan="2">工作页、签字笔</td><td>□确认</td></tr>
<tr><td>完成数量</td><td colspan="2">单个产品</td><td>□确认</td></tr>
<tr><td>完成时间</td><td colspan="2">480 分钟</td><td>□确认</td></tr>
<tr><td>尺寸规范</td><td colspan="2">准确设置单位</td><td>□确认</td></tr>
<tr><td>形态结构</td><td colspan="2">尺寸准确</td><td>□确认</td></tr>
<tr><td>模型细节</td><td colspan="2">细节表现到位</td><td>□确认</td></tr>
<tr><td>材质表现</td><td colspan="2">材质表达真实</td><td>□确认</td></tr>
<tr><td>操作情况</td><td colspan="2">操作熟练，快速找到相应命令</td><td>□确认</td></tr>
<tr><td>整体风格</td><td colspan="2">效果真实再现，具有一定个人风格</td><td>□确认</td></tr>
<tr><td>作品展示</td><td colspan="2">语言流畅，思路清晰；展示方式富有特色</td><td>□确认</td></tr>
<tr><td colspan="5">已经解决问题的描述：</td></tr>
<tr><td colspan="5">成功、成果、失误与问题：</td></tr>
<tr><td colspan="2">绩效等级</td><td>优□　良□　中□　差□</td><td>奖惩制度</td><td></td></tr>
<tr><td colspan="2">任务执行人签字</td><td>年　　月　　日</td><td>审核人签字盖章</td><td>年　　月　　日</td></tr>
</table>

2 知识探索

1. 请使用星形绘制工具、可编辑样条线（平滑命令、贝塞尔命令）、选择中心、缩放工具和挤出修改器，绘制出以下星形图形。（参考附件一）

请写出绘制的简约操作步骤：

2. 请使用圆形和可编辑多边形命令：对齐（点级别下）、延伸（线级别下）和对称修改器完成桌脚的建模。

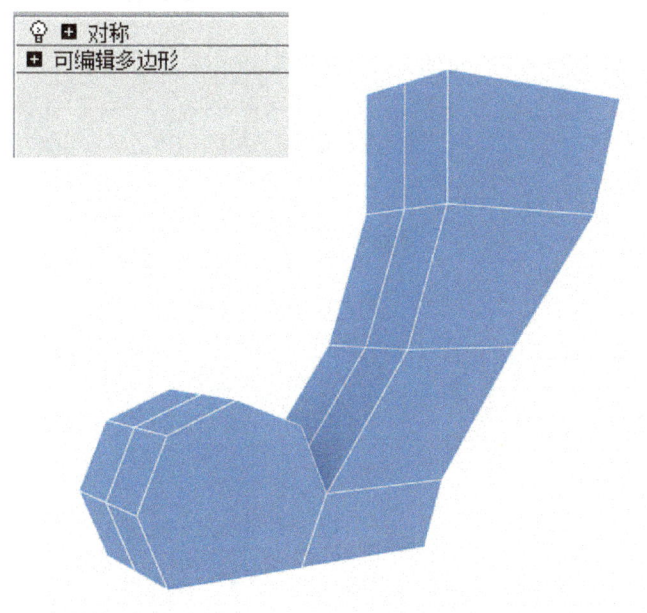

请填写具体步骤

产品效果图表达

任务四
学习活动 2： 绘制桌台类家具

3 工作任务的实施

准备部分

1. 先设置 3ds Max 软件的系统单位为毫米（mm）。

2. 根据提供的 CAD 图纸内容，仔细分析餐桌的结构和特点。

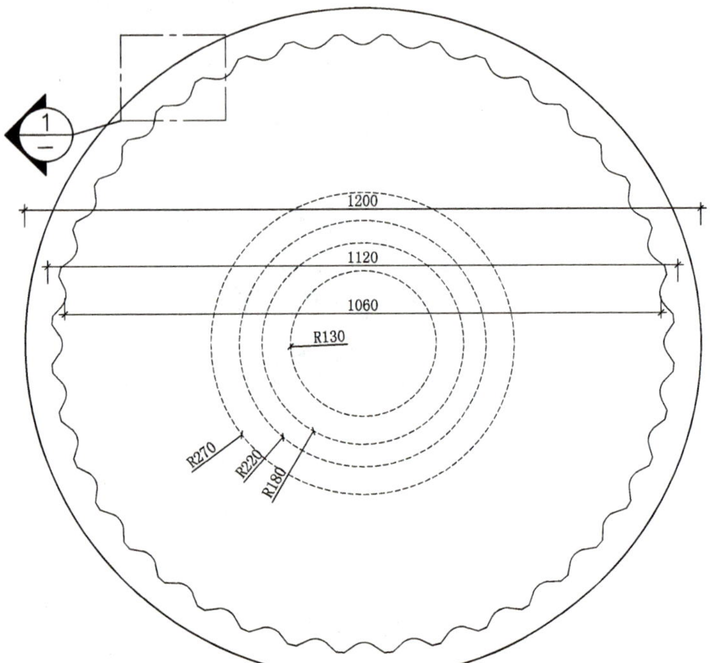

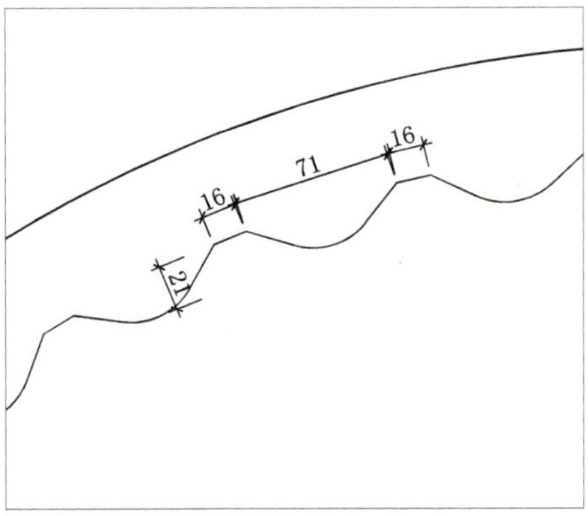

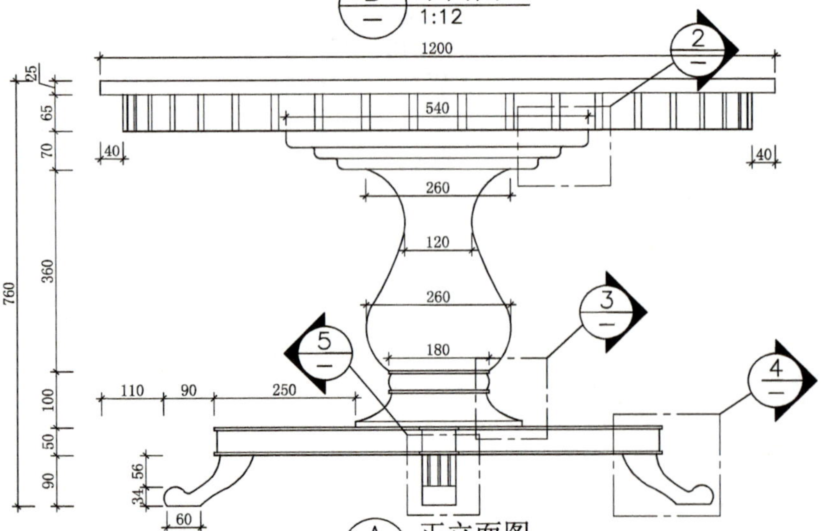

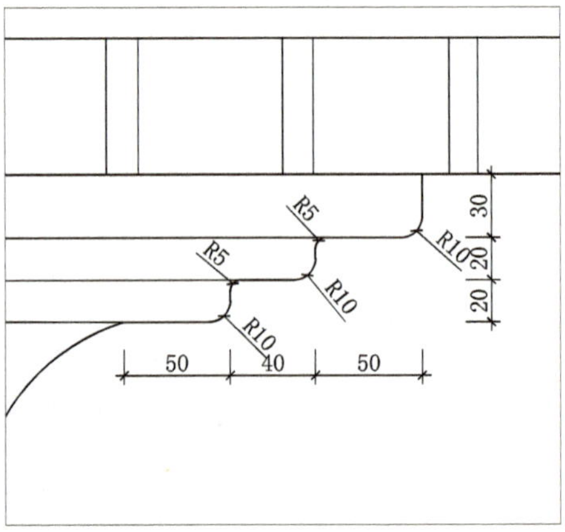

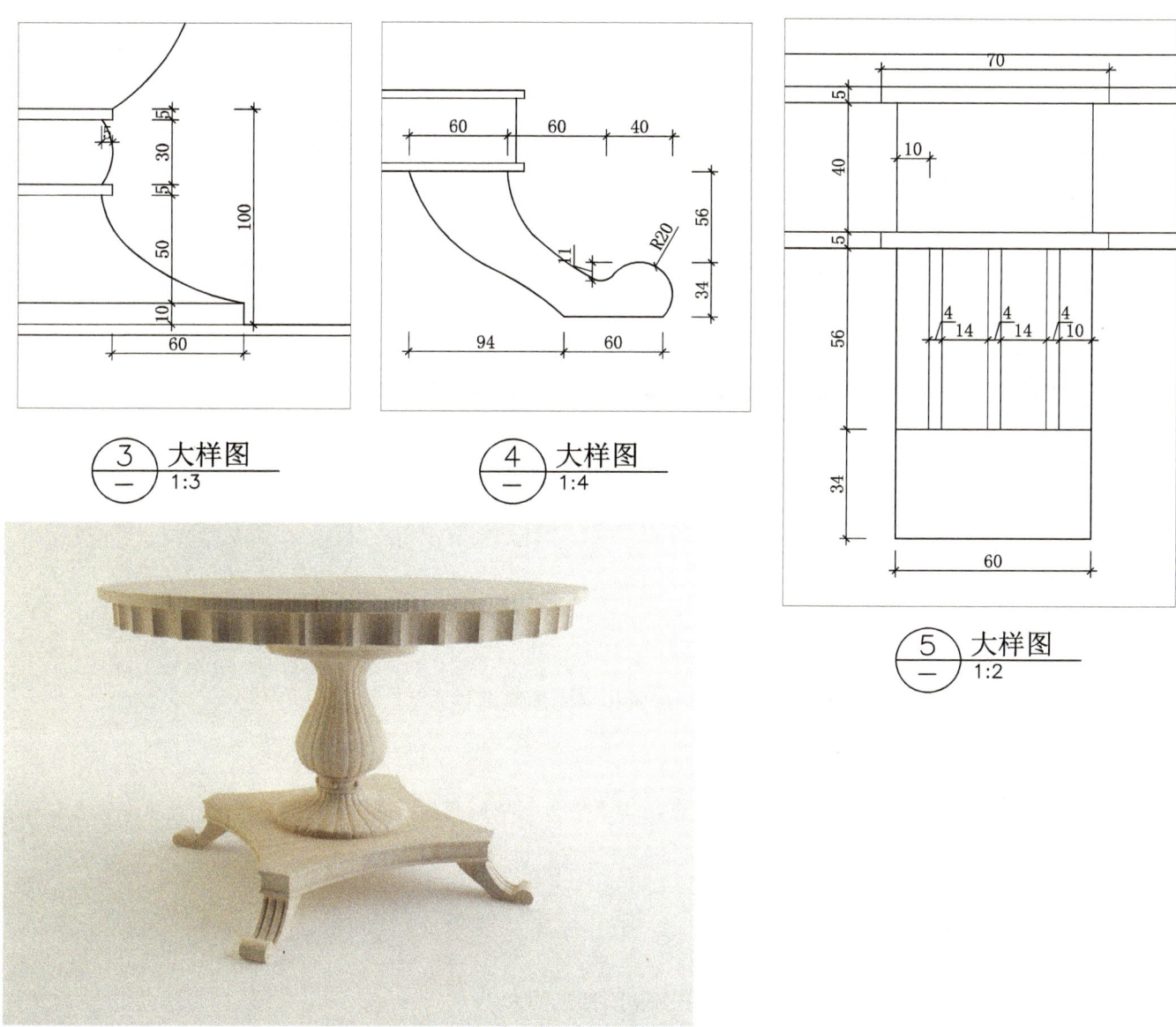

建模部分

3. 利用圆形和挤出修改器绘制桌面造型。

4. 根据知识探索内容，利用样条线工具绘制星形，并使用对应的对齐方式和缩放工具绘制齿轮状桌面结构。

5. 利用可编辑样条线、车削修改器和补洞修改器绘制桌面底盘。

6. 使用可编辑多边形工具：连接（线级别下）、挤出（面级别下）、切角（边级别下）和缩放工具绘制柱状结构。

7. 根据知识探索内容，利用样条线工具，绘制桌底结构。

8. 根据知识探索内容，利用圆形和编辑多边形工具，绘制桌脚。

9. 完善餐桌整体模型。

材质部分

10. 调整 VRay 渲染器为测图参数，加快材质和灯光渲染测试。

11. 通过 VRayMtl 材质，设置出木纹材质、金箔材质和地面材质。

场景部分

12. 按需求绘制地面砖，并加入 UVW 贴图设置相应的大小。

13. 建造半封闭的室内场景空间，并对窗户、门进行布光。

14. 使用合并方法，对餐桌的装饰品进行合并。

灯光部分

15. 根据提供的布光图，完成对场景物体进行摄像机、VRay 灯光、反光板、背景屏的布置，并调整灯光参数。

16. 使用 VRay 渲染器，利用出图渲染设置，渲染较高质量的效果图。

职业素养部分

17. 保存渲染图并归档当前 3ds Max 文件,上传至服务器,文件名为"任务四活动二欧式餐桌"。

18. 整理桌面,保持整洁。

可参考布光

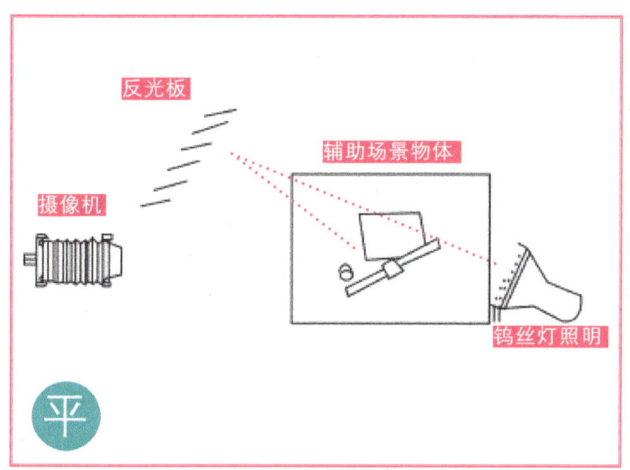
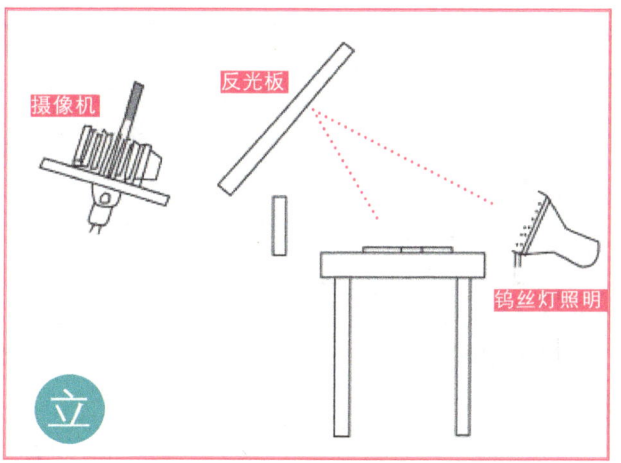

灯光提示:

要将产品布光的环节应用到家具的表达上,场景中的参照物要选择恰当,并且要适当地调整光源形状、场景参照物,使其更符合对家具照明的要求。

④ 完成成果交流点评

(1)以组为单位,填写以下表格,由组长选择其中两张作品对比并展示训练成果;

建模特色	灯光特点	材质特点

(2)小组互评成绩;
(3)教师点评优秀训练成果;
(4)教师对广泛存在的问题进行总结。

学习活动反馈表

项目	考核内容		分值	个人评价	组内评价	教师评价	评分标准
姓名：		学号：				日期：	
学习态度	1. 遵守学习纪律，不做与课堂无关事情，不迟到早退		10				根据实际课堂表现打。
	2. 着装整齐，不穿拖鞋		10				
	3. 学习积极主动，参与小组讨论，按时提交作业		10				
软件操作	4. 能完成餐桌整体的建模	会□/不会□	10				单项技能目标"会"该项得满分，"不会"则根据实际情况得分
	5. 能使用编辑多边形工具，独立完成餐桌脚的绘制	会□/不会□	10				
	6. 能应用特定的布光环境，在3ds Max 还原场景布灯设置	会□/不会□	10				
	7. 渲染表现真实细腻、场景辅助表现丰富	会□/不会□	10				
作品展示	8. 踊跃发言，思路清晰，展示方法富有特色		20				根据实际课堂表现打分
职业素养	9. 在作业完毕后，能按作业规程清点、整理电子文档，整理工作页，并关闭计算机，清理现场		10				根据实际课堂表现打分
总分			100				
小组评语及建议	优点： 不足： 建议：						组长签名： 日期：
老师评语与建议							评定的等级或分数： 教师签名： 日期：

附件一：星形面板的绘制思路

❶ 在二维线中，选择绘制星形，并设置相应的尺寸和点数

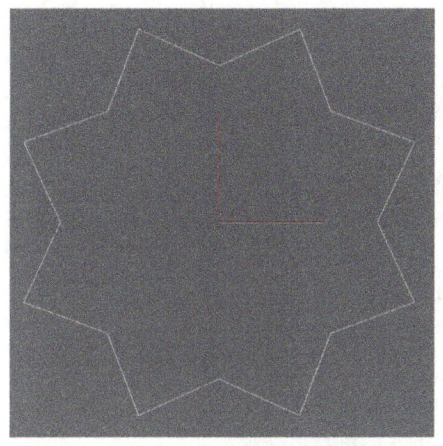

❷ 对样条线中的点进行转换，使得"点"具有贝塞尔控制棒

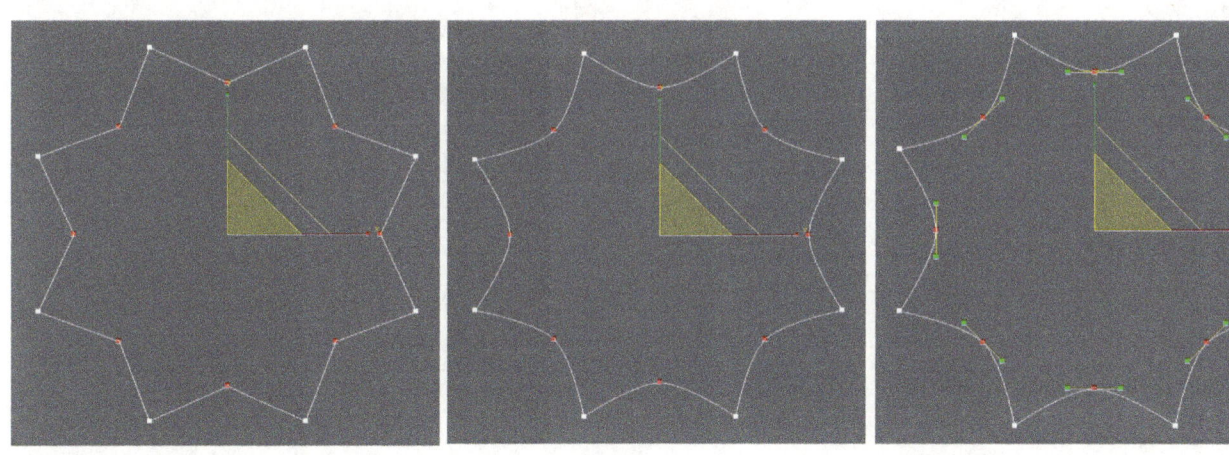

❸ 使用不同的对齐中心，对贝塞尔控制棒会有不一样的控制效果

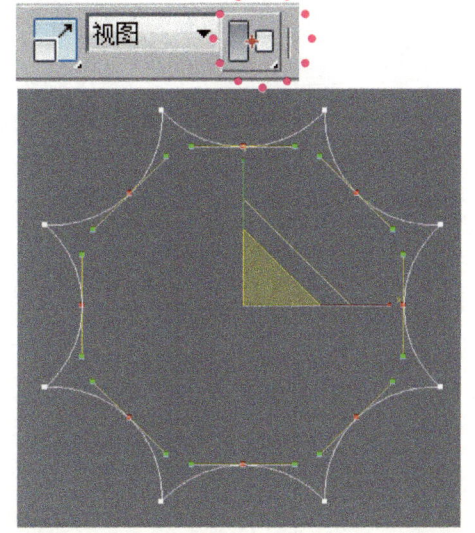
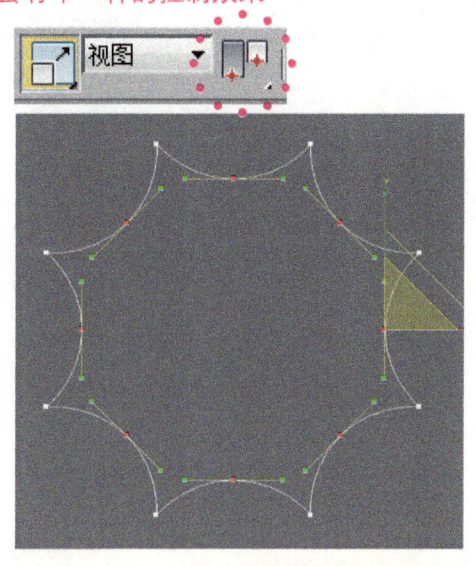

附件二：餐桌脚的绘制思路

❶ 利用修改圆的差值步数来完成八边形的绘制

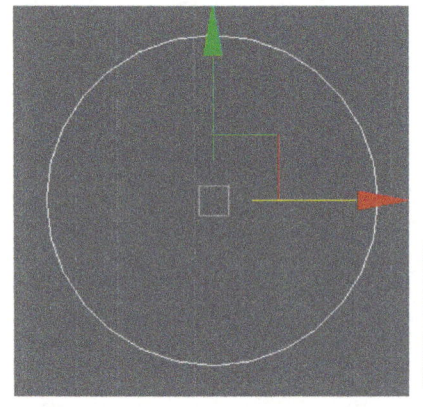
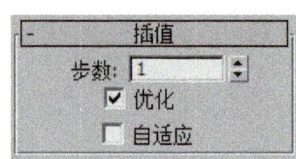
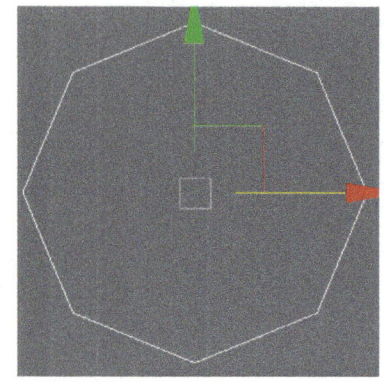

❷ 通过转为可编辑多边形后移动点和复制面，拖拽出以下图形

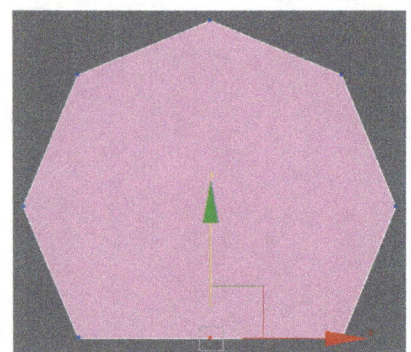
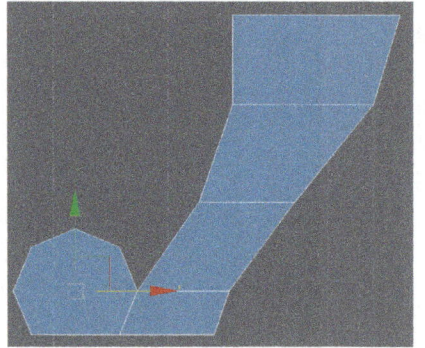

❸ 对图形加厚，并进行对称命令

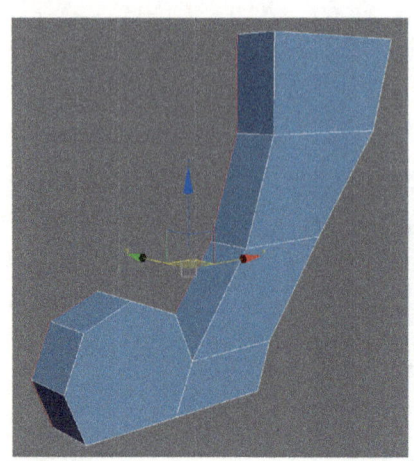
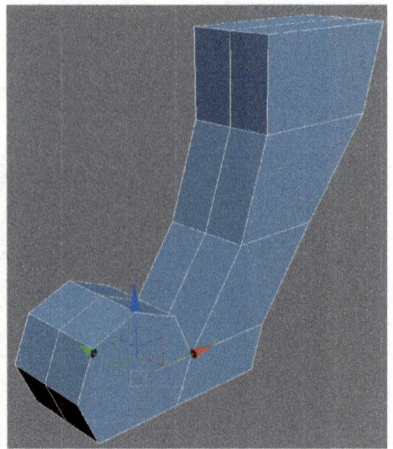

活动 3
绘制几类家具

学习目标

1. 能使用多种工具命令，综合完成茶几的建模。
2. 能使用编辑多边形工具，独立完成茶几脚的绘制。
3. 能使用 VRayMtl 材质，完成对欧式餐桌的材质赋予。
4. 能对使用过的场景、地面进行整理和保存，并使用合并方法使用场景。
5. 能使用合并的方法，对家具饰品进行导入。
6. 能使用弧形外景建模，结合 VRay 发光材质的方法制作外景。
7. 在作业完毕后，能按作业规程清点、整理电子文档，整理工作页，并关闭计算机，清理现场。

学习课时：12 课时

 笔记栏

学习任务描述

公司接到任务后，需要对茶几进行绘制，公司安排设计人员完成该任务，设计师需要根据家具特征，选择适合的建模方法和材质表现，完成茶几的绘制，设计时间为 1.5 天，任务完成后提交茶几的渲染效果图。

学习准备

工具准备：工作页、学习附件、计算机（含 AutoCAD、3ds Max 软件、VRay 渲染器）、存储器（U 盘、移动硬盘）、签字笔、工作任务单。

引导问题

如何才能丰富你的场景，以便运用到产品表现中？

学习过程

1 明确工作任务（小组讨论）

阅读设计任务书，填写工作任务单。列出本次任务的工作内容、时间要求及交接工作的相关负责人，并根据实际情况补充完整。

产品效果图表达

任务四　　282

学习活动 3：绘制几类家具

工作任务单

单位部门	设计部	时间	年　月　日
任务来源	总经办□	项目部□	人事部□
项目名称	实木家具表达	任务目标	绘制几类家具
任务执行人	执行人： 组长：	其他组员：	

基本要求	人员要求	遵守纪律、遵守工作场所管理规定，服从安排； 安全意识，责任意识，6S 管理意识； 注重个人形象，注重环境整洁； 注重沟通，能自主学习及相互协作	□确认
	存储设备	USB 存储器/移动硬盘	□确认
	自备工具	工作页、签字笔	□确认
	完成数量	单个产品	□确认
	完成时间	480 分钟	□确认
	尺寸规范	准确设置单位	□确认
	形态结构	尺寸准确	□确认
	模型细节	细节表现到位	□确认
	材质表现	材质表达真实	□确认
	操作情况	操作熟练，快速找到相应命令	□确认
	整体风格	效果真实再现，具有一定个人风格	□确认
	作品展示	语言流畅，思路清晰；展示方式富有特色	□确认

已经解决问题的描述：

成功、成果、失误与问题：

绩效等级	优□　良□　中□　差□	奖惩制度	
任务执行人签字	年　　月　　日	审核人签字盖章	年　　月　　日

2 知识探索

1. 请使用圆形工具、可编辑多边形工具：拉伸（边级别下）、拉伸（边界级别下）、连接（边级别下）、桥（边级别下）、补洞（边界级别下）、创建（面级别下）、对称修改器和涡轮平滑修改器，绘制出以下图形。

   请写出绘制的思路：

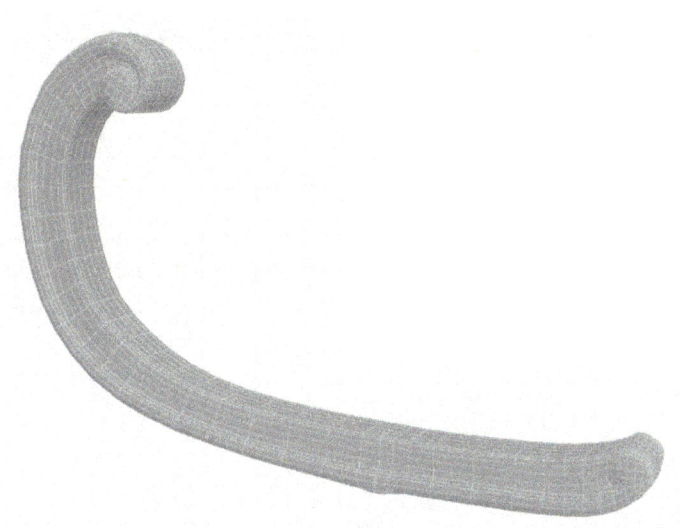

2. 请根据知识探索内容，尝试找出更优秀的绘制方法，绘制以下图形。

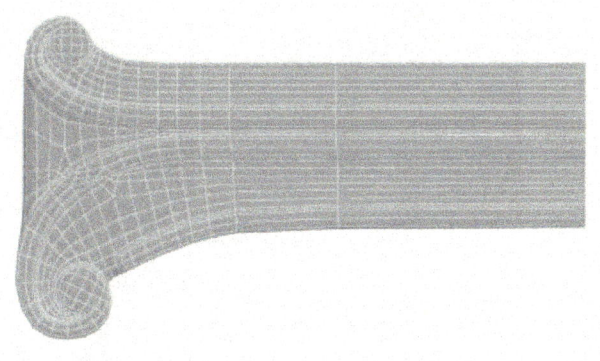

   请对比知识探索 1，思考绘制的方法和思路。

产品效果图表达

任务四 284
学习活动3：绘制几类家具

3 工作任务的实施

准备部分

1. 先设置 3ds Max 软件的系统单位为毫米（mm）。

2. 根据提供的 CAD 图纸内容，仔细分析餐桌的结构和特点。

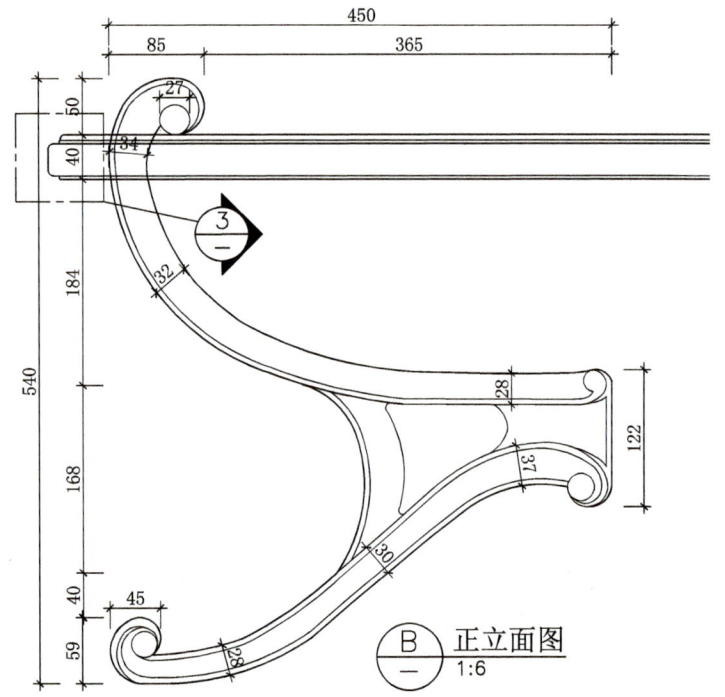

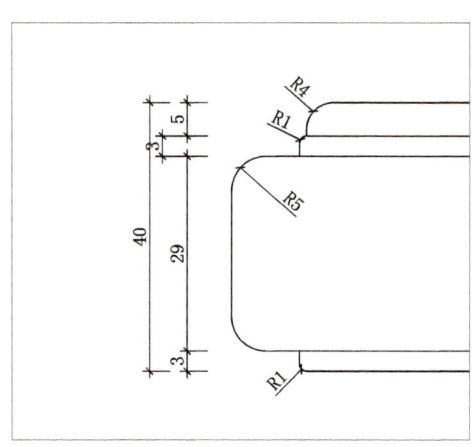

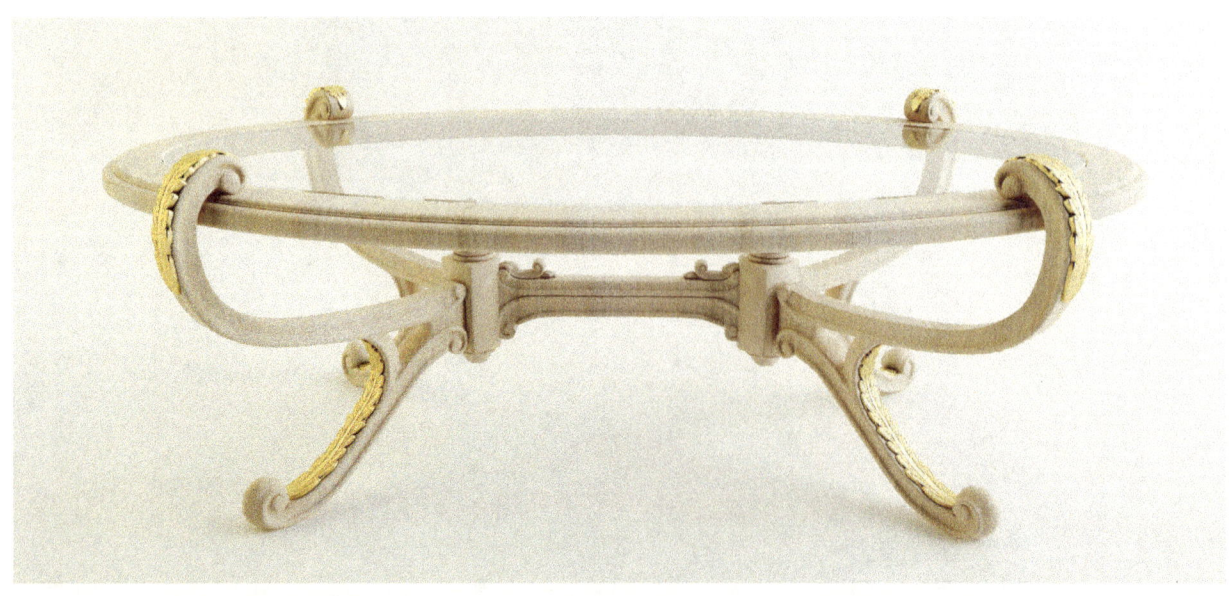

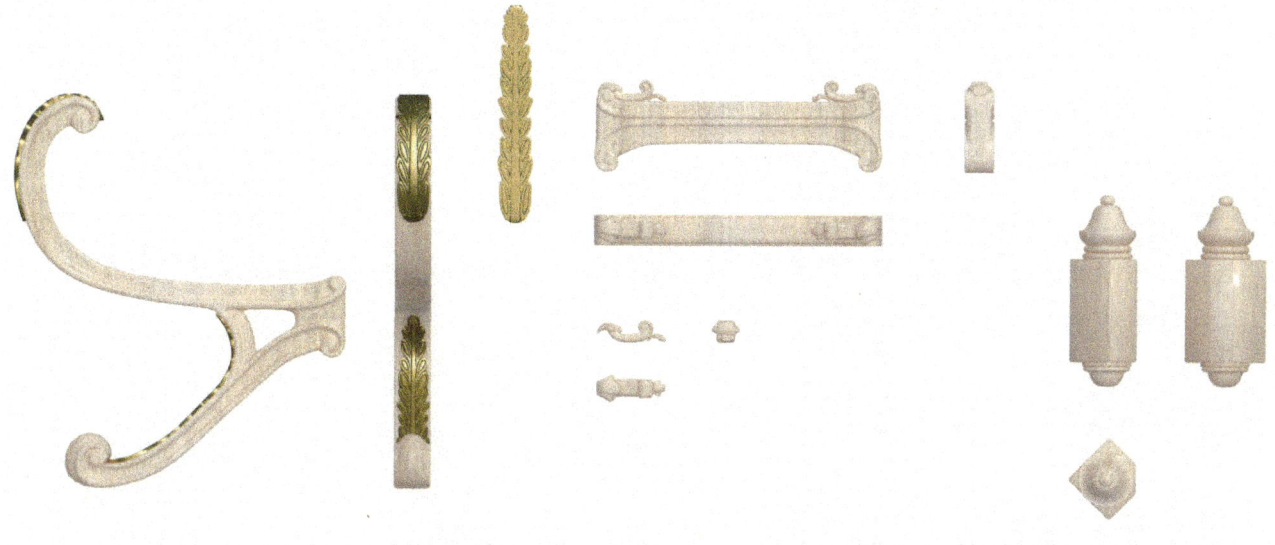

建模部分

3. 根据提供的 CAD 图纸，请分别列出绘制茶几的步骤。

4. 利用倒角剖面修改器绘制几面造型。

5. 根据知识探索内容，请使用圆形工具、可编辑多边形工具、对称修改器和涡轮平滑修改器，绘制出茶几腿部分。

6. 连接茶几腿两个部分，使用实例复制对比进行腿部模型调整。

7. 使用车削工具和可编辑多边形工具，绘制腿部连接的部件。

8. 根据知识探索内容，请使用圆形工具、可编辑多边形工具、对称修改器和涡轮平滑修改器，绘制出茶几底部部件。

9. 完善茶几模型。

材质部分

10. 调整 VRay 渲染器为测图参数，加快材质和灯光渲染测试。

11. 通过 VRayMtl 材质，设置出木纹材质、金箔材质。

场景部分

12. 保存当前文件至服务器，文件名为"任务四活动三欧式茶几"。

13. 请根据使用过的场景文件，将模型和场景进行合并，放置模型，并选择适合的角度进行测试渲染。

灯光部分

14. 根据场景的实际情况适当增减灯光，使产品灯光表达更加到位。

15. 使用 VRay 渲染器，利用出图渲染设置，渲染较高质量的效果图。

职业素养部分

16. 保存渲染图并归档当前 3ds Max 文件，上传至服务器，文件名为"任务四活动三欧式茶几"。

17. 整理桌面，保持整洁。

❹ 完成成果交流点评

（1）以组为单位，填写以下表格，由组长选择其中两张作品对比并展示训练成果；

建模特色	灯光特点	材质特点

（2）小组互评成绩；

（3）教师点评优秀训练成果；

（4）教师对广泛存在的问题进行总结。

学习活动反馈表

项目	考核内容	分值	个人评价	组内评价	教师评价	评分标准
姓名：		学号：			日期：	
学习态度	1. 遵守学习纪律，不做与课堂无关事情，不迟到早退	10				根据实际课堂表现打分
	2. 着装整齐，不穿拖鞋	10				
	3. 学习积极主动，参与小组讨论，按时提交作业。	10				
软件操作	4. 能使用多种工具命令，综合完成茶几的建模	会□/不会□	10			单项技能目标"会"该项得满分，"不会"则根据实际情况得分
	5. 能使用编辑多边形工具，独立完成茶几脚的绘制	会□/不会□	10			
	6. 能应用合并场景和灯光，使场景表达更丰富	会□/不会□	10			
	7. 能表现真实细腻的渲染效果真实	会□/不会□	10			
作品展示	8. 踊跃发言，思路清晰，展示方法富有特色	20				根据实际课堂表现打分
职业素养	9. 在作业完毕后，能按作业规程清点、整理电子文档，整理工作页，并关闭计算机，清理现场	10				根据实际课堂表现打分
总分		100				

小组评语及建议	优点： 不足： 建议：	组长签名： 日期：
老师评语与建议		评定的等级或分数： 教师签名： 日期：

活动 4
过程化考核及展示评价

学习目标

1. 在规定时间完成考核内容，并做好展示准备。
2. 小组对实木家具建模与效果图表达进行展示和汇报。
3. 完成对工作的总结和综合评价。

参考学习课时：8 课时

学习过程

1 在规定时间内通过查找完成以下试题

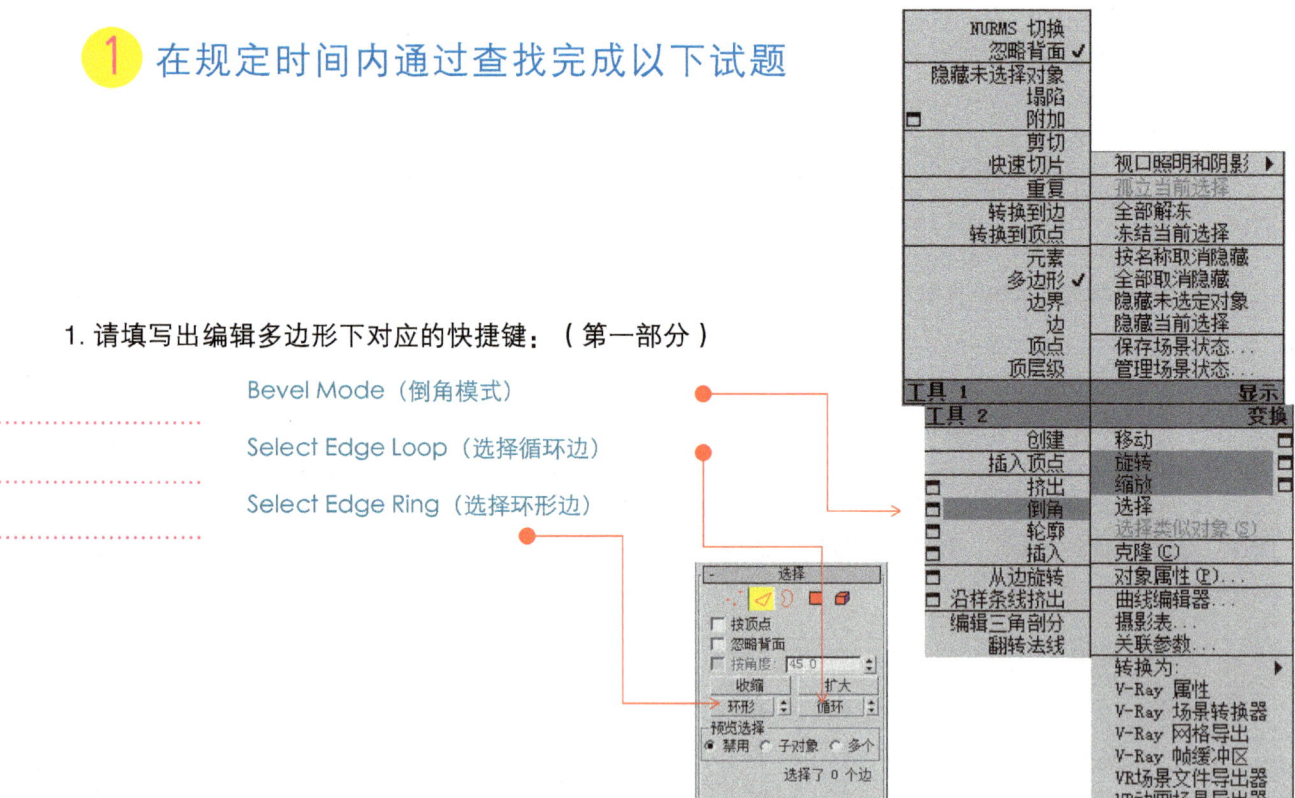

1. 请填写出编辑多边形下对应的快捷键：（第一部分）

　　　　　　　Bevel Mode（倒角模式）

　　　　　　　Select Edge Loop（选择循环边）

　　　　　　　Select Edge Ring（选择环形边）

2. 请试述，如何更改材质路径，让其更新后的材质路径找回材质贴图？

1. 请填写出编辑多边形下对应的快捷键：（第二部分）

.... Cut（剪切）

.... Connect（连接）

.... Weld Mode（焊接模式）

.... Extrude Mode（挤出模式）

.... Chamfer Mode（切角模式）

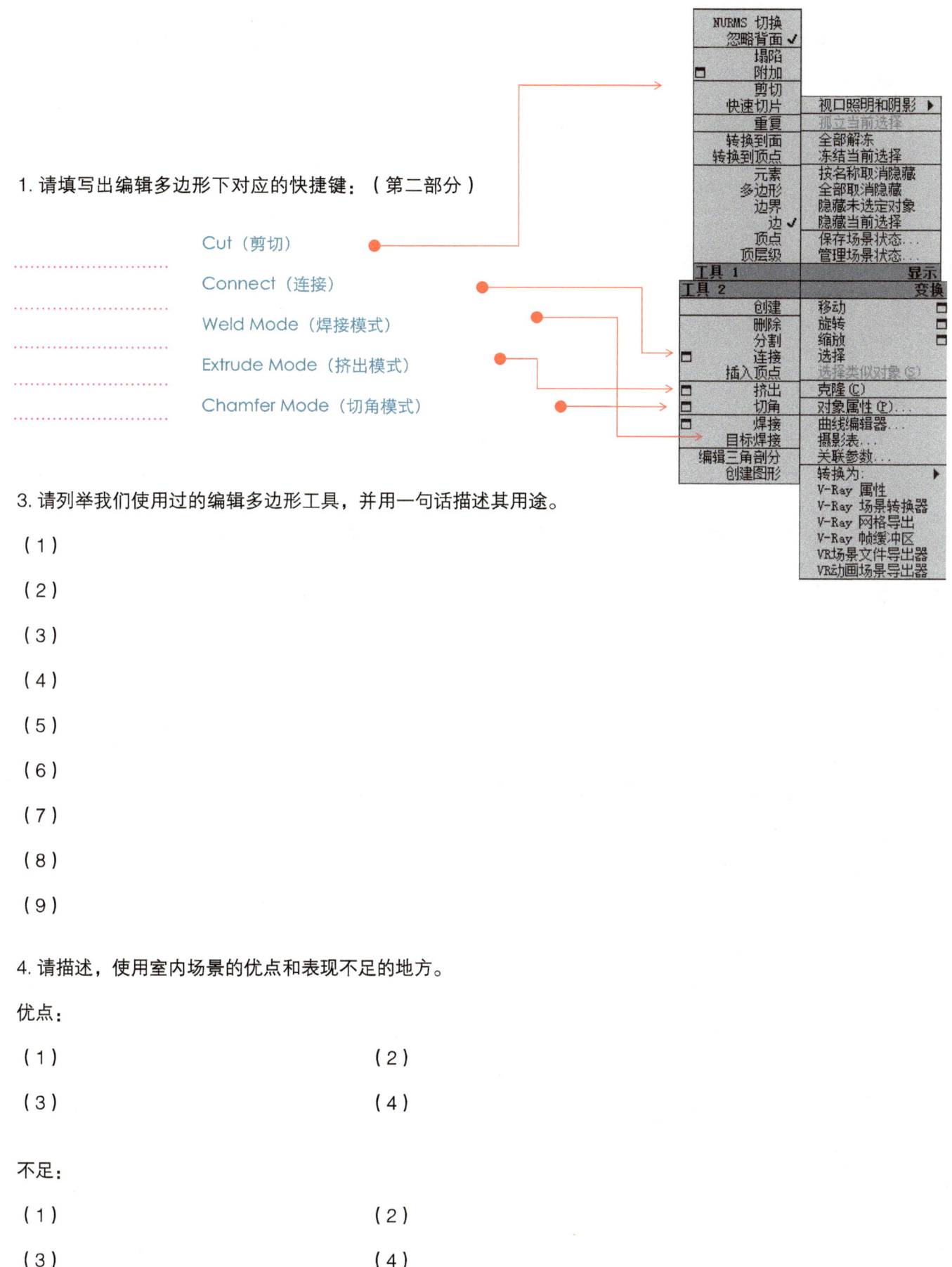

3. 请列举我们使用过的编辑多边形工具，并用一句话描述其用途。

（1）

（2）

（3）

（4）

（5）

（6）

（7）

（8）

（9）

4. 请描述，使用室内场景的优点和表现不足的地方。

优点：

（1）   （2）

（3）   （4）

不足：

（1）   （2）

（3）   （4）

5. 家具在场景表达中，我们可以通过什么办法，既可以渲染出漂亮的效果图，又可以节省时间，减少工作量。试从各个方面说明。

产品建模上：

材质使用上：

场景表达上：

渲染设置上：

6. 请简述，在使用半封闭室内场景时，怎样使得室内的产品得到更丰富的环境表现效果。

7. 请使用 VRayMtl 材质编辑器，分别列出：无漆木饰面、哑光木饰面、亮光木饰面、亮光大理石材质、不锈钢材质、玻璃材质的参数。（只填写 VRayMtl 材质中需要变更的参数即可）

无漆木饰面：

哑光木饰面：

亮光木饰面：

亮光大理石：

不锈钢材质：

玻璃材质：

❷ 请使用 3ds Max 软件，对以下模型进行建模。并根据您绘制的产品特点填写下方列表

梳妆台整体尺寸：1200 mm × 600 mm × 750 mm

建模特色	灯光特点	材质特点
展示特点	优点总结	不足总结

3 实木家具建模与效果图表达过程化考核展示与汇报

　　以小组为单位进行实木家具建模与效果图展示（展示内容包含前面两个学习活动，并做成媒体形式进行讲解），并简要说明实木家具建模与效果图表达过程中的经验和体会。观看他人汇报后，将他人展示和汇报过程中值得学习的地方和需要改进的地方记录下来。

汇报人	汇报优点	如何改进

4 综合评价

项目	考核内容	评级比例	个人评价	组内评价	教师评价	评分标准
职业素养	学习态度主动	20%				A. 积极参与教学活动，全勤 B. 缺勤达本任务的总学时 10% C. 缺勤达本任务的总学时 20% D. 缺勤达本任务的总学时 30%
	团队合作意识强	20%				A. 与同学协作融洽、团队合作意识强 B. 与同学保持沟通、团队合作意识较强 C. 与同学能沟通、团队合作意识一般 D. 与同学沟通困难、协作工作能力较差
专业素养	绘制柜架类家具	20%				A. 学习活动评价成绩为 90~100 分 B. 学习活动评价成绩为 75~89 分 C. 学习活动评价成绩为 60~74 分 D. 学习活动评价成绩为 0~59 分
	绘制桌台类家具	20%				A. 学习活动评价成绩为 90~100 分 B. 学习活动评价成绩为 75~89 分 C. 学习活动评价成绩为 60~74 分 D. 学习活动评价成绩为 0~59 分
	绘制几类家具	20%				A. 学习活动评价成绩为 90~100 分 B. 学习活动评价成绩为 75~89 分 C. 学习活动评价成 绩为 60~74 分 D. 学习活动评价成绩为 0~59 分
创新能力	学习过程中提出具有创新性、可行性的建议	+5%				此项为加分项
个人奖惩：				团队奖惩：		
综合评价等级				指导教师		

5 综合评价等级计算说明

综合评价等级是根据自我评价、小组评价、教师评价及加分奖励按比例所得，对应评价分值和组成比例如下表：

项目	等级	对应评价分值	综合评价组成部分及比例
综合评价等级	A	A ≥ 90	自我评价总分　20% 小组评价评价总分　30% 教师评价总分　50% 加分奖励　0~5 分
	B	B ≥ 75 且 B < 90	
	C	C ≥ 60 且 C < 75	
	D	D < 60	

加分奖励为 0~5 分，由指导教师评定。

家居空间建模与效果图表达

学习活动一： 现代简约风格家居建模与效果图表达

学习活动二： 现代西班牙风格家居建模与效果图表达

学习活动三： 家居空间建模与效果图表达过程化考核及展示评价

5 PART
产品效果图表达
3D FURNITURE RENDERING

　　现代简约风格在处理空间方面一般强调室内空间宽敞、内外通透，在空间平面设计中追求不受承重墙限制的自由。墙面、地面、顶棚以及家具陈设乃至灯具器皿等均以简洁的造型、纯洁的质地、精细的工艺为其特征，并强调形式应更多地服务于功能。

　　白墙、红瓦，层次鲜明起伏的屋面，让大多的西班牙建筑拥有非常优美的变化曲线。用红陶筒瓦以及铁艺窗等建筑元素营造出柔和、尊贵而又充满质感的生活氛围。

产品效果图表达
任务五　296
任务总述

 笔记栏

技能目标

完成本训练任务后，你应该能：

1. 能熟练使用 3ds Max 软件快捷键操作；
2. 能使用编辑多边形建造室内构件；
3. 能使用室内灯光布光多种组合方式；
4. 能综合搭配运用多种材质；
5. 能设置 VRay 渲染器，根据需要灵活调用不同的参数；
6. 能使用 Photoshop 对效果图进行后期润色处理。

知识目标

完成本训练任务后，你应该能：

1. 熟练使用 3ds Max 各项操作命令；
2. 掌握使用 3ds Max 编辑多边形建造室内构件；
3. 掌握使用暗藏灯、泛光灯、筒灯和射灯的表现；
4. 掌握使用 VRay 制作多维子、布艺、木纹、镜面材质等多种材质；
5. 掌握使用 VRay 渲染器进行出图渲染和各项参数设置。

职业素质目标

完成本训练任务后，你应该能：

1. 遵守室内的标准规范，养成严谨科学的工作态度；
2. 能独立完成场景和搭配表现，并学习他人作品优秀之处；
3. 养成总结训练过程和训练成果的习惯，为下次训练总结经验；
4. 养成团结协作精神，帮助有需要的同事，并主动向上下层组织汇报工作状况。

任务描述

设计公司收到来自某客户的家装设计任务单,要求在四星期内绘制两套空间表达效果图,并以此作为装修方向的设计准则。内容要求展现出现代简约风格和现代西班牙风格等。设计师需要根据甲方提供的CAD图纸提供的实际规格在3ds Max软件进行绘制,并赋予相应材质,最后渲染效果图,并做后期处理。要求任务完成后提交效果图成品以及3ds Max源文件。

知识准备

1. 请自行查阅学习如何使用多维子材质,在3ds Max中进行测试使用,并写下使用方法。

2. 请描述在3ds Max综合表述空间场景时,室内和室外所需要的场景元素。

 笔记栏

3. 请自行查阅学习如何使用"DeepCGTool-Channel 深度绘图工具插件",在 3ds Max 中进行测试使用,并写下使用方法。

4 建议课时

64 课时

5 交流活动

学习活动一：现代简约风格家居建模与效果图表达

学习活动二：现代美式风格家居建模与效果图表达

学习活动三：家居空间建模与效果图表达过程化考核及展示评价

笔记栏

活动 1
现代简约风格家居建模与效果图表达

 笔记栏

学习目标

------------------------ 建模分界线 ------------------------

1. 能将 CAD 文件导入 3ds Max 中，对 CAD 文件放置到原点位置，并完成室内墙体的绘制；
2. 能按照 CAD 提供的尺寸和结构，完成固定家具——衣柜的绘制；
3. 能完成地毯和 VRay 毛发的建模和参数设置；
4. 能完成二人沙发和窗帘的建模；

------------ 材质、灯光、渲染、后期分界线 ------------

5. 能完成室内场景中的家具和环境材质设置；
6. 能正确设置摄像机并检查场景模型；
7. 能完成场景中的各项灯光的设置，并总结各类灯光的特点；
8. 能正确地对渲染器参数进行设置，并对渲染器有熟悉的理解；
9. 能对场景进行后期处理，使得效果更出众；

------------------------ 职业素养分界线 ------------------------

10. 能对设计任务的过程及进度进行汇报，并完成工作总结与评价；
11. 在作业完毕后，能按作业规程清点、整理电子文档，整理工作页，并关闭计算机，清理现场。

学习课时：28 课时

学习任务描述

公司接到任务后，需要对酒店式公寓中的套一户型进行建模和效果图绘制，客户要求让空间尽可能显得宽大，并表现出庄重素雅的风格。设计公司安排设计人员完成该任务，设计师需要根据客户需求特征，选择适合的主色调、家具搭配和陈设表现，完成室内空间的绘制，设计时间为 3.5 天，任务完成后提交室内空间的渲染效果图。

产品效果图表达

任务五　　300

学习活动1：现代简约风格家居

学习准备

工具准备：计算机（含 AutoCAD、3ds Max 2014 软件、VRay 渲染器插件）、存储器（U盘、移动硬盘）、签字笔、工作任务单。

笔记栏

引导问题

从家具单体的绘制表达到家具场景的绘制表达，更锻炼了我们什么方面能力？对比室内场景和产品，室内场景有哪些方面要求更高？

学习过程

1 明确工作任务（小组讨论）

阅读设计任务书，填写工作任务单。列出本次任务的工作内容、时间要求及交接工作的相关负责人，并根据实际情况补充完整。（填写工作任务单）

2 知识探索

1. 请小组讨论解答建筑墙面的厚度是多少，墙面的厚度取决于什么？并尝试用图在下方进行绘制表达。

工作任务单

单位部门		设计部	时间	年　月　日
任务来源		总经办□	项目部□	人事部□
项目名称		家居空间表达	任务目标	现代简约风格家居
任务执行人		执行人：　　　　其他组员： 组长：		
基本要求	人员要求	遵守纪律、遵守工作场所管理规定，服从安排； 安全意识，责任意识，6S 管理意识； 注重个人形象，注重环境整洁； 注重沟通，能自主学习及相互协作		□确认
	存储设备	USB 存储器 / 移动硬盘		□确认
	自备工具	工作页、签字笔		□确认
	完成数量	单个产品		□确认
	完成时间	1120 分钟		□确认
	尺寸规范	准确设置单位		□确认
	形态结构	尺寸准确		□确认
	模型细节	细节表现到位		□确认
	材质表现	材质表达真实		□确认
	操作情况	操作熟练，快速找到相应命令		□确认
	整体风格	效果真实再现，具有一定个人风格		□确认
	作品展示	语言流畅，思路清晰；展示方式富有特色		□确认

已经解决问题的描述：

成功、成果、失误与问题：

绩效等级	优□　良□　中□　差□	奖惩制度	
任务执行人签字	 年　月　日	审核人签字盖章	 年　月　日

产品效果图表达

学习活动 1：现代简约风格家居

③ 工作任务的实施

准备部分

1. 先设置 3ds Max 软件的系统单位为毫米（mm）。

2. 设置捕捉。（捕捉选项：捕捉到冻结对象）

3. 根据提供的 CAD 布置图，导入 CAD 图纸（注意导入 3ds Max 后勾选重新缩放，单位为毫米），并冻结当前选择。

4. 结合捕捉工具绘制外墙和内墙墙体线（需封闭的线型），并表现室内高度。（参考高度 2800 mm）

5. 转换为可编辑多边形并保存当前文件为："任务五活动一现代简约家居风格墙面图。

门窗建模部分

6. 对门洞部分进行连接和桥接处理，并移动入户门门洞顶点高度为 2200 mm，其他门洞高度为 2500 mm。（桥接的方法可以使用边、边界或面进行）

7. 设置落地窗窗台的高度为 200 mm，窗洞高度为 2500 mm，并绘制出窗框的部分。

8. 参照大样图，对入户门门套、过道门套和书台旁门套进行绘制并放样。

背景墙建模部分

9. 在床屏背景墙部分绘制 570 mm × 30 mm × 2600 mm 的长方体作软包，并进行切角和分段处理，实例复制 4 个长方体（共 5 个），并在软包中间和两边绘制出共 6 条 20 mm 的金属框。

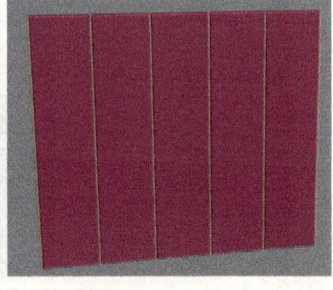

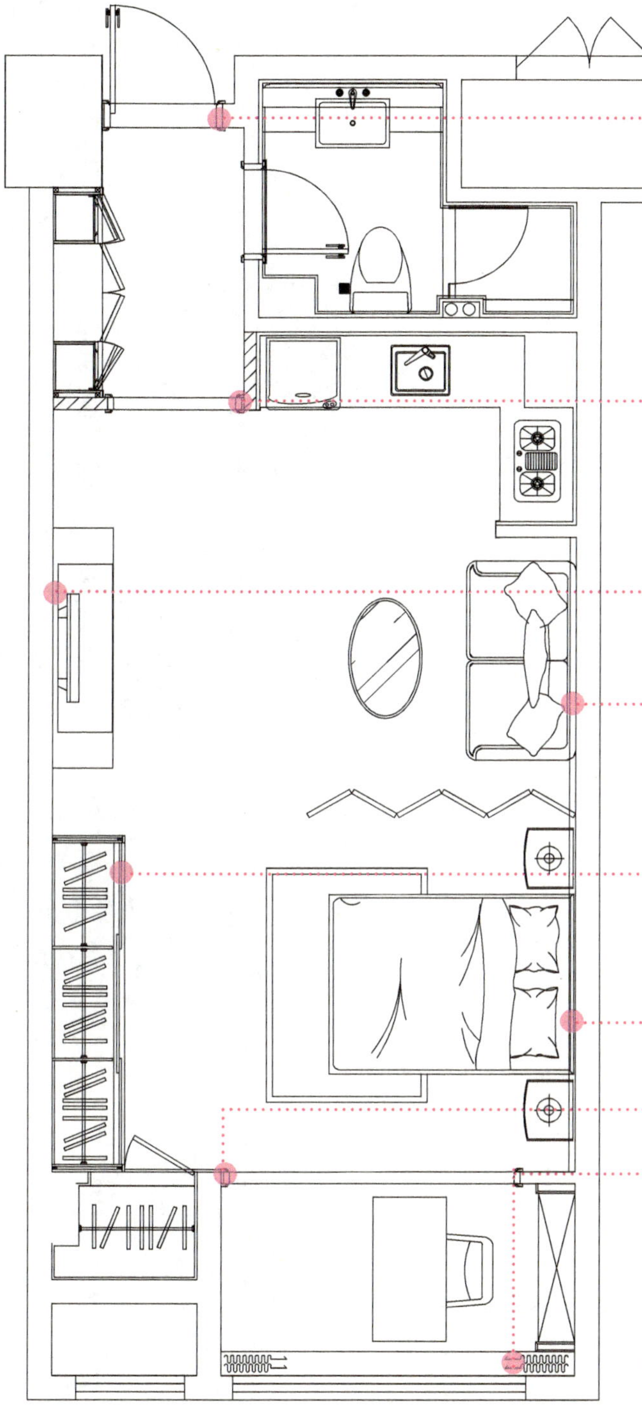

产品效果图表达

任务五 303

学习活动 1：现代简约风格家居

- 入户门门套
- 过道门套
- 电视背景墙
- 沙发和沙发背景墙
- 固定衣柜
- 床屏背景墙
- 书台旁门套
- 窗帘

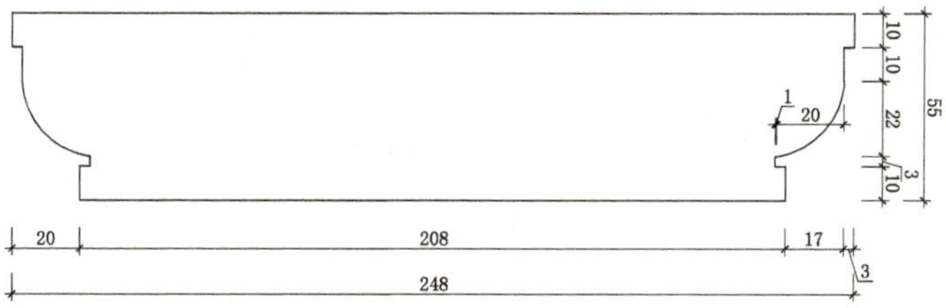

平面布置图　　　　　门套剖面图

产品效果图表达

任务五
学习活动 1：现代简约风格家居

10. 根据剩下的空间，于沙发背景墙部分绘制两块木板。

11. 绘制两块 1500 mm×260 mm×60 mm 的 U 形木板作电视背景墙。

吊顶建模部分

12. 顶视图新建 8700 mm×4300 mm，设置 5×3 分段作为吊顶布局。

13. 对布好线的吊顶，选择元素级别，翻转法线。

14. 设置一级天花：选择面级别对天花造型面进行倒角高度 −50 mm，确定后再倒角轮廓 −200 mm。

15. 设置二级天花：继续倒角倒角高度 −50 mm，确定后再设置倒角轮廓 200mm；再设置暗藏灯高度：倒角高度 −60 mm。

16. 设置三级天花：倒角轮廓 −250 mm，倒角高度 −50 mm；调整吊顶的绝对高度为 2600 mm。

17. 为方便观察，对吊顶进行背面消隐操作。（右键对象属性）

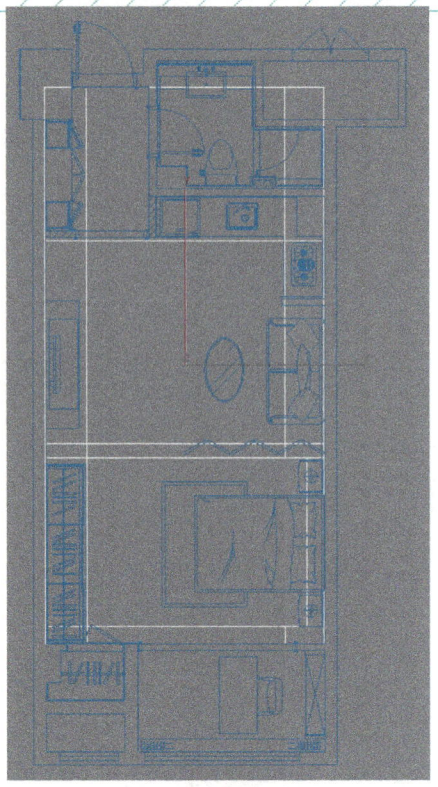

吊顶布线图解

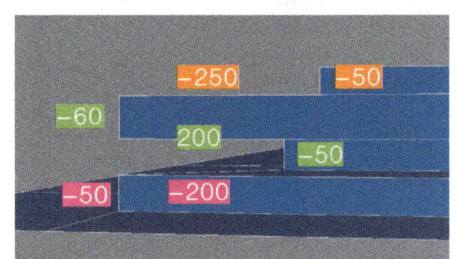

吊顶倒角图解

场景合并部分

18. 使用合并命令将室内部分模型导入到场景当中，调整好内部构件，并保存文件为："任务五活动一现代简约家居风格布置图"。

地毯建模部分

19. 设置地毯尺寸为 2000 mm×1700 mm×20 mm，设置圆角 55 mm，长度和宽度分段为 100，圆角分段为 5。

20. 在地毯上添加 VRay 毛发，并设置参数长度 15，厚度 0.8，重力 4.6，弯度 0.85，结数 8，每区域 0.025，方向参量 2.0，重力参量 0.3。

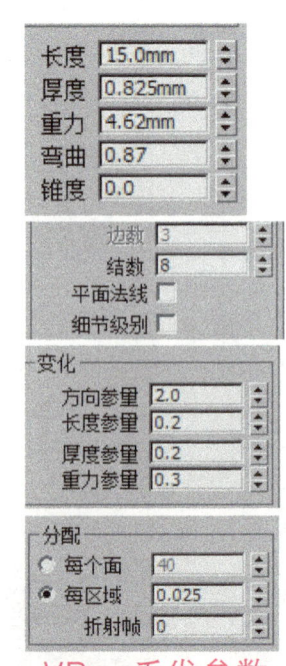

VRay 毛发参数

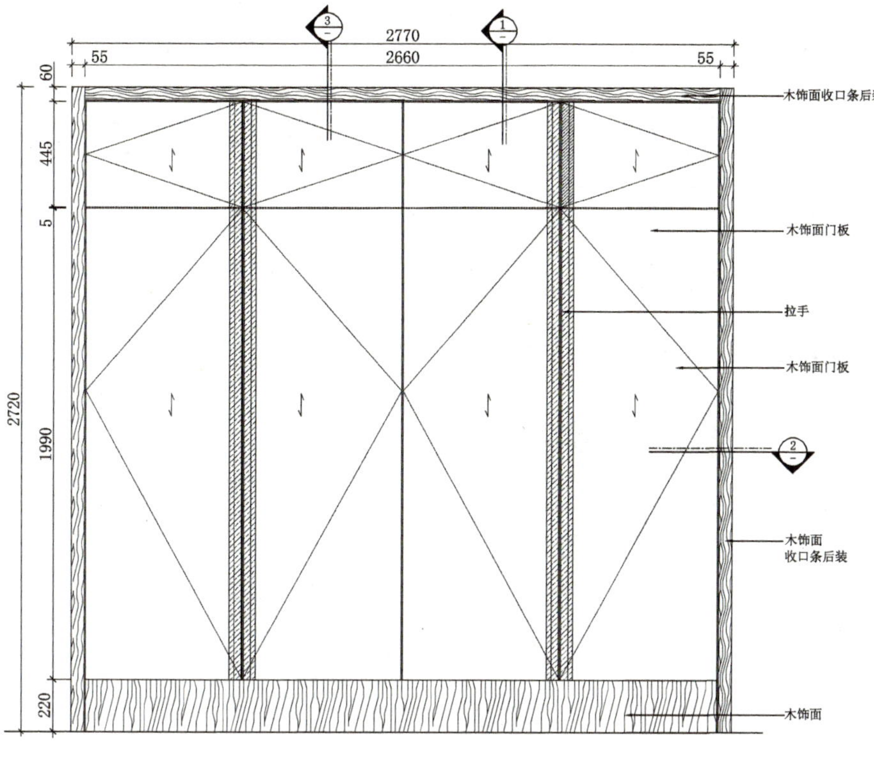

产品效果图表达

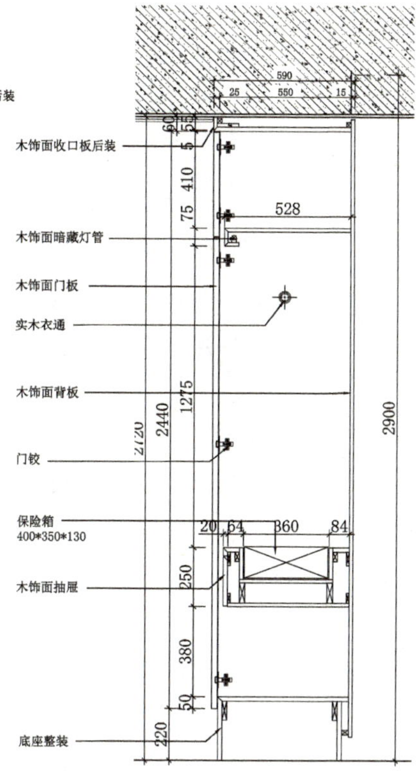

任务五　305

学习活动1：**现代简约风格家居**

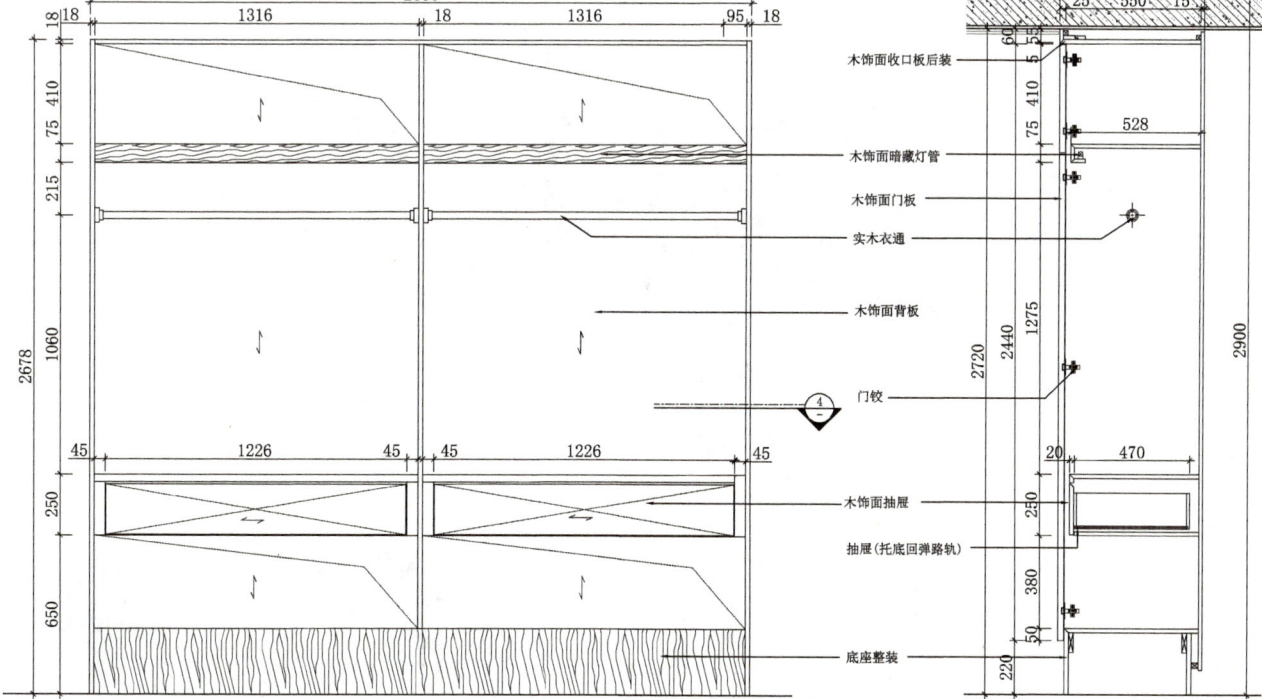

产品效果图表达

任务五
学习活动 1： 现代简约风格家居

其他家具建模部分

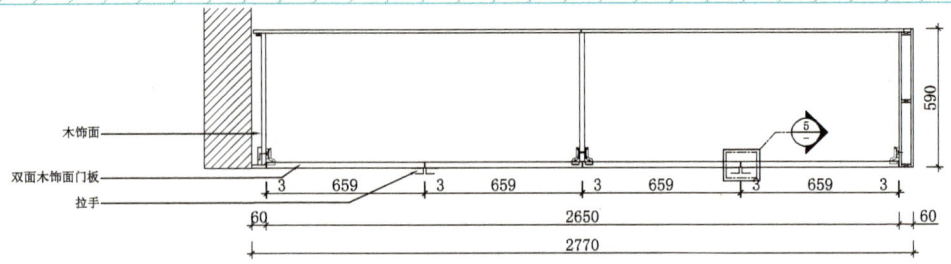

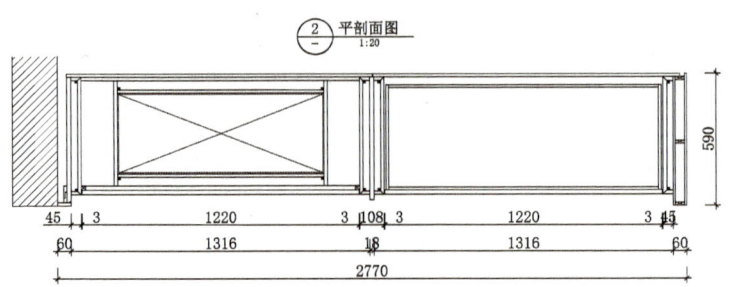

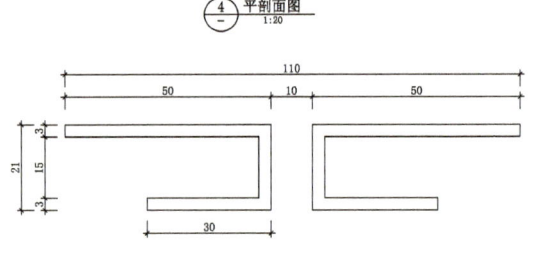

21. 根据提供的固定衣柜 CAD 图纸，在 3ds Max 内进行衣柜绘制，注意收口板的设计；

22. 通过放样，绘制窗帘，并调整窗帘的拉放状态。

23. 运用所学知识，绘制二人沙发，并绘制出抱枕，放置位置；（沙发参考大小：1700 mm × 900 mm × 900 mm）

1. 绘制三条不一样的曲线和一条路径；
2. 选择路径→放样→选择路径参数下的路径，输入 0 →获取第一条曲线；
3. 选择路径参数下的路径，输入 50 →获取第二条曲线；
4. 选择路径参数下的路径，输入 100 →获取第三条曲线；
5. 可加入 FFD 进行调整。

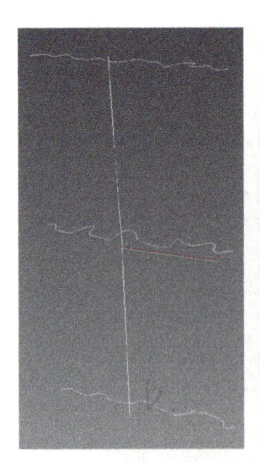

窗帘绘制图解

固定衣柜渲染图

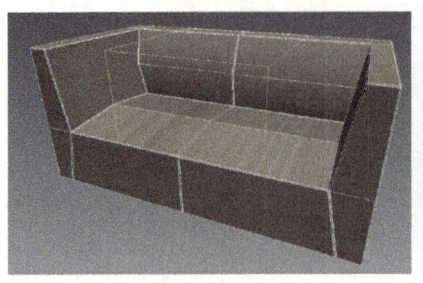

沙发制作图解

材质赋予部分

24. 设置测试渲染参数，以便快速测试场景，提高渲染效率。

25. 通过 VRay 渲染器统一调节白色材质，加入 VRay 环境光，并渲染图像，检查模型是否存在问题。

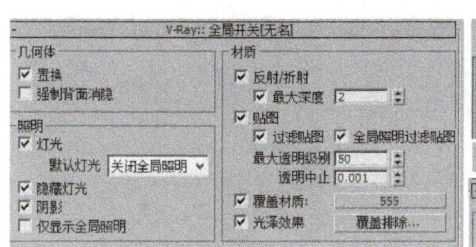 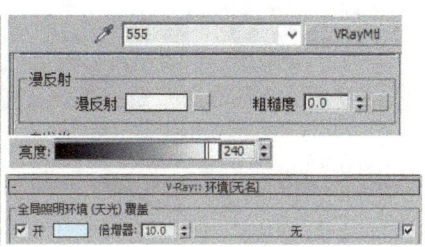 

26. 分别对固定家具——墙面、地板、地毯、衣柜、沙发、窗帘、软包的材质进行设定，并测试其整体效果。（在测试材质之前注意取消覆盖材质选项）

27. 模拟外景效果，绘制外景弧形面板，并赋予相应的材质。

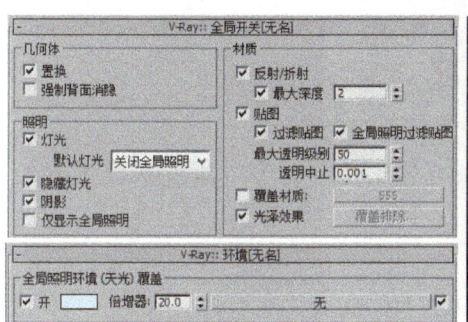  

灯光布光部分

28. 根据场景特点，先设置 VRay 灯光，强度为 8，夜景蓝色，不可见，取消影响阴影。

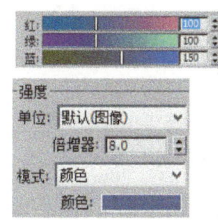 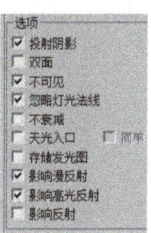 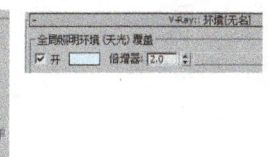 

29. 根据效果图灯光布置特点，对室内照明布置灯光（吊灯、筒灯、暗藏灯、壁灯）。

30. 先设置客厅空间、卧室空间暗藏灯：强度 4，淡橙色，勾选不可见。

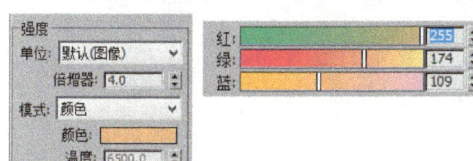 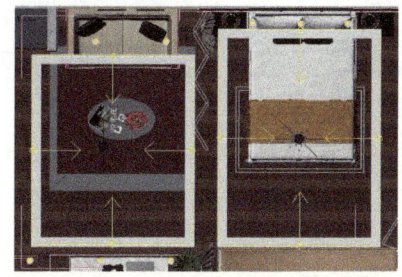

31. 4个区域模拟灯光：强度3，不可见，取消影响阴影。

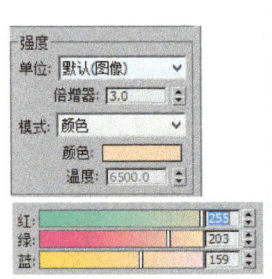  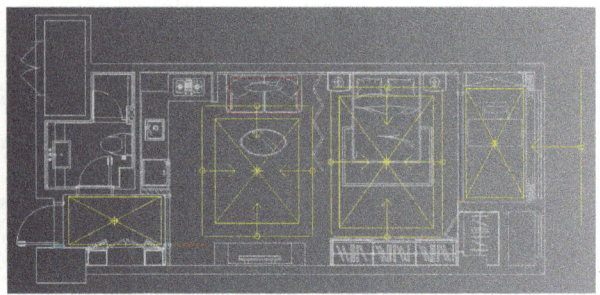

32. 对展示柜、电视背景布局射灯，并进行灯光设置：光度学下选择目标灯光，VRay阴影，光度学Web，淡橙色，强度200。

 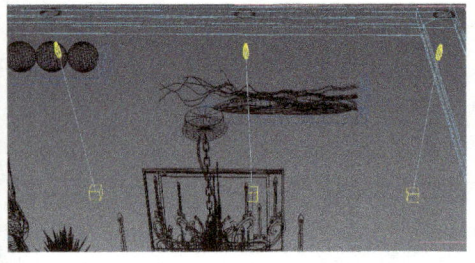 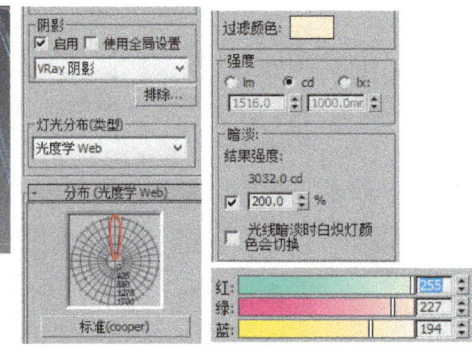

33. 对沙发背景、床屏背景布局射灯，并进行灯光设置：光度学下选择目标灯光，VRay阴影，光度学Web，淡橙色，强度200。

 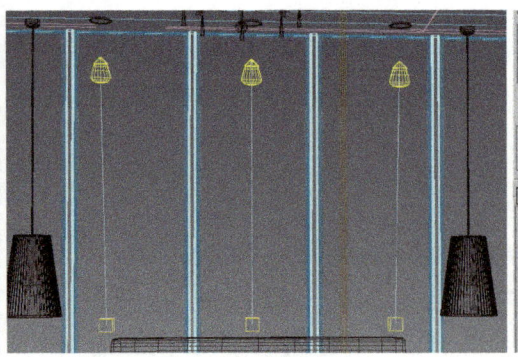 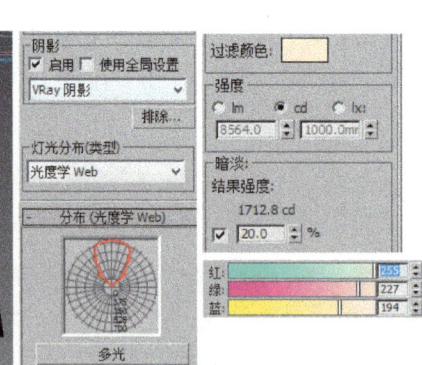

34. 对书柜和窗帘盒进行VRay灯光设置：书柜照明强度为8.（窗帘盒强度为4），不可见，取消影响阴影。

35. 对床头灯进行设置：VRay球形灯，强度20，（书台灯强度为30），不可见，取消影响高光反射，影响反射。

  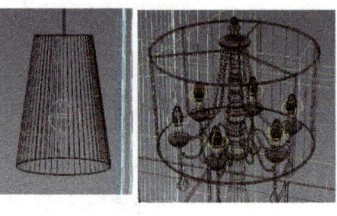 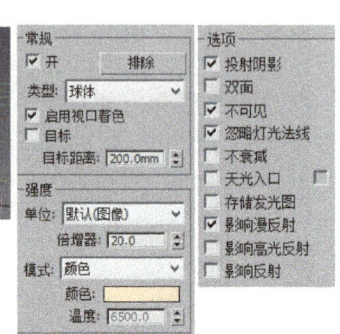

效果渲染部分

36. 设置出图渲染参数，并关闭 VRay 环境光，进行最终渲染出图。

37. 运行脚本，渲染彩图。

后期处理部分

38. 使用 Photoshop 软件，对效果进行后期处理。

39. 保存效果图并归档当前 3ds Max 文件，上传至服务器，文件名为"任务五活动一现代简约家居风格"。

40. 整理桌面，保持整洁。

❹ 完成成果交流点评

（1）以组为单位，填写以下表格，由组长选择其中两张作品对比并展示训练成果；

建模特色	灯光特点	材质特点

（2）小组互评成绩；
（3）教师点评优秀训练成果；
（4）教师对广泛存在的问题进行总结。

学习活动反馈表

姓名：		学号：				日期：	
项目	考核内容		分值	个人评价	组内评价	教师评价	评分标准
学习态度	1. 遵守学习纪律，不做与课堂无关事情，不迟到早退		10				根据实际课堂表现打分
	2. 着装整齐，不穿拖鞋		10				
	3. 学习积极主动，参与小组讨论，按时提交作业		10				
软件操作	4. 完成室内墙体的绘制、完成固定家具—衣柜、地毯、VRay毛发、二人沙发和窗帘的建模	会□ / 不会□	10				单项技能目标"会"该项得满分，"不会"则根据实际情况得分
	5. 能完成室内场景中的家具和环境材质设置	会□ / 不会□	10				
	6. 能完成场景中的各项灯光的设置，并总结灯光的总类的特点	会□ / 不会□	10				
	7. 能对场景进行后期处理，使得效果更出众	会□ / 不会□	10				
作品展示	8. 踊跃发言，思路清晰，展示方法富有特色		20				根据实际课堂表现打分
职业素养	9. 在作业完毕后，能按作业规程清点、整理电子文档，整理工作页，并关闭计算机，清理现场		10				根据实际课堂表现打分
总分			100				
小组评语及建议	优点： 不足： 建议：						组长签名： 日期：
老师评语与建议							评定的等级或分数： 教师签名： 日期：

活动 2
现代西班牙风格家居建模与效果图表达

学习目标

1. 能分析西班牙风格的客厅、餐厅设计思路，和对比美式风格作对比；
---------------- 建模分界线 ----------------
2. 能将 CAD 文件导入 3ds Max 中，完成室内墙体和门窗的绘制；
3. 能根据户型图，绘制地脚线和吊顶的结构；
4. 能完成电视柜和茶几的建模和参数设置；
5. 能使用合并模型的方法，完成电视柜和茶几的相关配饰；
6. 能完成地毯材质的绘制和 VRay 毛发的参数设置；
---------- 材质、灯光、渲染、后期分界线 ----------
7. 能正确设置摄像机并检查场景模型；
8. 能完成客厅和餐厅的场景材质材质设置；
9. 能使用 VRay 阳光、天光和光域网等辅助灯光对室内进行日光照明。
10. 能正确地对渲染器参数进行设置，并对渲染器有熟悉的理解；
11. 能完成对场景进行后期处理，使得效果更出众；
-------------- 职业素养分界线 --------------
12. 能对设计任务的过程及进度进行汇报，并完成工作总结与评价；
13. 在作业完毕后，能按作业规程清点、整理电子文档，整理工作页，并关闭计算机，清理现场。

学习课时：28 课时

 笔记栏

学习任务描述

公司接到任务后，需要对某高档小区内的套二户型进行建模和效果图绘制，客户要求表现客厅和餐厅两个角度的室内效果图，并表现西班牙主题的设计风格。设计公司安排设计人员完成该任务，设计师需要根据客户需求特征，选择适合的主色调、家具搭配和陈设表现，完成室内空间的绘制，设计时间为 3.5 天，任务完成后提交室内空间的渲染效果图。

产品效果图表达

任务五

学习活动2：西班牙风格家居

学习准备

工具准备：计算机（含 AutoCAD、3ds Max 2014 软件、VRay 渲染器插件）、存储器（U 盘、移动硬盘）、签字笔、工作任务单。

笔记栏

引导问题

理想的客厅配置动态线路应该是怎么样的？请完成以下室内连线。

客厅　　餐厅　　门厅　　卫生间

单间　　主卧　　盥洗室　厨房

学习过程

1 明确工作任务（小组讨论）

阅读设计任务书，填写工作任务单。列出本次任务的工作内容、时间要求及交接工作的相关负责人，并根据实际情况补充完整。（填写工作任务单）

2 知识探索

1. 请通过查阅互联网资料，小组讨论解答，并用图例表达，绘制出室内照明方式的种类。

2. 请用精炼的语言描述，对比美式风格和西班牙风格特点。

工作任务单

单位部门		设计部	时间	年　月　日
任务来源		总经办□	项目部□	人事部□
项目名称		家居空间表达	任务目标	西班牙风格家居
任务执行人		执行人： 组长：	其他组员：	
基本要求	人员要求	遵守纪律、遵守工作场所管理规定，服从安排； 安全意识，责任意识，6S管理意识； 注重个人形象，注重环境整洁； 注重沟通，能自主学习及相互协作		□确认
	存储设备	USB存储器/移动硬盘		□确认
	自备工具	工作页、签字笔		□确认
	完成数量	单个产品		□确认
	完成时间	1120分钟		□确认
	尺寸规范	准确设置单位		□确认
	形态结构	尺寸准确		□确认
	模型细节	细节表现到位		□确认
	材质表现	材质表达真实		□确认
	操作情况	操作熟练，快速找到相应命令		□确认
	整体风格	效果真实再现，具有一定个人风格		□确认
	作品展示	语言流畅，思路清晰；展示方式富有特色		□确认

已经解决问题的描述：

成功、成果、失误与问题：

绩效等级	优□　良□　中□　差□	奖惩制度	
任务执行人签字	年　月　日	审核人签字盖章	年　月　日

产品效果图表达

学习活动 2：西班牙风格家居

3 工作任务的实施

准备部分

1. 先设置 3ds Max 软件的系统单位为毫米（mm）。

2. 设置捕捉。（捕捉选项：捕捉到冻结对象）

3. 根据提供的 CAD 布置图，导入 CAD 图纸（注意导入 3d Max 后勾选
   重新缩放，单位为毫米），并冻结当前选择。

4. 结合捕捉工具绘制外墙和内墙墙体线（需封闭的线型），并表现
   室内高度。（参考高度 2680 mm）

5. 转换为可编辑多边形，翻转墙体法线，设置背面消隐，并保存
   当前文件为："任务五活动二西班牙风格 – 墙面图"。

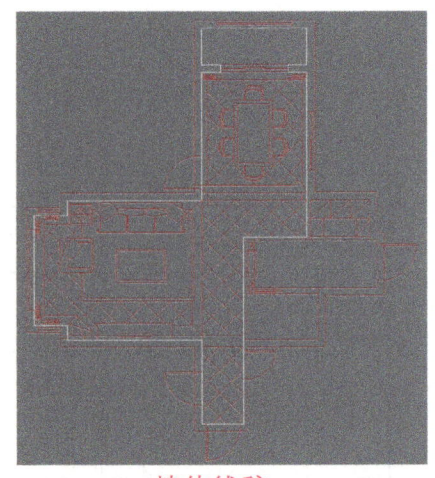
墙体线稿

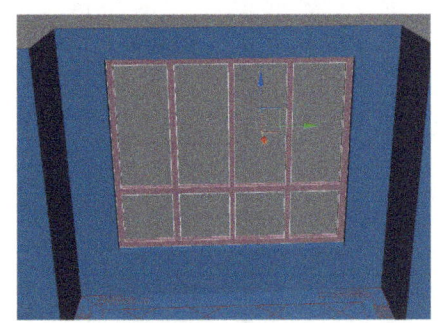
窗框样式

门窗建模部分

6. 设置窗台的高度为 500 mm，窗洞高度为 2400 mm, 挤出
   （表现墙体厚度）为 240 mm，并绘制窗框。

7. 对门洞部分进行连接和桥接处理，门洞高度为 2260 mm 和
   2400 mm。

8. 综合使用二维线和倒角剖面工具，绘制出门套、和电视背景墙
   套线。

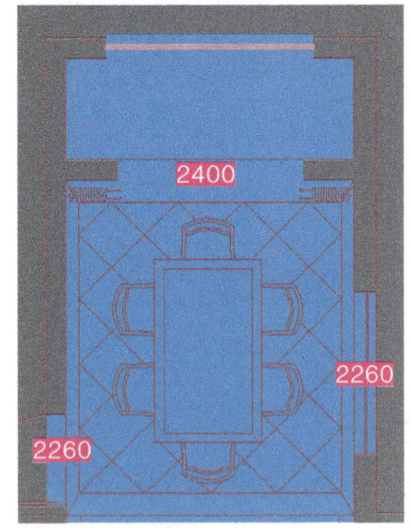
门洞位置及高度

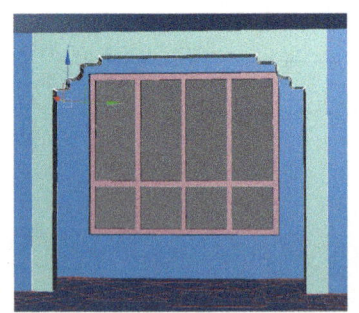
门套线型

提取线条 + 倒角剖面

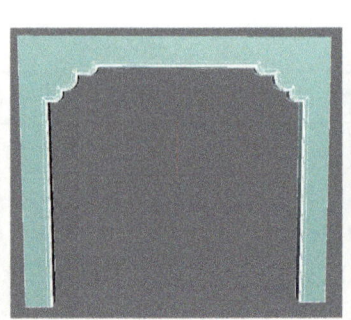
组合成门套线型

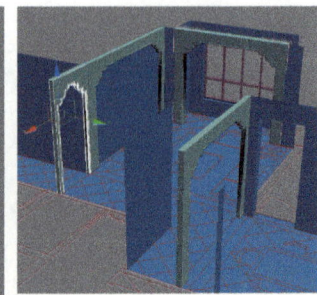
完成图

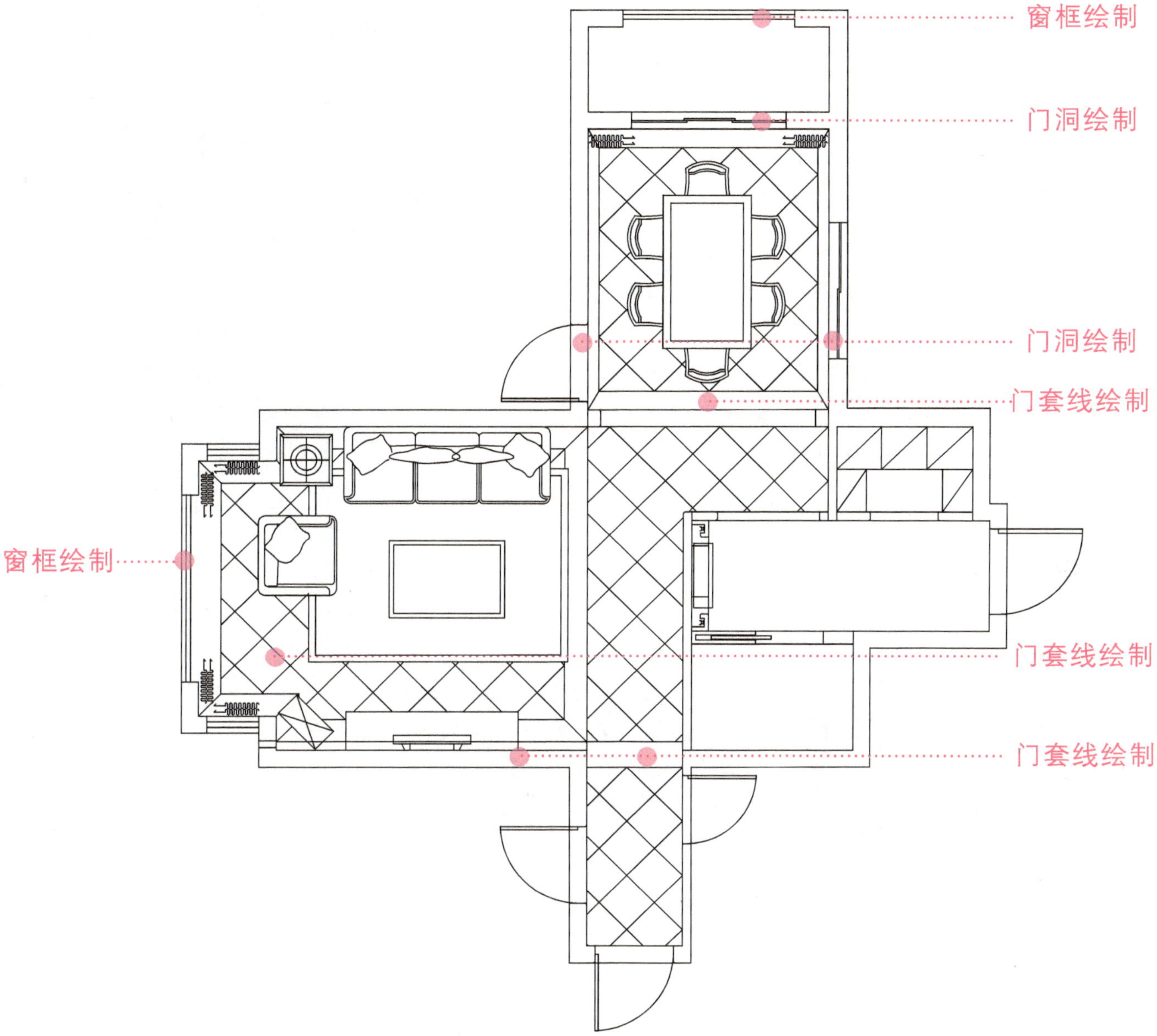

产品效果图表达
任务五 315
学习活动 2：西班牙风格家居

窗框绘制

门洞绘制

门洞绘制

门套线绘制

窗框绘制

门套线绘制

门套线绘制

平面布置图

天花建模部分

9. 绘制一条 280 mm×280 mm 的剖面线和 2800 mm×3500 mm 的路径线，并使用倒角剖面完成客厅的吊顶部分。

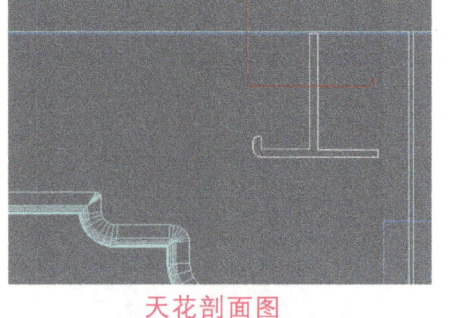
天花剖面图

10. 将天花转为可编辑多边形，并进行布线调整。

11. 绘制一块木制吊顶，尺寸为：2800 mm×3500 mm×25 mm（转为可编辑多边形后，连接 18 段，切角 2 mm 和向内挤出 10 mm），制作凹槽，下面 4 条 2800 mm×120 mm×100 mm 的横梁木条。

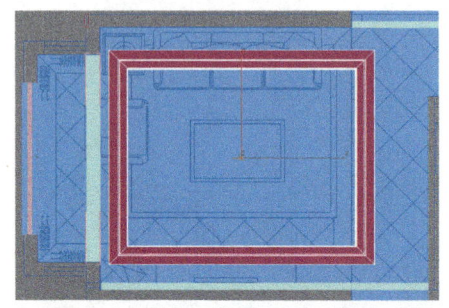

12. 以类似的方法，对餐厅的吊顶进行绘制。

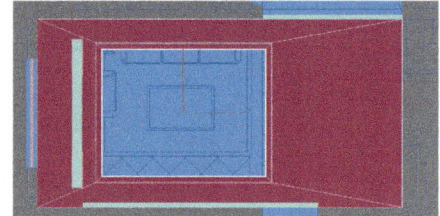
调整后的吊顶

客厅吊顶　　　　　　餐厅吊顶

13. 绘制踢脚线截面图形（120 mm×20 mm）和室内周长，使用倒角剖面工具成型。

 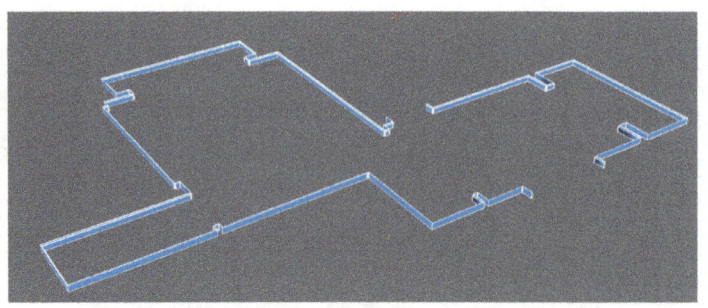 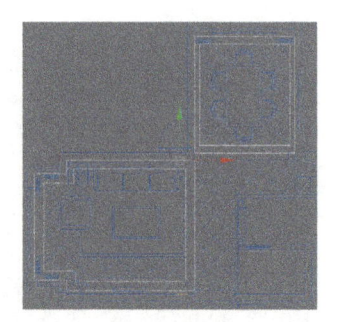

踢脚线剖面图　　　　地面踢脚线　　　　地面仿古砖

14. 根据平面图，绘制地面仿古砖。

15. 选择合适的角度创建一架摄像机，其高度为 1000 mm，镜头大小为 24 mm，使用手动剪切减去遮挡部分，Shift+C 隐藏摄像机。

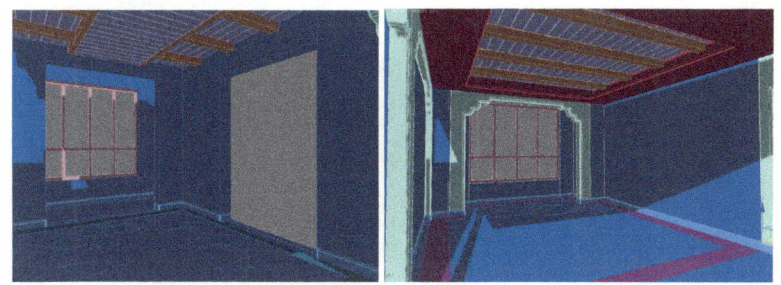

16. 对室内场景设置乳胶漆、马赛克、仿古砖等材质。

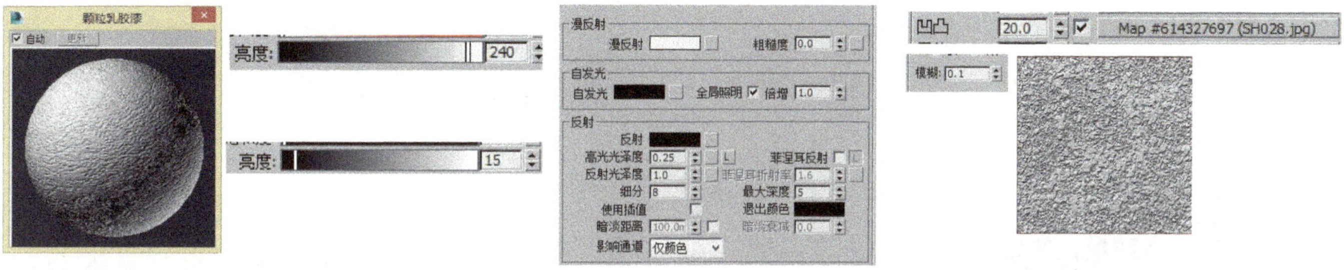

颗粒乳胶漆材质

马赛克材质

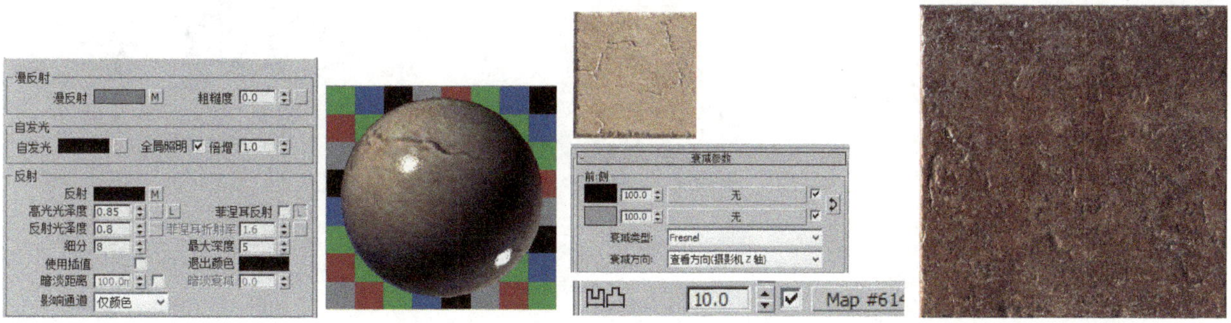

仿古砖材质

17. 通过合并，使场景丰富，并补充相应材质。

18. 使用合并命令将室内部分模型导入到场景当中，并保存文件为："任务五活动二西班牙风格 – 布置 图"。

产品效果图表达

任务五
学习活动 2：西班牙风格家居

其他建模部分

19. 根据提供的效果图，对室内的电视柜进行建模和材质设置。

20. 根据提供的效果图，对室内的茶几进行建模和材质设置。

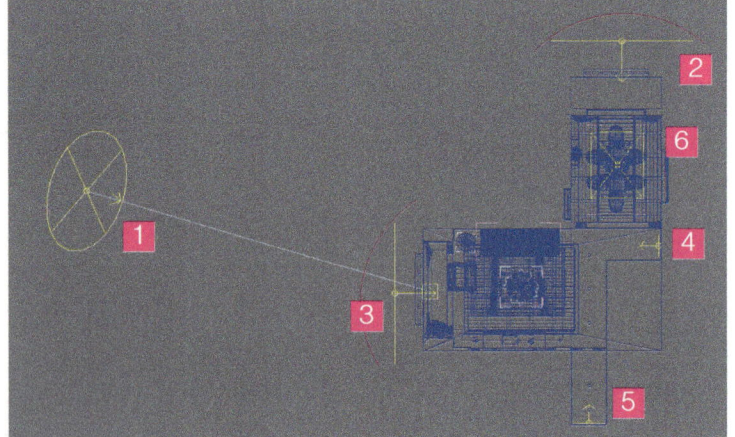

21. 根据西班牙风格的特点，选择适合的物品，对电视柜和茶几上的物品进行配饰。

22. 对地毯进行建模，并使用 VRay 毛发工具模拟地毯的毛发效果。

光源测试部分

23. 创建一盏 VRay 太阳，从客厅的窗户进光，作为主要阳光入口。

24. 分别对客厅和餐厅两个窗户设置 VRay 灯光，进行场景的补光，注意关闭影响反射。

25. 在两个通道处设置两个 VRay 灯光，对场景进行补光。

26. 在餐厅顶部建一盏 VRay 灯光，进行补光，关闭影响反射。

27. 覆盖所有场景材质为白色材质，并测试整体灯光效果。

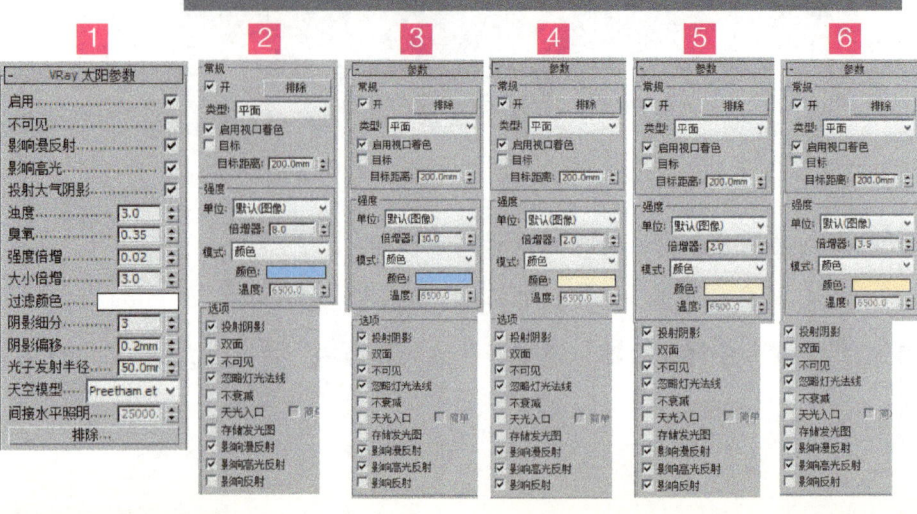

灯光布光部分

28. 利用 VRay 光源，设置客厅暗藏灯灯光，并适当进行补光。

29. 利用泛光灯对吊灯进行模拟，使得吊灯表现更加真实。

30. 使用光度学的灯光照明方式表现筒灯，使得场景更加明亮，表现照射更有重点。

31. 使用自发光材质，对室外外景的表达进行设置。

效果渲染部分

32. 设置出图渲染参数，并渲染最终效果。

33. 运行脚本，渲染彩图。

后期处理部分

34. 使用 Photoshop 软件，对效果进行后期处理。

35. 保存效果图并归档当前 3ds Max 文件，上传至服务器，文件名为"任务五活动二西班牙风格"。

36. 整理桌面，保持整洁。

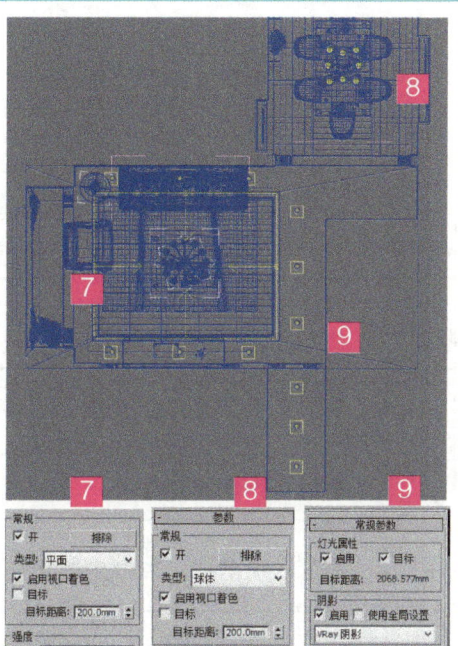
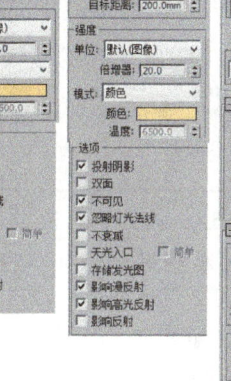
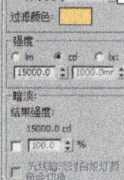

④ 完成成果交流点评

（1）以组为单位，填写以下表格，由组长选择其中两张作品对比并展示训练成果；

建模特色	灯光特点	材质特点

（2）小组互评成绩；
（3）教师点评优秀训练成果；
（4）教师对广泛存在的问题进行总结。

产品效果图表达

任务五

学习活动2：西班牙风格家居

学习活动反馈表

姓名：			学号：				日期：	
项目	考核内容			分值	个人评价	组内评价	教师评价	评分标准
学习态度	1. 遵守学习纪律，不做与课堂无关事情，不迟到早退			10				根据实际课堂表现打分
	2. 着装整齐，不穿拖鞋			10				
	3. 学习积极主动，参与小组讨论，按时提交作业			10				
软件操作	4. 完成室内墙体的绘制、完成电视柜、茶几和地毯的建模	会□ / 不会□		10				单项技能目标"会"该项得满分，"不会"则根据实际情况得分
	5. 能完成室内场景中的家具和环境材质设置	会□ / 不会□		10				
	6. 能完成场景中的各项灯光的设置，并总结灯光的总类的特点	会□ / 不会□		10				
	7. 能对场景进行后期处理，使得效果更出众	会□ / 不会□		10				
作品展示	8. 踊跃发言，思路清晰，展示方法富有特色			20				根据实际课堂表现打分
职业素养	9. 在作业完毕后，能按作业规程清点、整理电子文档，整理工作页，并关闭计算机，清理现场			10				根据实际课堂表现打分
总分				100				

小组评语及建议	优点： 不足： 建议：	组长签名： 日期：
老师评语与建议		评定的等级或分数： 教师签名： 日期：

活动 3
过程化考核及展示评价

学习目标

1. 在规定时间完成考核内容，并做好展示准备。
2. 小组对家居空间建模与效果图表达进行展示和汇报。
3. 完成对工作的总结和综合评价。

参考学习课时：8 课时

学习过程

 1 在规定时间内闭卷完成以下试题

1. 请简要说明，要绘制表达一张家居空间效果图的顺序和方法：

2. 请简要说明 ColorCorrect 颜色矫正的插件的作用：

3. 请简要说明检测场景模型的方法和操作顺序：

2 请使用 3ds Max 软件，对以下场景进行灯光和材质表达，渲染最终效果图。并根据您绘制的产品特点填写下方列表

材质表现特色	灯光表现特点	整体效果表现
展示特点	优点总结	不足总结

③ 家居空间建模与效果图表达过程化考核展示与汇报

以小组为单位进行家居空间建模与效果图展示（展示内容包含前面两个学习活动，并做成媒体形式进行讲解），并简要说明家居空间建模与效果图表达过程中的经验和体会。观看他人汇报后，将他人展示和汇报过程中值得学习的地方和需要改进的地方记录下来。

汇报人	汇报优点	如何改进

④ 综合评价

姓名：						学号：	日期：
项目	考核内容	评级比例	个人评价	组内评价	教师评价	评分标准	
职业素养	学习态度主动	20%				A、积极参与教学活动，全勤 B、缺勤达本任务的总学时10% C、缺勤达本任务的总学时20% D、缺勤达本任务的总学时30%	
职业素养	团队合作意识强	20%				A、与同学协作融洽、团队合作意识强 B、与同学保持沟通、团队合作意识较强 C、与同学能沟通、团队合作意识一般 D、与同学沟通困难、协作工作能力较差	
专业素养	现代简约风格家居	30%				A、学习活动评价成绩为90~100分 B、学习活动评价成绩为75~89分 C、学习活动评价成绩为60~74分 D、学习活动评价成绩为0~59分	
专业素养	西班牙风格家居	30%				A、学习活动评价成绩为90~100分 B、学习活动评价成绩为75~89分 C、学习活动评价成绩为60~74分 D、学习活动评价成绩为0~59分	
创新能力	学习过程中提出具有创新性、可行性的建议	+5%				此项为加分项	
个人奖惩：						团队奖惩：	
综合评价等级						指导教师	

⑤ 综合评价等级计算说明

综合评价等级是根据自我评价、小组评价、教师评价及加分奖励按比例所得，对应评价分值和组成比例如下表：

项目	等级	对应评价分值	综合评价组成部分及比例
综合评价等级	A	A ≥ 90	自我评价总分　20% 小组评价评价总分　30% 教师评价总分　50% 加分奖励　0~5分
综合评价等级	B	B ≥ 75 且 B < 90	
综合评价等级	C	C ≥ 60 且 C < 75	
综合评价等级	D	D < 60	

加分奖励为0~5分，由指导教师评定。

参考文献

[1] 时代印象．中文版 3ds Max 2013/VRay 效果图制作入门与提高．北京：人民邮电出版社，2013．

[2] 杨亚军，罗江．3ds Max/VRay 全套家装效果图制作典型案例．2 版．北京：人民邮电出版社，2014．

[3] 孙启善，王玉梅．3ds Max/VRay 全套家装效果图制作完美空间表现．2 版．北京：兵器工业出版社，2012．

[4] 尚峰等．3ds Max 室内欧式建模制作高级技法．北京：电子工业出版社，2011．

扫一扫
下载课程资料

1  职业感知
安全教育

2 板式家具建模
与效果图表达

3  软体家具建模
与效果图表达

4 实木家具建模
与效果图表达

5  家居空间建模
与效果图表达